水利工程建设
与水利工程管理研究

王玉良 张 虹 董启涛 著

ℝ吉林科学技术出版社

图书在版编目（CIP）数据

水利工程建设与水利工程管理研究 / 王玉良，张虹，
董启涛著. -- 长春：吉林科学技术出版社，2024. 6.

ISBN 978-7-5744-1570-6

Ⅰ. TV6

中国国家版本馆 CIP 数据核字第 2024NU1660 号

水利工程建设与水利工程管理研究

著	王玉良　张　虹　董启涛
出 版 人	宛　霞
责任编辑	刘　畅
封面设计	南昌德昭文化传媒有限公司
制　　版	南昌德昭文化传媒有限公司
幅面尺寸	185mm×260mm
开　　本	16
字　　数	320 千字
印　　张	15
印　　数	1~1500 册
版　　次	2024年6月第1版
印　　次	2024年12月第1次印刷

出　　版	吉林科学技术出版社
发　　行	吉林科学技术出版社
地　　址	长春市福祉大路5788号出版大厦A座
邮　　编	130118
发行部电话/传真	0431-81629529 81629530 81629531
	81629532 81629533 81629534
储运部电话	0431-86059116
编辑部电话	0431-81629510
印　　刷	三河市嵩川印刷有限公司

书　　号	ISBN 978-7-5744-1570-6
定　　价	75.00元

前　言

　　水利工程是改造大自然并充分利用大自然资源为人类造福的工程。在当前的市场竞争环境中，大幅提升企业项目管理水平，降低施工成本，提高施工技术水平，是水利水电施工单位立足国内市场，开拓国际市场的关键所在。施工单位的管理水平直接决定着发展潜力，影响着水利工程建设与水利工程管理的质量，所以水利工程建设与水利工程管理就必然成为建设管理的重要环节。

　　21世纪以来，随着经济的不断发展和科技的不断进步，特别是石油危机以来，我国的水利工程迎来了建设的高潮。但是水利工程受自然环境影响大，多分布在交通不便的偏远山区，远离后方基地，建筑材料的运输成本比较高，工程量大，技术工种多，施工强度高，水上、水下和高空作业多，这些因素的存在，要求必须加强水利工程的管理，只有这样才能取得整体的经济效益。水利工程建设与水利工程管理包括水利工程质量管理、安全管理、成本管理和进度管理等内容，只有严格控制工程管理的各个组成部分，才能实现对水利工程整体的优化管理，以取得良好的经济效益。

　　本书是水利工程方面的著作。本书的研究立足于水利工程建设和管理。全书共分八章，首先阐述了水利工程基本知识和概念。其次针对大坝工程建设、导流与管道工程建设、水闸与渡槽工程建设进行详细的介绍，再次从水利工程成本与进度管理、水利工程质量管理进行论述。最后对水利工程安全与环境管理进行研究。全书在内容布局、逻辑结构、都有自己的独到之处，对于水利工程建设与管理相关内容进行详细论述，注重理论与实践的结合，使读者能够从理论上获得指导。本书旨在为从事水利工程的读者们提供一些参考。

目 录

第一章 水利工程概述

第一节 水利枢纽及水利工程

一、水利工程和水工建筑物的分类

（一）水利工程的分类

水利工程一般按照它所承担的任务进行分类。比如防洪治河工程、农田水利工程、水力发电工程、供水工程、排水工程、水运工程、渔业工程等；一个工程如具有多种任务，则称为综合利用工程。

水利枢纽常按其主要作用可分为蓄水枢纽、发电枢纽、引水枢纽等。蓄水枢纽是在河道来水年际、年内变化较大，不能满足下游防洪、灌溉、引水等用水要求时，通过修建大坝挡水，利用水库拦洪蓄水，用于枯水期灌溉、城镇引水等。发电枢纽即以发电为水库的主要任务，利用河道中丰富的水量和水库形成的落差，安装水力发电机组，将水能转变为电能。引水枢纽是在天然河道来水量或者河水位较低不能满足引水需要时，在河道上修建较低的拦河闸（坝）等水工建筑物，来调节水位和流量，以保证引水的质量和数量。

（二）水工建筑物的分类

水工建筑物按其作用可分为以下几种：

1. 挡水建筑物

用以拦截江河水流，抬高上游水位以形成水库，比如各种坝、闸等。

2. 泄水建筑物

用于洪水期河道入库洪量超过水库调蓄能力时，宣泄多余的洪水，以保证大坝及有关建筑物的安全，如溢洪道、泄洪洞、泄水孔等。

3. 输水建筑物

用以满足发电、供水和灌溉的需求，从上游向下游输送水量，如输水渠道、引水管道、水工隧洞、渡槽、倒虹吸管等。

4. 取水建筑物

一般布置在输水系统的首部，用来控制水位、引入水量或人为提高水头，如进水闸、扬水泵站等。

5. 河道整治建筑物

用以改善河道的水流条件，防止河道冲刷变形及险工的整治，比如顺坝、导流堤、丁坝、潜坝、护岸等。

6. 专门建筑物

为水力发电、过坝、量水而专门修建的建筑物，如调压室、电站厂房、船闸、升船机、筏道、鱼道、各种量水堰等。

需要指出的是，有些建筑物的作用并非单一的，在不同的状况下，有不同的功能。如拦河闸，既可挡水又可泄水；泄洪洞，既可泄洪又可引水。

二、水工建筑物的特点

水工建筑物和一般工业与民用建筑、交通土木建筑物相比，除具有土木工程的一般属性外，还具有以下特点：

（一）工作条件复杂

水工建筑物在水中工作，因为受水的作用，其工作条件较复杂，主要表现在：水工建筑物将受到静水压力、风浪压力、冰压力等推力作用，会对建筑物的稳定性产生不利影响；在水位差作用下，水将通过建筑物及地基向下游渗透，产生渗透压力和浮托力，可能产生渗透破坏而导致工程失事。另外，下泄水流集中且流速高，将对建筑物和下游河床产生冲刷，高速水流还容易使建筑物产生振动和空蚀破坏。

（二）施工条件艰巨

水工建筑物的施工比其他土木工程困难且复杂得多，主要表现在：第一，水工建筑

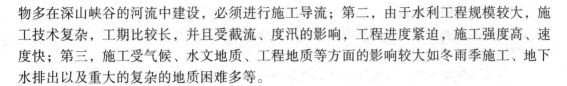

物多在深山峡谷的河流中建设，必须进行施工导流；第二，由于水利工程规模较大，施工技术复杂，工期比较长，并且受截流、度汛的影响，工程进度紧迫，施工强度高、速度快；第三，施工受气候、水文地质、工程地质等方面的影响较大如冬雨季施工、地下水排出以及重大的复杂的地质困难多等。

（三）建筑物独特

水工建筑物的型式、构造及尺寸与当地的地形、地质、水文等条件密切相关，特别是地质条件的差异对建筑物的影响更大。由于自然界的千差万别，形成各式各样的水工建筑物。除一些小型渠系建筑物外，一般都应根据其独特性，进行单独设计。

（四）与周围环境相关

水利工程可防止洪水灾害，并能发电、灌溉、供水，但同时其对周围自然环境和社会环境也会产生一定影响。工程的建设和运用将改变河道的水文和小区域气候，对河中水生生物和两岸植物的繁殖和生长产生一定影响，即对沿河的生态环境产生影响。另外，由于占用土地、开山破土、库区淹没等而必须迁移村镇及人口，会对人群健康、文物古迹、矿产资源等产生不利影响。

（五）对国民经济影响巨大

水利工程建设项目规模大、综合性强、组成建筑物多。因此，其本身的投资巨大，尤其是大型水利工程，大坝高、库容大，担负着防洪、发电、供水等任务，一旦出现了堤坝溃决等险情，将对下游工农业生产造成极大损失，甚至为下游人民群众的生命财产带来灭顶之灾。所以，必须高度重视主要水工建筑物的安全性。

三、水利工程等级划分

为了使水利工程建设达到既安全又经济的目的，遵循水利工程建设的基本规律，应当对规模、效益不同的水利工程进行区别对待。

（一）水利工程分等

根据《水利水电工程等级划分及洪水标准》规定，水利工程按其工程规模、效益及在国民经济中的重要性划分为五个等级。对综合利用的水利工程，当按其不同项目的分等指标确定的等别不同时，其工程的等别应按其中最高等别确定。

（二）水工建筑物分级

水利工程中长期使用的建筑物称为永久性建筑物；施工及维修期间使用的建筑物称临时性建筑物。在永久性建筑物当中，起主要作用及失事后影响很大的建筑物称主要建筑物，否则称次要建筑物。水利水电工程的永久性水工建筑物的级别应根据工程的等别及其重要性划分。

对失事后损失巨大或影响十分严重的（2到4级）主要永久性水工建筑物，经过论证并报主管部门批准后，其标准可提高一级；失事后损失较轻的主要永久性建筑物，经论证并报主管部门批准后，可降低一级标准。

临时性挡水和泄水的水工建筑物的级别，应根据其规模和保护对象、失事后果、使用年限确定其级别。

当分属不同级别时，其级别按最高级别确定：但是对3级临时性水工建筑物，符合该级别规定的指标不得少于两项，如利用临时性水工建筑物挡水发电、通航时，经技术经济论证，3级以下临时性水工建筑物的级别可提高一级。

第二节　水资源与水利工程

一、水与水资源

（一）水的作用

在地球表面上，从浩瀚无际的海洋，奔腾不息的江河，碧波荡漾的湖泊，到白雪皑皑的冰山，到处都蕴藏着大量的水，水是地球上最为普通也是至关重要的一种天然物质。

水是生命之源：水是世界上所有生物的生命的源泉。考古研究表明，人类自古就是逐水而徙，择水而居，因水而兴。人类发展史和水是密不可分的。

水是农业之本：水是世间各种植物生长不可或缺的物质，在农业生产中，水更是至关重要，正如俗话所说："有收无收在于水，多收少收在于肥。"

（二）水资源及其特性

1. 水资源

水对人类社会的产生和发展起到了巨大的作用。所以人们认识到，水是人类赖以生存和发展的最基本的生产、生活资料；水是一种不可或缺、不可替代的自然资源；水是一种可再生的有限的宝贵资源。

广义上的水资源，是指地球上所有能直接利用或间接利用的各种水及水中物质，包括海洋水、极地冰盖的水、河流湖泊的水、地下及土壤水。

一般来讲，当前可供利用或者可能被利用，且有一定数量和可用质量，并在某一地区能够长期满足某种用途并可循环再生的水源，称为水资源。

水资源是实现社会与经济可持续发展的重要物质基础。随着科学技术的进步和社会的发展，可利用的水资源范围将逐步扩大，水资源的数量也可能会逐渐增加。但是，其数量还是很有限的，同时，伴随人口增长和人类生活水平的提高、工农业生产的发展，对水资源的需求会越来越多，再加上水质污染和不合理开发利用，让水资源日渐贫乏，水资源紧缺现象也会愈加突出。

2.水资源的特性

一般情况下，陆地上的淡水资源具有以下特性：

（1）再生性：在太阳能的作用下，水在自然界形成周而复始的循环。即太阳辐射到海洋、湖泊水面，将部分水汽蒸发到空中。水汽随风飘流上升，遇冷空气后，则以雨、雪、霜等形式降落到地表。降水形成径流，在重力作用下又流回海洋、湖泊，年复一年地循环。因此，一般认为水循环为每年一次。

（2）时间和空间分布的不均匀性：在地球表面，受经纬度、气候、地表高程等因素的影响，降水在空间分布上极为不均，如热带雨林和干旱沙漠、赤道两侧与南北两极、海洋和内地差距很大。在年内和年际之间，水资源分布也存在着很大差异。如冬季和夏季，降雨量变化较大。另外，往往丰水年形成洪水泛滥而枯水年干旱成灾。

（3）水资源的稀缺性：地球上淡水资源总量是有限的，但世界人口急剧增长，工农业生产进一步发展，城市的不断膨胀，对淡水资源的需求量也在快速增加，再加之水体污染和水资源的浪费现象，使某些地区的水资源日趋紧缺。

（4）水的利、害双面性：自古以来，水用于灌溉、航运、动力、发电等，为人类造福，为生活、生产做出了很大贡献。但是，暴雨及洪水也可能冲毁农田、淹没家园、夺人生命，如果对水的利用、管理不当，还会造成土地的盐碱化、污染水体、破坏自然生态环境等，也会给人类造成灾难，正所谓，水能载舟，亦能覆舟。

二、水利工程与水利事业

为防止洪水泛滥成灾，扩大灌溉面积，充分利用水能发电等，必须采取各种工程措施对河流的天然径流进行控制和调节，合理使用和调配水资源。这些措施中，需修建一些工程结构物，这些工程统称水利工程。为了达到除水害、兴水利的目的，相关部门从事的事业统称为水利事业。

水利事业的首要任务是消除水旱灾害，防止了大江大河的洪水泛滥成灾，保障广大人民群众的生命财产安全。其次是利用河水发展灌溉，增加粮食产量，减少旱涝灾害对粮食安全的影响。

（一）防洪治河

洪水泛滥可使农业大量减产，工业、交通、电力等正常生产遭到破坏。严重时，则会造成农业绝收、工业停产、人员伤亡等。

在水利上，常采取相应的措施控制和减少洪水灾害，一般主要采取以下几种工程措施及非工程措施：

1.工程措施

（1）拦蓄洪水控制泄量。利用水库、湖泊的巨大库容，蓄积和滞留大量洪水，削减下泄洪峰流量，从而减轻和消除下游河道可能发生的洪水灾害。在利用水库来蓄洪水的同时，还应充分利用天然湖泊的空间，囤积、蓄滞洪水，降低洪水位。当前，由于长江等流域的天然湖泊的面积减少，使湖泊蓄滞洪水的能力降低。

（2）疏通河道，提高行洪能力，对一般的自然河道，由于冲淤变化，常常使其过水能力减小，因此，应经常对河道进行疏通清淤和清除障碍物，保持足够的断面，保证河道的设计过水能力。近年来，因为人为随意侵占河滩地，形成阻水障碍、壅高水位，威胁堤防安全，甚至造成漫堤等洪水灾害。

2.非工程措施

（1）蓄滞洪区分洪减流。利用有利地形，规划分洪（蓄滞洪）区；在江河大堤上设置分洪闸，当洪水超过河道行洪能力时，将一部分洪水引入蓄滞洪区，减小主河道的洪水床力，保障大堤不决口。通过全面规划，合理调度，总体上可减小洪水灾害损失，可有效保障下游城镇及人民群众的生命、财产安全。

（2）加强水土保持，减小洪峰流量和泥沙淤积。地表草丛、树木可以有效拦蓄雨水，减缓坡面上的水流速度，减小洪水流量和延缓洪水的形成。另外，良好的植被还能防止地表土壤的水土流失，有效减少水中泥沙含量。因此，水土保持对减小洪水灾害有明显效果。

（3）建立洪水预报、预警系统和洪水保险制度。根据河道的水文特性，建立一套自动化的洪水预测、预报信息系统。根据及时准确的降雨、径流量、水位、洪峰等信息的预报预警，可快速采取相应的抗洪抢险措施，减小洪水灾害损失。另外，我国应参照国外经验，利用现代保险机制，建立洪水保险制度，分散洪水灾害的风险和损失。

（二）农田水利

我国总用水量约 70% 是农业灌溉用水。农业现代化对农田水利提出了更艰巨的任务，一是通过修建水库、泵站、渠道等工程措施提高农业生产用水保障；二是利用各种节水灌溉方法，按作物的需求规律输送和分配水量。补充农田水分不足，改变土壤的养料、通气等状况，进一步提高粮食产量。

（三）水力发电

水能资源是一种洁净能源，具有运行成本低、不消耗水量、环保生态、可循环再生等特点，是其他能源无法比拟的。

水力发电，即在河流上修建大坝，拦蓄河道来水，抬高上游水位并形成水库，集中河段落差获得水头和流量。把具有一定水头差的水流引入发电站厂房中的水轮机，推动水轮机转动，水轮机带动同轴的发电机组发电。然后，通过输变电线路，将电能输送到电网的用户。

（四）城镇供、排水

随着城镇化进程的加快，城镇生活供水和工业用水的数量、质量在不断地提高，城市供水和用水矛盾日益突出。由于供水水源不足，一些重要城市只好进行跨流域引水，如引滦入津、引碧入大、京密引水、引黄济青等工程。由于城市地面硬化率高，当雨水较大时，在城镇的一些低洼处，容易形成积水，如不及时排放，则会影响工、商业生产及人民群众的正常生活。因此，城市降雨积水和渍水的排放，是城市防洪的一部分，必须引起高度重视。

（五）航运及渔业

自古以来，人类就利用河道进行水运。如全长 1794km，贯通浙江、江苏、山东、河北、北京的大运河，把海河、淮河、黄河、长江、钱塘江等流域连接起来，形成一个杭州到北京的水运网络。在古代，京杭大运河是南北交通的主动脉，为南北方交流和沿岸经济繁荣做出巨大贡献。

对内河航运，要求河道水深、水位比较稳定，水流流速较小。必要时应采取工程措施，进行河道疏浚，修建码头、航标等设施。当河道修建大坝后，船只不能正常通行，须修建船闸、升船机等建筑物，使船只顺利通过大坝，如三峡工程中，修建了双线五级船闸及升船机，可同时使万吨客轮及船队过坝，保证长江的正常通航。

由于水库大坝的建设，改变了天然的水状态，破坏了某些洄游性鱼类的生存环境。因此，须采取一定的工程措施，帮助鱼类生存、发展，防止其种群的减少和灭绝，常用的工程措施有鱼道、鱼闸等等。

（六）水土保持

由于人口的增加和人类活动的影响，地球表面的原始森林被大面积砍伐，天然植被遭到破坏，水分涵养条件差，降雨时雨水直接冲蚀地表土壤，造成地表土壤和水分流失。这种现象称为水土流失。

水土流失可把地表的肥沃土壤冲走，使土地贫瘠，形成丘陵沟壑，减少产量乃至不能耕种而雨水集中且很快流走，往往形成急骤的山洪，随山洪而下的泥沙则淤积河道和压占农田，还易形成泥石流等地质灾害。

为有效防止水土流失，则应植树种草、培育有效植被，退耕还林还草，合理利用坡地并结合修建堤坝、蓄水池等工程措施，进行以水土保持为目的的综合治理。

（七）水污染及防治

水污染是指由于人类活动，排放污染物到河流、湖泊、海洋的水体中，使水体的有害物质超过了水体的自身净化能力，以致水体的性质或者生物群落组成发生变化，降低了水体的使用价值和原有用途。

水污染的原因很复杂，污染物质较多，一般有耗氧有机物、难降解有机物、植物性营养物、重金属、无机悬浮物、病原体、放射性物质、热污染等。污染的类型有点污染和面污染等。

水污染的危害严重并影响久远。轻者造成水质变坏，不能饮用或灌溉，水环境恶化，破坏自然生态景观；重者造成水生生物、水生植物灭绝，污染地下水，城镇居民饮水危险，而长期饮用污染水源，会造成人体伤害，染病致死并且遗传后代。

水污染的防治任务艰巨，第一是全社会动员，提高对水污染危害的认识，自觉抵制水污染的一切行为，全社会、全民、全方位控制水污染。第二是加强水资源的规划和水源地的保护，预防为主、防治结合。第三是做好废水的处理和应用，废水利用、变废为宝，花大力气采取切实可行的污水处理措施，真正做到了达标排放，造福后代。

（八）水生态及旅游

1.水生态

水生态系统是天然生态系统的主要部分。维护正常的水生生态系统，可使水生生物系统、水生植物系统、水质水量、周边环境良性循环；一旦水生态遭到破坏，其后果是非常严重的，其影响是久远的。水生态破坏后的主要现象为：水质变色变味、水生生物、水生植物灭绝；坑塘干涸、河流断流；水土流失，土地荒漠化；地下水位下降，沙尘暴增加；等等。

水利水电工程的建设，对自然生态具有一定的影响。建坝后河流的水文状态发生一定的改变，可能会造成河口泥沙淤积减少而加剧侵蚀，污染物滞留，改变水质，对库区，因水深增加、水面扩大，流速减小，产生淤积。水库蒸发量增加，对局部小气候有所调节。筑坝对洄游性鱼类影响较大，比如长江中的中华鲟、胭脂鱼等。在工程建设中，应采取一些可能的工程措施（如鱼道、鱼闸等），尽量减小对生态环境的影响。

另外，水库移民问题也会对社会产生一定的影响，由于农民失去了土地，迁移到新的环境里，生活、生产方式发生变化，如解决不好，也会引起一系列社会问题。

2.水与旅游

自古以来，水环境与旅游业一直有着密切的联系，从湖南的张家界，黄果树瀑布、桂林山水、长江三峡、黄河壶口瀑布、杭州西湖，到北京的颐和园以及哈尔滨的冰雪世界，无不因水而美丽纤秀，因水而名扬天下。清洁、幽静的水环境可造就秀丽的旅游景观，给人们带来美好精神享受，水环境是一种不可多得的旅游、休闲资源。水利工程建设，可造就一定的水环境，形成有山有水的美丽景色，形成新的旅游景点。

第三节　水利工程的建设与管理

一、水利工程的建设与发展

（一）我国古代水利建设

几千年来，广大劳动人民为开发水利资源，治理洪水灾害，发展农田灌溉，进行了长期大量的水利工程建设，积累了宝贵的经验，建设了一批成功的水利工程。大禹用堵、疏结合的办法治水获得成功，并有"三过家门而不入"的佳话流传于世。

我国古代建设的水利工程很多，下面主要介绍以下几个典型的工程：

1.四川都江堰灌溉工程

都江堰坐落在四川省都江堰市的岷江上，是当今世界上历史最长的无坝引水工程。公元前250年，由蜀郡太守李冰父子主持兴建，历经各朝代维修和管理，其主体基本保持历史原貌；虽经历2000多年的使用，至今仍然是我国灌溉面积最大的灌区，灌溉面积达1000多万亩。

都江堰工程巧妙地利用了岷江出山口处的地形和水势，因势利导，使堤防、分水、泄洪、排沙相互依存，共为一体，孕育了举世闻名的"天府之国"。枢纽主要由鱼嘴、飞沙堰、宝瓶口、金刚堤、人字堤等组成。鱼嘴将岷江分成内江和外江，合理导流分水，并促成河床稳定。飞沙堰是内江向外江溢洪排沙的坝式建筑物，洪水期泄洪排沙，枯水期挡水，保证宝瓶口取水流量。宝瓶口形像瓶颈，是人工开凿的窄深型引水口，既能引水，又能控制水量处于河道凹岸的下方，符合无坝取水的弯道环流原理，引水不引沙。

2.灵渠

灵渠位于广西兴安县城东南，建于公元前214年。灵渠沟通了珠江和长江两大水系，成为当时南北航运的重要通道。灵渠由大天平、小天平、南渠、北渠等建筑物组成，大小天平为高3.9m、长近500m的拦河坝，用以抬高湘江水位，使江水流入南、北渠（漓江），多余洪水从大小天平顶部溢流进入湘江原河道，大小天平用鱼鳞石结构砌筑，抗冲性能好。

整个工程，顺势而建，至今保存完好。灵渠与都江堰一南一北，异曲同工，相互媲美。

另外，还有陕西引泾水的郑国渠；安徽寿县境内的芍陂灌溉工程，引黄河水的秦渠、汉渠，河北的引漳十二渠等。这些古老的水利工程都取得过良好的社会效益和巨大的经济效益，有些工程至今仍在发挥作用。

在水能利用方面，自汉晋时期开始，劳动人民就已开始用水作为动力，带动水车、水碓、水磨等，用以浇灌农田、碓米、磨面等。

但是，由于我国长期处于封建社会，特别是近代以来，遭受帝国主义、封建主义、官僚资本主义的三重剥削和压迫，因为贫穷、技术落后等原因，丰富的水资源没有得到较好的开发利用，而水旱灾害时常威胁着广大劳动人民的生命、财产安全。中国的水利水电事业发展非常缓慢。

（二）我国水利事业的发展前景

1.我国水利水电建设前景远大

随着我国现代化建设进程的加快和社会经济实力的不断提高，我国的水利水电建设将迎来一个快速发展的阶段：西部大开发战略的实施，西南地区的水电能源将得以开发，并通过西电东送，使我国的能源结构更趋合理。

为了有效控制大江大河的洪水，减轻洪涝灾害，开发水利水电资源，将建设一批大型水利水电枢纽工程。可以预见，在掌握高拱坝、高面板堆石坝、碾压混凝土坝等建坝新技术的基础，在建设三峡、二滩、小浪底等世界特大型水利水电工程的经验的指导之下，将建设一批水平更高、更先进的水电工程。

2. 人水和谐相处

为进一步搞好水利水电工程建设，在总结过去的治水经验，深入分析研究当前社会经济发展的需求的基础上，要更新观念，从工程水利向资源水利转变，从传统水利向现代水利转变，树立可持续发展观，以水资源的可持续利用保障社会经济的可持续发展。

要转变对水及大自然的认识，在防止水对人类侵害的同时，也应注意人对水的侵害，人与自然、人与水要和谐共处。社会经济发展，要与水资源的承载力相协调。水利发展目标要与社会发展和国民经济的总体目标结合，水利建设的规模和速度要与国民经济发展相适应，为经济和社会发展提供支撑和保障条件。应客观地根据水资源状况确定产业结构和发展规模，并通过调整产业结构和推进节约用水，来提高水资源的承载能力。使水资源的开发利用既满足生产、生活用水，也充分考虑了环境用水、生态用水，真正做到计划用水、节约用水、科学用水。

要提高水资源的利用效率，进行水资源统一管理，促进水资源优化配置。不论是农业、工业，还是生活用水，都要坚持节约用水，高效用水。真正提高水资源的利用水平，要大力发展节水灌溉，发展节水型工业，建设节水型社会。逐步做到水资源的统一规划、统一调度、统一管理。统筹考虑城乡防洪、排涝灌溉、蓄水供水、用水节水、污水处理、中水利用等涉水问题，真正做到水资源的高效综合利用。

须确立合理的水价形成机制，利用价格杠杆作用，遵循经济发展规律，试行水权交易、水权有偿占有和转让，逐步形成合理的水市场。促进水资源向高效率、高效益方面流动，使水资源达到最大限度优化配置。

二、水利工程建设程序及管理

（一）水利工程建设程序

1. 建设程序及作用

工程项目建设程序是指工程建设的全过程中，各建设环节及其所应遵循的先后次序法则。建设程序是多年工程建设实践经验、教训的总结，是项目科学决策以及顺利实现最终建设目标的重要保证。

建设程序反映工程项目自身建设、发展的科学规律，工程建设工作应按程序规定的相应阶段，循环渐进逐步深入地进行。建设程序的各阶段及步骤不能随意颠倒和违反，否则，将可能造成不利的严重后果。

建设程序是为了约束建设者的随意行为，对缩短工程的建设工期，保证工程质量，节约工程投资，提高经济效益和保障工程项目顺利实施，具有一定的现实意义。

此外，建设程序加强水利建设市场管理，进一步规范水利工程建设行为，推进项目法人责任制、建设监理制、招标投标制的实施，促进水利建设实现经济体制和经济增长方式的两个根本性转变，具有积极的推动作用。

2. 我国水利工程建设程序及主要内容

对江河进行综合开发治理时，首先根据国家（区域、行业）经济发展的需要确定优先开发治理的河流，然后按照统一规划、综合治理的原则，对选定河流进行全流域规划，确定河流的梯级开发方案，提出分期兴建的若干个水利工程项目。规划经批准之后，方可对拟建的水利枢纽进行进一步建设。

按我国《水利工程建设项目管理规定》，水利工程建设程序一般分为项目建议书、可行性研究报告、设计阶段、施工准备（包括招标设计）、建设实施、生产准备、竣工验收、项目后评价等阶段。

（1）项目建议书

项目建议书应根据国民经济和社会发展长远规划、流域及区域综合规划，按照国家产业政策和国家有关投资建设方针进行编制，是对拟进行建设项目的初步说明。

项目建议书应按照《水利水电工程项目建议书编制暂行规定》编制。项目建议书编制一般由政府委托有相应资格的工程咨询、设计单位承担，并按国家现行规定权限向主管部门申报审批项目建议书被批准后，由政府向社会公布，若有投资建设意向，应及时组建项目法人筹备机构，按相关要求展开工作。

（2）可行性研究报告

阶段可行性研究报告，由项目法人组织编制。经过批准的可行性研究报告，是项目决策和进行初步设计的依据。

①可行性研究的主要任务是根据国民经济、区域和行业规划的要求，在流域规划的基础上，通过对拟建工程的建设条件做进一步调查、勘测、分析和方案比较等工作，进而论证该工程在近期兴建的必要性、技术上的可行性以及经济上的合理性。

②可行性研究的工作内容和深度是基本选定工程规模；选定坝址；初步选定基本坝型和枢纽布置方式；估算出工程总投资及总工期；对工程经济合理性和兴建必要性做出定量定性评价，该阶段的设计工作可以采用简略方法，成果必须具有一定的可靠性，以利于上级主管部门决策。

③可行性研究报告的审批按国家现行规定的审批权限报批申报项目可行性研究报告，必须同时提出项目法人组建方案及运行机制、资金筹措方案、资金结构及回收资金的办法，并依照有关规定附具有管辖权的水行政主管部门或流域机构签署的规划同意书、对取水许可预申请的书面审查意见。审批部门要委托有项目相应资格的工程咨询机构对可行性研究报告评估，并综合行业归口主管部门、投资机构等方面的意见进行审批项目的可行性报告批准后，应正式成立项目法人，并且按项目法人责任制实行项目管理。

（3）设计阶段

①初步设计。根据已批准的可行性研究报告和必要的设计基础资料，对设计对象进行通盘研究，确定建筑物的等级；选定合理的坝址、枢纽总体布置、主要建筑物型式和控制性尺寸；选择水库的各种特征水位；选择电站的装机容量、电气主接线方式及主要机电设备；提出水库移民安置规划；选择施工导流方案和进行施工组织设计；编制项目的总概算。

初步设计报告应按照《水利水电工程初步设计报告编制规程》的有关规定编制。初步设计文件报批前，应由项目法人委托有关专家进行咨询，设计单位根据咨询论证意见，对初步设计文件进行补充、修改、优化。初步设计按国家现行规定权限向主管部门申报审批。经批准后的初步设计文件主要内容不得随意修改、变更，并作为项目建设实施的技术文件基础。如有重要修改、变更，必须经原审批机关复审同意。

②技术设计或招标设计。对重要的或技术条件复杂的大型工程，在初步设计和施工详图设计之间增加技术设计，其主要任务是：在深入细致的调查、勘测和试验研究的基础上，全面加强初步设计的工作，解决初步设计尚未解决或未完善的具体问题，确定或改进技术方案，编制修正概算。技术设计的项目内容同初步设计，只是更为深入详尽，审批后的技术设计文件和修正概算，是建设工程拨款和施工详图设计的依据。

③施工详图设计。该阶段的主要任务是：以经过批准的初步设计或技术设计为依据，最后确定地基开挖、地基处理方案，进行细节措施设计；对各建筑物进行结构及细部构造设计，并绘制施工详图；进行施工总体布置以及确定施工方法，编制施工进度计划和施工预算等。施工详图预算是工程承包或工程结算的依据。

（4）施工准备阶段

①项目在主体工程开工之前，必须完成各项施工准备工作，其主要内容包括：施工现场的征地、移民、拆迁；完成施工用水、用电、通信、道路和场地平整等工程；建生产、生活必需的临时建筑工程；组织监理、施工、设备和物资采购招标等工作；择优确定建设监理单位和施工承包队伍。

②工程项目必须满足以下条件，方可以进行施工准备：初步设计已经批准；项目法人已经建立；项目已列入国家或地方水利建设投资计划，筹资方案已经确定；有关土地使用权已经批准；已办理报建手续。

（5）建设实施阶段

建设实施阶段是指主体工程的建设实施，项目法人按照批准的建设文件，组织工程建设，保证项目建设目标的实现。

①项目法人或其代理机构必须按审批权限，向主管部门提出主体工程开工申请报告，经批准后，主体工程方能正式开工。主体工程开工须具备的条件是：前期工程各阶段文件已按规定批准，施工详图设计可以满足初期主体工程施工需要；工程项目建设资金已落实；主体工程已经决标并签订工程承包合同；现场施工准备和征地移民等建设外部条件能够满足主体工程开工需要。

②按市场经济机制，实行项目法人责任制，主体工程开工还须具备以下条件：项目法人要充分授权监理工程师，使之能独立负责项目的建设工期、质量、投资的控制和现场施工的组织协调，要按照"政府监督、项目法人负责、社会监理、企业保证"的要求，建立健全质量管理体系。重大建设项目，还必须设立项目质量监督站，行使政府对项目建设的监督职能。水利工程的兴建必须遵循先勘测、后设计，在做好充分准备的条件下，再施工的建设程序。否则，就很可能会设计失误，造成巨大经济损失，乃至灾难性的后果。

（6）生产准备阶段

生产准备应根据不同工程类型的要求确定，一般应包括如下主要内容：

①生产组织准备。建立生产经营的管理机构以及相应管理制度；招收和培训人员。按生产运营的要求，配备生产管理人员。

②生产技术准备主要包括技术资料的汇总、运行技术方案的制订、岗位操作规程制定和新技术准备。

③生产物资准备，主要是落实投产运营所需要的原材料、协作产品、工器具、备品备件和其他协作配合条件的准备。

④运营销售准备。及时具体落实产品销售协议的签订，提高生产经营效益，为偿还债务和资产的保值增值创造条件。

（7）竣工验收

竣工验收是工程完成建设目标的标志，是全面考核基本建设成果、检验设计和工程质量的重要步骤，竣工验收合格的项目即从基本建设转入生产或者使用。

①当建设项目的建设内容全部完成，并经过单位工程验收、完成竣工报告、竣工决算等文件后，项目法人向主管部门提出申请，根据相关验收规程，组织竣工验收。

②竣工决算编制完成后，须由审计机关组织竣工审计，其审计报告作为竣工验收的基本资料。另外，工程规模较大、技术较复杂的建设项目可先进行初步验收。

（8）项目后评价

建设项目经过 1～2 年生产运营后，进行系统评价，也称后评价。其主要内容包括：

①影响评价，项目投产后对政治、经济、生活等方面的影响进行评价；

②经济效益评价，对国民经济效益、财务效益、技术进步和规模效益等进行评价；

③过程评价，对项目的立项、设计、施工、建设管理、生产运营等全过程进行评价。

项目后评价一般按三个层次组织实施，也就是项目法人的自我评价、项目行业的评价、计划部门（或主要投资方）的评价。

项目后评价工作必须遵循客观、公正、科学的原则，做到分析合理、评价公正。通过项目后评价以达到肯定成绩、总结经验、研究问题、吸取教训、提出建议、改进工作的目的。

（二）水利工程建设的管理

1. 基本概念

（1）工程建设管理的概念

工程建设目标的实现，不仅要靠科学的决策、合理的设计和先进的施工技术及施工人员的努力工作，而且要靠现代化的工程建设管理。

一般来讲，工程建设管理是指：在工程项目的建设周期内，为了保证在一定的约束条件下（工期、投资、质量），实现工程建设目标，而对建设项目各项活动进行的计划、组织、协调、控制等工作。

在工程项目建设过程中，项目法人对工程建设的全过程进行管理；工程设计单位对工程的设计、施工阶段的设计问题进行管理；施工企业仅对施工过程进行控制和管。理由业主委托的工程监理单位，按委托合同的规定，替业主行使相关的管理权利和相应义务。

对大型的工程项目，涉及技术领域众多，专业技术性强，工程质量要求高，投资额巨大，建设周期较长。工程项目法人管理任务艰巨，责任重大，因此，必须建立一支技术水平高、经验丰富、综合性强的专职管理队伍，当前，要求项目法人委托建设监理单位进行部分或全部的项目管理工作。

（2）工程项目管理的特点

工程建设管理的特殊性主要表现在以下几方面：

①工程建设全过程管理。建设项目管理从工程项目立项、可行性研究、规划设计、工程施工准备（招标）、工程施工到工程的项目后评价，涉及了单位众多，经济、技术复杂，建设时间较短。

②项目建设的一次性。由于工程项目建设具有一次性特点，因此，工程建设的管理也是一次性的，不同的行业、规模、类型的建设项目其管理内涵则有一定的区别。

③委托管理特性。企事业单位的管理是以自己管理为主，而建设项目的管理则可以委托专业性较强的工程咨询、工程监理单位进行管理。业主单位人员精干，机构简洁，主要做好决策、筹资、外部协调等主要工作，以便更利于建设目标的实现。

（3）管理的职能工程项目

管理的职能和其他管理一样，主要包括以下几方面：

①计划职能。计划是管理的首要职能，在工程建设每一阶段前，必须按工程建设目标，制订切实可行的计划安排。然后，按计划严格控制并且按动态循环方法进行合理的调整。

②组织职能。通过项目组织层次结构及权力关系的设计，按相关合同协议、制度，建立一套高效率的组织保障体系，组织系统相关单位、人员，协同努力实现项目总目标。

③协调职能。协调是管理的主要工作，各项管理都需要协调。由于建设项目建设过程中各部门、各阶段、各层次存在大量的接合部，需要大量的沟通、协调工作。

④控制职能。控制和协调联合、交错运用，按原计划目标，通过进度对比、分析原因、调整计划等对计划进行有效的动态控制。最后，让项目按计划达到设计目标。

2. 工程项目管理的主要内容

①项目决策阶段。管理的主要内容包括：投资前期机会研究，根据投资设想提出项目建议书，项目可行性研究，项目评估和审批，下达项目设计任务书，等等。

②项目设计阶段。通过设计招标选择设计单位，审查设计步骤、设计出图计划、设计图纸质量等。

③项目的实施阶段。在项目施工阶段，管理内容可概括为：工程资金的筹集及控制；工程质量监督和控制；工程进度的控制；工程合同管理及索赔；工程建设期间的信息管理；设计变更、合同变更以及对外、对内的关系协调；等等。

④项目竣工验收及生产准备阶段。项目竣工验收的资料整编及管理；竣工验收的申报及组织竣工验收；试生产的各项准备工作，联动试车的问题及处理；等等。

第二章 大坝工程建设

第一节 土石坝工程

一、碾压式土石坝施工

（一）料场的规划和开采

料场的合理规划和使用是土石坝施工中关键技术之一，它不仅关系到坝体的施工质量、施工工期和工程造价，甚至还会影响当地的农林业等生产。

料场应结合坝体设计、施工对土石料物理力学性质的要求进行科学规划和选择。

一般在坝型选择阶段就应对料场进行全面调查，并配合施工组织设计，对各类料场进行积极的勘探选择，如对其地质成因、埋深、储量以及各种物理力学指标进行勘探和试验，制订料场的总体规划和分期分区开采计划，让各种坝料有计划、有次序地开采出来，以满足坝体施工的要求。

1. 料场的规划

料场可以根据枢纽布置特点选择多个进行比选，土石坝至少应有两个具备良好开采条件的料场。应根据质量优良、经济、就地取材、少占用耕地的原则选择料场，料场选择规划的时候，应该注意以下几点：

（1）适宜选择比较容易开采、储存量相对比较集中、料层比较厚、无用层以及覆盖层相对比较薄的料场，其开采量要能满足工程需用量。

（2）在对混凝土集料的料场进行选择时，要进行技术经济比较后确定；在选用人工集料时，比较适宜选用破碎后粒型良好而且硬度适中的料场作为料源。

（3）应该选择储量足、覆盖层较浅、运距短的料场。料场可以分布在坝址的上下游、左右岸，以便按坝不同部位、不同高程和不同施工阶段分别选用供料，减少施工干扰。

（4）料场位置应有利于布置开采设备、交通和排水等，尽量避免或减少洪水对料场的影响。

（5）结合施工总体布置，考虑施工强度和坝体填筑部位的变化，用料规划力求近料和上游易淹没的先进的料以及水上用料部分的料场先用，远料和下游以及水下用料部分的料场后用；低料低用，高料高用；上坝强度高时用近料场，上坝强度低时用远料场，平衡运输强度。避免下游里用料交叉使用。含水量高的料场夏季使用，含水量低的料场冬季使用。

（6）尽量利用挖方弃渣来填筑坝体或者用人工筛分控制填料的级配，做到料尽其用。

（7）料场规划时，应考虑主料场和备用料场，以确保坝体填筑工作正常进行。施工前对料场的实际可开采总量进行规划时，应考虑料场调查精度、料场天然密度与坝面压实密度的差值，以及开挖与运输、雨后坝面清理、坝面返工及削坡等损失。其与坝体填筑量之比：砂砾料为 1.5 ~ 2.0；水下砂砾料为 2.0 ~ 2.5；石料为 1.2 ~ 1.5；土料为 2.0 ~ 2.5；天然反滤料按筛分的有效方量考虑，一般不宜小于 3.0。在进行用料规划时，应使料场的总储量满足坝体总方量和施工各阶段最大上坝强度要求。

（8）石料场规划时，应考虑与重要（构）建筑物等防爆、防震安全距离的要求。

2. 料场的开采

在施工过程当中，不同的储备料场、不同的开采时间和方式，对施工工期和施工成本费用影响颇为重要，因此，在施工组织设计中，为了缩短施工工期，降低施工费用，料场的开采应注意以下几点：

（1）开采尽量不要占用或者尽可能少占用耕地、林地以及房屋，减少补偿费用，节约施工费用；对于有环境保护和水土保持要求的，应该积极满足并做好相关保护和恢复工作；有复耕要求的，要积极地予以复耕。

（2）施工开始前，应当根据所在地区的水文、气象、地形以及现有交通的情况，研究开采料场的施工道路的布置，使料场开采顺序合理并选择合适的开采、运输设备，以便满足高峰时期的施工强度要求。

（3）根据料场的储料物理力学特性、天然含水量等条件，确定主次料场，制订合理的分期、分区开采计划，力求原料能被连续、均衡地开采使用；如果料场比较分散，上游料场应该在前期使用，近距离料场则适宜作为调剂高峰施工时采用。

（4）容易遭遇洪水或者冰冻的料场应该有备用储料，以便在洪水季节或冬季使用，并有相应的开采措施。

（5）在施工过程中，力求开采应使用料以及弃料的总量最小，做到开采使用相对平衡，并且弃料无隐患，满足环境保护和水土保持的要求。

在坝料的开采过程中，还要注意排水以及辅助系统的布置等问题。如坝料在含水率方面需要调整，一般情况下，也在料场进行干燥或者加水。总之，在料场的规划和开采中，考虑的因素很多而且又很灵活。对拟订的规划、供料方案，在施工过程中遇到不合适的，要及时进行调整，以便取得最佳的技术经济效果。

（二）坝基与岸坡处理

坝基与岸坡的处理，目的是加固坝体与基础、岸坡之间的连接，保证填土与基础、岸坡有良好的结合。对防渗体结合部位的基础处理要求最为严格；与大坝棱体或坝壳相结合的基础的处理要求相对可以适当降低，只要满足稳定与沉降变形以及渗透稳定的要求即可。

坝基处理的施工特点如下：

第一，坝基和岸坡处理是坝体施工的关键工作，对工期影响比较大。

第二，施工程序受导流以及地形影响较大，河床部分施工应该在围堰保护下进行。

第三，防渗体部位的坝基和岸坡处理技术要求比较高。

第四，施工场地一般比较狭小，各工序相互干扰比较大。

对于不同坝型的土石坝，其地基有不同要求。工程当中，很少有不做任何处理就可以满足建坝要求的天然地基。地基处理时，主要针对工程要求及岩石、砂砾石、软黏土等不同地基情况，选用灌浆、混凝土防渗墙、振冲加密及振冲置换、预压固结、置换、反滤排水等措施，提高坝基稳定性和防止有害变形。

1.清基和填筑前准备

清基是指坝体填筑之前，基础与岸坡表面的清理。清基就是把坝基范围内的所有草皮、树木、乱石、淤泥、腐殖土、细砂、泥炭等按设计要求全部清除。对坝区范围内的水井、泉眼、地道、洞穴以及勘测探孔、竖井、平洞、试验坑做彻底的处理，并应该通过验收。

（1）一般技术要求

①当土体中有机质含量较高时，土体具有抗剪强度较低与压缩性大的特性，这对土坝的稳定非常不利。一般情况下，当土体中的有机质含量大于 3%、易溶盐大于 3% 时，都应该清除掉，做好记录备查。

②对于不利于坝体的动力稳定、静力稳定和渗透变形的一定范围的细砂、极细砂、淤泥，应该全部清除并采取相应措施。

③防渗体与岸坡结合应采用斜面连接，不得清理成台阶形，不允许急剧变坡。

④对于坝壳范围内的岩石岸坡风化层的清理深度，要依据其抗剪强度来决定，要保证坝体的稳定。

另外，由于基础与岸坡均是隐蔽工程，除了将清理后的有关资料详细记录外，还应该在隐蔽之前，经过有关各方的验收之后再开始后续施工。

在地基开挖时，应自上而下先开挖两岸岸坡，再开挖和清理河床坝基。在强度、刚度方面，不符合要求的材料均需清除。作为堆石坝壳的地基，一般开挖到全风化岩石，无软弱夹层的河床砂砾石一般不开挖。对于岩石岸坡，可挖成不陡于1：0.75的坡度，且岸边应削成平整斜面，不可削成台阶形，更不能削成反坡。为减少削坡方量，岩石岸坡的局部反坡可用混凝土填补成平顺的坡面。当岸坡为黏性土时，清理坡度不应陡于1：1.5。当山坡与非黏性土料壳结合时，清理坡度不得低于岸坡土在饱和状态下的稳定坡度，不得有反坡。

应特别注意的是防渗体部位的坝基、岸坡岩面开挖可采用预裂、光面等控制爆破法施工，严禁采用洞室、药壶爆破法施工。

工程开挖过深和施工困难时，可采用工程处理，如坝基河床砂层振冲加密、淤泥层砂井加速固结、心墙地基淤泥夹层的振冲置换处理等。

（2）清基施工过程中，根据施工情况，一般有以下几种方法

①人工清理，手推车运输。这种处理方法适用于小范围或者狭窄施工现场的清理，当缺乏必要的机械设备时，也可用于大面积的清理。

②推土机清理。这种处理方法适用于大面积的清理，最适宜的运输距离为50m左右。对于清理工程量相当大的区域，可以用推土机集料装载机、挖土机与汽车配合施工。

③铲运机械清理。当基础表层大面积清理时，铲运机是比较适宜的机械，运输距离一般为100～200m，一般情况下，铲斗充盈系数可达到0.80左右，细砂只能达到0.50左右，运输距离以500m为宜。

④机械联合作业，当清理厚度大于2m且范围、方量都比较大时，可以用推土机集料装载机或者挖土机开挖汽车装运联合作业，以便加快清理速度。

清基后，应该进行全面的取样试验，以便确定清基是否符合有关要求。对于非岩石地基，取样布置采用正方形检查网，每个网格角点挖试坑取样、试验。

填筑前，坝壳部位需将表面修整成可供碾压机械作业的平顺坡，砂砾石地基要预先用振动碾压实。在混凝土或者岩石面上填土时，应该先洒水湿润，并边涂刷浓的泥浆，边铺土边压实。

对于心墙岩石地基，一般采用混凝土基础板作为灌浆盖板，并防止心墙土料由地基的裂隙流失。有时，在清洗之好的岩面上涂抹一层厚度不小于2cm的稠水泥砂浆，在其未凝固前铺上并压实第一层心墙料，砂浆可封闭岩面和充填细小裂隙并形成一层黏结在岩面上的薄而抗冲蚀的土与水泥的混合层。

2. 坝基、岸坡结合处理

坝基结合处理可按施工顺序，分段分期进行。应根据坝基土料性质、坝体填筑材料、基础与坝体联合的部位、低坝与高坝等条件来决定。由于水利工程设计专业和领域比较广泛，基础的结合处理很难统一，因此，在不同的工程和施工过程中，需要设计、施工以及质检人员深入现场，实地实时解决有关问题，保证施工的顺利进行。

（1）非岩石地基

砂砾石、黏性土、砾质土等松散基础，在清基后、填土之前，应根据基础土料性质选用相应的压实机械，对基础表层予以压实，压实方法参见土方工程。黏性土与砂砾石等无黏性土接触区，应严格要求，符合反滤原则。

（2）岩石地基

岩石地基处理，应区分坝基与防渗体部位。一般来讲，对于坝壳部分的岩石地基，只需要按以上一般基础清理原则进行，不需要进行其他专门处理。对于防渗体部位的岩石地基，应该按照控制爆破要求进行开挖，且不适宜开挖成过窄的深槽，以免沟槽内填土发生拱效应而导致裂缝。当低坝防渗体与岩石基础直接填土结合时，应注意对岩石面的裂隙水、裂隙、断层等进行严格处理；高坝的防渗体，甚至包括其反滤料，不得与裂隙基岩直接接触，以免在高压水头作用下，使其沿裂隙冲蚀。

（3）岸坡结合

岸坡结合是在对岸坡进行清理之后，进行处理：首先要满足结合边坡，其次是要对坡面进行处理，以满足填土的质量要求（高坝与岸坡接头更需要谨慎处理）。

3. 地基防渗处理

（1）岩石地基的防渗处理

若岩石地基节理裂隙发育或有断层、破碎带等特殊地质构造，可以采用灌浆、混凝土塞、铺盖、扩大截水槽底宽等防渗措施。

如果坝址在岩溶地区，应根据岩溶发育情况、充填物性质、水文地质条件、水头大小、覆盖层厚度和防渗要求研究处理方案。处于地表浅层的溶洞，可挖除其内的破碎岩石和充填物，并用黏性土或混凝土堵塞。深层溶洞可用灌浆方法或大口径钻机钻孔回填混凝土做成截水墙处理，或打竖井下去开挖回填混凝土处理。

对于岩面的裂隙不大、小面积的无压渗水，且在岩面上直接填土的工程，可以用黏土快速夯实堵塞（也有先铺适量水泥干料，再用黏土快速夯实堵塞的成功案例）。

若局部堵塞困难，可以采用水玻璃（硅酸钠）掺水泥拌成胶体状（配合比为水：水玻璃：水泥 =1：2：3），用围堵办法在渗水集中处从外向内逐渐缩小至最后封堵。

对于浅层风化较重或节理裂缝发育的岩石地基，可开挖截水槽回填黏土夯实或建造混凝土截水墙处理。对于深层岩基，一般应采用灌浆方法处理。灌浆帷幕深度应达到相对不透水层。当有可能发生绕坝渗流时，必须设置深入岸内的灌浆防渗帷幕，作为河床帷幕的延续。

需注意，灌浆处理地基时，对节理裂隙充填物断层泥、灰岩溶洞泥土冲填物等可灌性很差的物质，应尽量予以挖除，对那些分散的、细小的充填物，可在下游基岩面做反滤料保护处理。

当基岩有较大的裂隙或者泉水且水头较高时，采用在渗水处设置一直径不小于500mm 的混凝土管，在管内填卵砾石预埋回填灌浆管和排水管。填土时，用自吸泵不间断抽水，随着土料填筑上升，逐渐加高混凝土管。当填土高于地下水位之后，用混凝土封闭混凝土管口，最后进行集水井回填灌浆封闭处理。这也就是常说的筑井堵塞法。

（2）砾石地基的渗流控制

砂砾石地基的抗剪指标较大，故抗滑稳定，一般应满足工程要求，随着土石坝填筑上升，砂砾石逐渐被压实，故沉陷量不至于过大。砾石地基的处理问题主要是渗流控制，保证不发生管涌、流土和防止下游沼泽化。这种地基的处理方法有竖直和水平防渗两类，如截水槽防渗墙、混凝土防渗墙、灌浆帷幕、防渗铺盖等。其中，混凝土防渗墙是砂砾石地基防渗处理的主要手段。

（三）坝料开采与运输

1. 坝料开采

施工中不合格的材料不得上坝。开采前应划定料场的边界线，清除妨碍施工的一切障碍物。在选用开采机具与方法时，应考虑坝料性质、料层厚度、料场地形、坝体填筑工程数量和强度，以及挖、装、运机具的配套。

（1）土料开采

土料开采主要分为立面开采和平面开采。

（2）砂砾石料开采

①对于水上砂砾石料的开采，最常用的方法即用挖掘机立面开采，同时，应该尽可能创造条件以形成水上开采施工场地。

②对于水下以及混合的砂砾石料的开采，一般有三种开采方法。

A.用采砂船开采：有静水开挖、逆流开挖、顺流开挖等三种方法。静水开挖时，细砂流失少，料斗容易装满，应优先采用。在水流流速小于 3m/s 时，可以采用逆流开挖方式。一般情况下，不采用顺流开挖方式。

B.索铲挖掘机开采；一般采用索铲采料堆积成料堆，然后用正铲挖掘机或者装载机装车。很少采用索铲直接装汽车的方法。

C.反铲混合开采：料场地下水位比较高时，比较适宜采用反铲水上水下混合开挖。开挖完第一层后，筑围堰导流，可以开采第二层。

（3）石料开采

对于堆石料的开采，一般有如下要求：

①石料开采宜采用深孔梯段微差爆破法或者挤压爆破法。台阶高度按上坝强度、工作面布置、钻机形式而定。通常采用 100 型钻机，梯段高度 12 ~ 15m。条件许可时，也可采用洞室爆破法。

②开采时，应保持石料场开挖边坡的稳定。

③石料开采工作面数量配合储存料的调剂，应满足上坝强度的要求。

④优先采用非电导爆管网络，采用电爆网络时，应注意雷电、量测地电对安全的影响。

一般情况当中，按填筑要求，石料允许的最大块度一般为填筑层厚的 0.8 ~ 0.9，在特殊情况下，也不允许超过层厚，主堆石区应该严格控制。

当采用洞室爆破法时，大块石料的发生率比梯段微差爆破开挖法大。近几年来，由于洞室爆破施工技术的提高，大块发生率相对明显减少。超径石料一般应该在料场采用钻孔墙是砂砾石地基防渗处理的主要手段。

爆破法或者机械破碎法解小，不宜在坝面进行。

2. 坝料运输

（1）坝区运输道路布置原则及要求

运输道路的规划和使用，一般结合运输机械类型、车辆吨级以及行车密度等进行，主要考虑以下几点：

①根据各施工阶段工程进展情况及时调整运输路线，使其与坝面填筑及料场开采情况相适应。施工期场内道路规划宜自成体系，并尽量与永久道路相结合（永久道路应该在坝体填筑施工前完成）。另外，运输道路不宜通过居民点与工作区，尽量与公路分离。

②根据施工工程量大小、筑坝强度计划，结合地形条件、枢纽布置、施工机械等，合理安排线路运输任务。必要时，应该采用科学的方法对运输网络予以优化。

③宜充分利用坝内堆石体的斜坡道（作为上坝道路），以减少岸坡公路的修建。连接坝体上、下游交通的主要干线应该布置在坝体轮廓线以外。干线与不同高程的上坝公路相连接，应避免穿越坝肩岸坡，避免干扰坝体填筑施工。

④运输道路应尽量采用环形线路，减少平面交叉，交叉路口、急弯等处应设置安全装置。坝体内的道路应该结合坝体分期填筑，在平面与立面上协调好不同高程的进坝道路的连接。

⑤道路的运输标准应该符合施工机械行进要求，以降低机械的维修费用并提高生产率；为了施工机械和人员的安全，应该有较好的排水设施，同时，还可以避免雨天运输机械将路面的泥土等带入坝面，影响施工质量；此外，道路还应该有比较完善的照明设施，保证夜间施工时机械行车安全，一般路面照明容量不少于 3kW/km。

⑥运输道路应该经常维护和保养，及时清除路面散落的石块等杂物，并经常洒水，以减少施工机械的磨损。

（2）上坝道路布置

坝区坝料运输道路布置方式有岸坡式、坝坡式以及混合式三种，其线路进入坝体轮廓线内，与坝体临时道路相连接，组成直达填筑区运输体系。

上坝道路单车环形线路比往复双车线路行车效率高、更安全，坝区以及料场应该尽可能采用单车环形线路。一般情况下，干线多采用双车道，尽量做到会车不减速。

岸坡上坝道路宜布置在地形比较平缓的坡面，以减少开挖工程量，路的"级差"一般为 20 ~ 30m。

在岸坡陡峭的狭窄施工区域，根据地形条件，可以采用平洞作为施工交通之用。必要时，可采用竖井卸料来连接不同高程的道路。

（3）坝内临时道路布置

①堆石内道路。根据分期填筑要求，在不影响平起填筑区域外，可在堆石体内设置

临时交通道路，一般布置成"之"字形，连接不同高程的两级上坝道路。临时道路的纵坡一般较陡，为10%左右，局部可以达到12%～15%，从而减少上坝道路的长度。

②穿越防渗体道路。心墙、斜墙等防渗体应该避免重型机械频繁穿越，避免破坏填土层。如果上坝道路布置困难，施工机械必须穿越防渗体，应该调整防渗体填土工艺。

（四）坝体填筑

1. 填筑料施工

防渗体按照结构形式分为心墙（斜心墙）、斜墙两类，其填筑材料主要有黏性土、砾质土、风化料以及掺合料。

（1）防渗体坝面填筑

防渗体坝面施工程序包括铺土、平土、洒水、压实、接缝处理、刨毛（用平碾压实时）、质检等工序。为减少坝面施工干扰，宜采用流水作业施工。流水作业施工是按施工工序数目对坝面分段，然后组织相应专业施工队依次进入各工段施工。对同一工段而言，各专业队按工序依次连续施工；对各专业施工队而言，依次不停地在各工段完成固定的专业工作。

此种流水作业可提高工人技术熟练程度和工作效率。

坝面流水作业可将坝面划分成填土、平土、压实三道工序进行施工，在同一时间之内，每一工段完成一道工序，依次进行流水作业。

应尽量安排在人、地、机三不闲的情况下正常施工，必要时可合并某些工序，如将坝面流水作业的三道工序，合并为填土平土、压实、质检刨毛三道工序。注意坝面施工统一管理，使填筑面层次分明、作业面平整和均衡上升。

在填筑时，应该注意以下几点：

①填筑一般力求各种坝料填筑全断面平起施工，跨缝碾压，均衡上升。心墙应同上下游反滤料及部分坝壳料平起填筑，宜采用先填反滤料后填土料的平起填筑法施工，结合部的压实可以采用土砂法与砂土法。

②当斜墙滞后于坝壳料填筑时，需要预留斜墙、反滤料和部分坝壳料的施工场地。

③由于防渗体填筑施工场地比较狭小、工序比较复杂，应统一管理，适宜采用分段流水作业施工。

④由于对防渗体填料的含水量有严格的要求，在冬期和暑期施工时，应该防止热量和水分的散失，应尽量缩短作业循环时间。

⑤工作面的尺寸应该满足施工机械的正常作业要求，宽度一般应该大于碾压机械能错车压实的最小宽度，或者卸料汽车最小弯转半径的2倍，长度主要考虑压实机械的要求，一般为40～80m。

（2）土料铺填

铺料分为卸料和平料两道工序，选择铺料方法主要考虑以下两点：一是坝面平整、铺料层厚度均匀，不得超厚；二是对已经压实过的土料不得过压，防止产生剪力破坏。防渗土料的铺筑应沿坝轴线方向进行，采用自卸汽车卸料，采用推土机平料，必要时可以用平地机整平，以便于控制铺土厚度和坝面平整。在土料与岸坡、反滤料等交接处，应辅以人工平整，保证连接处达到要求。铺料方法有以下几种：

①进占法铺料：防渗体土料应采用这种方法，汽车在已经平好的松土层上行驶、卸料，不应在已压实土料面上行使。这种方法不会对防渗土料形成过压，还不影响洒水、刨毛作业。

坝壳料填筑时，宜采用进占法卸料，推土机及时平料，铺料厚度符合设计要求，其误差不宜超过层厚的10%。填筑面上不应有超径块石，不可出现块石集中、架空等现象。坝壳料与岸坡及刚性建筑物结合部位，宜回填一条过渡料。

②后退法铺料：汽车在已压实土料面上行驶、卸料，这种方法卸料方便，但容易对已经压实的土料形成过压，适用于砂砾石、软岩和风化料以及掺合土，层厚宜小于1m。

③综合法铺料：综合了前两种方法的优点，用于铺料层大（1～2m）的堆石料，可减少分离，减少推土机平整工作量。

（3）土料压实

防渗体土料施工中宜采用振动凸块碾压实，碾压应当沿坝轴线方向进行。防渗体分段碾压时，相邻两段交接带碾迹应彼此搭接，垂直碾压方向搭接带宽度为0.3～0.5m，顺碾压方向搭接带宽度为1～1.5m。一般防渗体的铺筑应连续作业，若需短时间停工，其表面土层应洒水湿润，使含水率保持在控制范围之内；若因故需长时间停工，须铺设保护层且复工时予以清除。对于中高坝防渗体或窄心墙，压实表面形成光面时，铺土前应洒水湿润并将光面刨毛。

坝壳料应用振动平碾压实，与岸坡结合处2m宽范围内平行岸坡方向碾压，不易压实的边角部位应减薄铺料厚度，用轻型振动碾压实或用平板振动器等压实。对于碾压堆石坝，不应留削坡余量，宜边填筑、边整坡和护坡。砂砾料、堆石以及其他坝壳料纵横向结合部位可采用台阶收坡法，每层台阶宽度不小于1m。防渗体及均质坝的横向接坡不宜陡于1∶3。

2. 结合部位处理

施工中防渗体与坝基（包括齿槽）、两岸岸坡、溢洪道边墙、坝下埋管及混凝土齿墙等结合部位须认真处理，如若处理不当，将可能形成渗流通道，引发防渗体渗透破坏和造成工程失事。

防渗体与坝基结合部位填筑时，对于黏性土、砾质土坝基，表面含水率应调至施工含水率上限，用凸块振动碾压实；对于无黏性土坝基，铺土前坝基应洒水压实，按设计要求回填反滤料和第一层土料，第一层土料的铺土厚度可适当减薄，土料含水率应调至施工含水率上限，宜采用轻型压实机具压实；坚硬岩基或者混凝土盖板上，开始几层填料可以采用轻型碾压机直接压实，待填筑到0.5m以上时，才能用重型机械压实。

防渗体与岸坡结合带的填土可选用黏性土，其含水率应调至施工含水率上限，选用轻型碾压机具薄层压实，局部碾压不到的边角部位可用小型机具压实，严禁漏压或欠压。防渗体与岸坡结合带碾压搭接宽度不小于1m。

防渗体与混凝土面（或岩石面）填筑时，须先清理混凝土表面乳皮、粉尘及其附着杂物。填土时，面上应洒水湿润，并边涂刷浓泥浆、边铺土、边夯实，泥浆刷涂高度应与铺土厚度一致，并应与下部涂层衔接，严禁泥浆干后再铺土和压实。泥浆土与水质量比宜为 1：2.5～1：3.0，涂层厚度 3～5mm。填土含水率控制在大于最优含水率 1%～3%，用轻型碾压机械碾压，适当降低干密度，待厚度在 0.5～1.0m 以上时，方可用选定的压实机具和碾压参数正常压实。防渗体与混凝土齿墙、坝下埋管、混凝土防渗墙两侧及顶部一定宽度和高度内土料回填宜选用黏性土，采用轻型碾压机械压实，两侧填土保持均衡上升。

截水槽槽基填土时，首先排除渗水，应从低洼处开始，填土面应保持水平，不可有积水。槽内填土厚度在 0.5m 以内时，可采用轻型机具（如蛙式夯）薄层碾压；槽内填土厚度在 0.5m 以上时，方可用选定的压实机具和碾压参数压实。

3. 反滤层施工

土工建筑物的渗透破坏，常始于渗流出口，在渗流出口设置反滤层，是提高土的抗渗比降、防止渗透破坏、促进防渗体裂缝自愈、消除工程隐患的重要措施。

反滤层的施工方法大体可以分为三种，即削坡法、挡板法以及土砂松坡接触平起法。由于施工机械和施工工艺的不断改进，目前施工中主要采用土砂松坡接触平起法。该方法一般分为先土后砂法、先砂后土法、土砂交替法等几种，它允许反滤料与相邻土料"犬牙交错"，跨缝碾压。

（1）先土后砂法

填压 2～3 层土料与反滤料平齐，然后骑缝压实土砂线路结合带。此种方法的土料压实时，无侧限条件，没有松土边。

（2）先砂后土法

即先铺反滤料，后铺土料，当反滤层宽度较小（<3m）时，铺一层反滤料，填两层土料，碾压反滤料并骑缝压实与土料的结合带。对于高坝，反滤层宽度较大，机械铺设方便，反滤料铺层厚度与土料相同，平起铺料和压实。因为该方法土料填筑有侧限，施工方便，工程多采用。

（3）土砂交替法

即先填一层土再填一层砂料，然后两层土一层砂交替上升。

在对不均匀天然反滤料施工时，填筑质量控制的主要措施分以下几种。

①加工生产的反滤料应满足设计级配要求，严格控制含泥量（不得超出设计范围）。

②生产、挖装、运输、填筑各施工环节，应避免反滤料分离和污染。

③控制反滤料铺筑厚度、有效宽度和压实干密度。

反滤料压实时，应与其相邻的防渗土料、过渡料一起压实，宜采用自行式振动碾压实。铺筑宽度主要取决于施工机械性能，以自卸汽车卸料、推土机摊铺时，通常宽度不小于 2～3m。用反铲或装载机配合人工铺料时，宽度可减小。严禁在反滤层内设置纵缝，以保证反滤料的整体性。

近年来，土工织物以其重量轻、整体性好、施工简便和节省投资等优点，普遍应用于排水、反滤。采用土工织物作反滤层时，应注意以下几点：

①土工织物铺设前，须妥善保护，防止暴晒、冷冻、损坏、穿孔和撕裂。

②土工织物的拼接宜采用搭接方法，搭接宽度可为30cm。

③土工织物铺设应平顺、松紧适度，避免织物张拉受力及不规则折皱。坝料回填时，不得损伤织物。

④土工织物的铺设和防渗体的填筑平起施工，织物两侧防渗体和过渡料的填筑应人工配合小型机械施工。

（五）质量检查与控制

土坝施工质量检查与控制，对保证土石坝的质量具有重要意义。因此，在土石坝施工中，必须建立健全质量管理体系，严格按行业标准和质量合同条款控制施工质量。质量控制主要包括料场和坝体填筑两个方面。

1. 料场的质量检查和控制

各种筑坝材料应以料场控制为主，必须为合格的坝料方能运输上坝。不合格的材料应在料场处理合格后方能上坝，否则，按废料处理。在料场建立专门的质量检查站，主要控制：是否在规定的料区开采，是否将草皮、覆盖层等清除干净；坝料开采加工方法是否符合规定；排水系统、防雨措施、负温下施工措施是否完备；坝料性质、级配、含水率是否符合要求。

若土料的含水量偏高，一方面应该改善料场的排水条件并采取防雨措施，另一方面应将含水量高的土料进行翻晒处理，或采取轮换掌子面的办法，使土料含水量降低到规定范围再开挖。若以上方法不能满足设计要求，可以采取机械烘干。

2. 坝体填筑质量检查和控制

坝面填筑质量是保证土石坝施工质量的关键，应严格按施工技术要求进行控制。检查的项目和内容主要分为以下几种。

（1）各填筑部位的边界控制及坝料质量，防渗体与反滤料、部分坝壳料平起关系。

（2）碾压机具规格、质量，振动碾的振动频率、激振力，气胎碾气胎压力等等。

（3）铺料厚度和碾压参数。

（4）防渗体碾压层面有无光面、剪切破坏、弹簧土、漏压、欠压、裂缝等。

（5）防渗体每层铺土前，压实土体表面是否按要求进行了处理。

（6）与防渗体接触的岩石面上的石粉、泥土以及混凝土表面的乳皮等杂物的清除情况。

（7）与防渗体接触的岩石面或混凝土面上是否涂泥浆等。

（8）过渡料、堆石料有无超径石、大块石集中和夹泥等现象。

（9）坝体与坝基、岸坡、刚性建筑物等的结合，纵横向接缝的处理与结合，土砂结合处的压实方法及施工质量。

（10）坝坡控制情况。结合工程实际，防渗体的压实控制指标可采用干密度、含水率或压实度。反滤料、过渡料及砂砾料的压实控制指标采用干密度或相对密度。堆石料的压实控制指标采用孔隙率。

施工中，黏性土现场密度检测宜用环刀法、表面型核子水分密度计法。环刀容积不小于500cm³，环刀直径不小于100mm，高度不小于64mm。测密度时，应取压实层的下部。对于砾质土现场密度检测，宜用挖坑灌砂（灌水）法；反滤料、过渡料以及砂砾料现场密度检测宜用挖坑灌水法或辅以表面波压实密度仪法；堆石料的现场密度检测宜用挖坑灌水法或表面波法、测沉降法等。

对于防渗土料，干密度或压实度的合格率不小于90%，不合格干密度或压实度不得低于设计干密度或压实度的98%。施工时可根据坝址地形、地质及坝体填筑土料性质、施工条件，对防渗体选定若干个固定取样断面，沿坝高每5～10m取代表性试样进行室内物理力学性质试验。

二、面板堆石坝施工

（一）混凝土面板坝坝体分区

面板堆石坝上游面有薄层面板，面板可以是刚性钢筋混凝土的，也可以是柔性沥青混凝土的。坝身主要是堆石结构。采用良好的堆石材料，尽量减少堆石体的变形，为面板正常工作创造条件，是坝体安全运行的基础。

坝体部位不同，受力状况不同，对填筑材料的要求也不同，所以，应对坝体进行分区。面板下垫层区的主要作用在于为面板提供平整、密实的基础，将面板承受的水压力均匀传递给主堆石体。过渡区位于垫层区与主堆石区之间，其主要作用是保护垫层区在高水头作用下不产生破坏，其粒径、级配要求符合垫层料与主堆石料间的反滤要求。主堆石区是坝体维持稳定的主体，其石质好坏、密度、沉降量大小直接影响面板的安危。下游堆石区起保护主堆石体及下游边坡稳定的作用，要求采用较大石料填筑。由于该区的沉降变形对面板影响甚微，故对石质及密度要求有所放宽。

一般面板坝的施工程序是：岸坡坝基开挖清理，趾板基础及坝基开挖，趾板混凝土浇筑，基础灌浆，分期分块填筑主堆石料，要求垫层料必须与部分主堆石料平起上升，填至分期高度时，用滑模浇筑面板，同时填筑下期坝体，再浇混凝土面板，直到坝顶。

堆石坝填筑的施工设备、工艺和压实参数的确定，和常规土石坝非黏性料施工没有本质区别。

（二）垫层料施工

垫层为堆石体坡面最上游部分，可以用人工碎石料或级配良好的砂砾料填筑。为减少面板混凝土超浇量，改善面板的应力条件，对上游垫层坡面必须修整和压实。一般水平填筑时向外超填15～30cm，斜坡长度达到10～15m时修整、压实一次。修整可采用人工或激光制导反铲（天生桥一级采用）进行。在坡面修整后即进行斜坡碾压，一般可利用为填筑坝顶布置的索吊牵引振动碾上下往返运行，也可以使用平板式振动压实器进行斜坡压实。

未浇筑面板之前的上游坡面，尽管经斜坡碾压后具有较高的密实度，但其抗冲蚀和抗人为因素破坏的性能很差，一般须进行垫层坡面的防护处理。防护的作用有三点：防止雨水冲刷垫层坡面；为面板混凝土施工提供良好的工作面；利用堆石坝体挡水或过水时，垫层护面可起临时防渗和保护作用。一般喷洒乳化沥青保护，喷射混凝土或摊铺和碾压水泥砂浆防护。混凝土面板或面板浇筑前的垫层料，施工期不允许承受反向水压力。

（三）趾板施工

趾板是面板堆石坝工程防渗体系的重要组成部分，为在堆石体的上游坝脚呈带状分布的混凝土结构体。趾板在体型上分平趾板及斜趾板两类。已建工程多采用平趾板。

河床段趾板应在基岩开挖完毕后立即进行浇筑，在大坝填筑之前浇筑完毕。岸坡部位的趾板必须在填筑之前一个月内完成。为减少工序干扰和加快施工进度，可随趾板基岩开挖出一段之后，立即由顶部自上而下分段进行施工。如工期和工序不受约束，也可在趾板基岩全部开挖完以后再进行趾板施工。趾板施工的步骤为：清理工作面，测量与放线，锚杆施工，立模安止水片，架设钢筋，预埋件埋设，冲洗仓面，开仓检查，浇筑混凝土，养护。混凝土浇筑可采用滑模或常规模板进行。

（四）钢筋混凝土面板施工

钢筋混凝土面板的主要作用是防渗，由于其面积大、厚度薄，为使其适应堆石体的变形，应进行分缝。一般用垂直于坝轴线方向的纵缝将面板分为若干块，中间为宽块，每块宽 12 ~ 14m，两侧为窄块，宽 6 ~ 7m。

通常面板混凝土采用有轨或无轨滑模浇筑，坝顶卷扬机牵引，每浇一次，滑模提升20 ~ 30cm；低流态混凝土，坍落度一般为 5 ~ 7cm，电动软轴振捣棒振捣，混凝土出模后人工抹面处理，并及时用塑料薄膜或草袋覆盖，以防雨水冲淋，坝顶用花管长流水养护至蓄水前。

钢筋混凝土面板是刚性面板堆石坝的主要防渗结构，厚度薄、面积大，在满足抗渗性和耐久性条件下，要求具有一定的柔性，以适应堆石体的变形。

面板浇筑一般在堆石坝体填筑完成或至某一高度后，气温适当的季节内集中进行，由于汛期限制，工期往往很紧。面板由起始板以及主面板组成。起始板可以采用固定模板或翻转模板浇筑，也可用滑模浇筑。当起始板不采用滑模浇筑时，应尽量在坝体填筑时创造条件提前浇筑。中等高度以下的坝，面板混凝土不宜设置水平缝，高坝和要求施工期蓄水的坝，面板可以设 1 ~ 2 条水平工作缝，分期浇筑。垂直缝分缝宽度应据滑模结构，以易于操作、便于仓面组织等原则确定，一般为 12 ~ 16m。

钢筋混凝土面板一般采用滑模法施工，滑模分为有轨滑模和无轨滑模两种。无轨滑模是近几年来在面板坝施工实践中提出来的，它克服了有轨滑模的缺点，减轻了滑动模板自身重量，提高了工效，节约了投资，在国内广泛使用。主要施工设备有无轨滑模、侧模、溜槽、料斗、洒水管、运输台车、卷扬机、混凝土搅拌车、汽车吊、养护台车等等。滑模上升速度一般为 1 ~ 2.5m/h，最高可达 6m/h。混凝土场外运输主要采用混凝土搅拌运输车、自卸汽车等。坝面输送主要采用溜槽和混凝土泵。

钢筋的架设一般采用现场绑扎、焊接或预制钢筋网片和现场拼接的方法，巴西辛果坝即采用预制钢筋网片法进行施工。

金属止水片的成型方式主要有冷挤压成型、热加工成型或手工成型。一般成型后应进行退火处理。现场拼接方式有搭接、咬接、对接；对接一般用在止水接头异形处，应在加工厂内施焊，以保证质量。

（五）沥青混凝土面板施工

沥青混凝土施工，温度控制十分严格。须根据材料的性质、配比、不同地区、不同季节，通过试验确定不同温度的控制标准。沥青在泵送、拌合、喷射、浇筑和压实过程中对其运动黏度值应加以控制。沥青的运动黏度值与温度存在一定关系，因此，控制沥青运动黏度的过程，也是控制温度的过程，两者应协调一致。

沥青混凝土面板的施工特点在于铺填及压实层薄，通常板厚 10 ~ 30cm。施工压实层厚仅 5 ~ 10cm 且铺填及压实均在坡面上进行。沥青混凝土的铺填和压实多采用机械化流水作业施工。沥青混凝土热料由汽车或装有料罐的平车经堆石体上的工作平台运至坝顶门式绞车前，由门式绞车的工作臂杆吊运料罐卸料入给料车的料斗内。给料车供给铺料车沥青混凝土。铺料车在门式绞车的牵引下，沿平整后的堆石坡面自下而上地铺料，铺料宽度一般为 3 ~ 4m。在门式绞车的牵引下，特制的斜坡震动碾压机械尾随铺料车将铺好的沥青混凝土压实。采用这些机械施工的最大坡长达 150m。当坡长超过范围时，须将堆石体分成两期或者多期进行，每期堆石体顶部均须留出宽 20 ~ 30m 的工作平台。

今天，混凝土及钢筋混凝土生产技术日臻完善，在交通、工民建、水利、化工、原子能和军事等工程上都有广泛应用。在水利水电工程中混凝土的用量尤为巨大，使用范围几乎涉及所有的水工建筑物，比如大坝、水闸、水电站、抽水站、隧洞、港口、桥梁、堤防、护岸和渠系建筑物等。

第二节　混凝土坝工程

一、常态混凝土筑坝

本节以重力坝为例，介绍大体积混凝土浇筑的常用模板，讲清分缝分块、跳仓浇筑、均衡上升、温度控制、横缝止水、纵缝灌浆等常态混凝土筑坝的内容。另将常用于小体积混凝土浇筑的其他型式模板和钢筋加工等内容，放于水闸施工中进行介绍。

（一）模板工程

模板作业是钢筋混凝工程的重要辅助作业。模板的主要作用是对新浇混凝土起成型和支承作用，同时还具有保护和改善混凝土表面质量的作用。模板工程量大，材料和劳动力消耗多，正确选择模板类型和合理组织施工，对加快施工进度与降低工程造价意义重大。

1. 模板的基本类型

按使用材料可分为木模板、钢模板、钢木混合模板、预制混凝土和钢筋混凝土模板、铝合金模板和型料模板等。

按模板形状可分为平面模板和曲面模板。

按受力条件可分为承重模板和侧面模板；侧面模板按其支承受力方式，又分为简支模板、悬臂模板和半悬臂模板。

按架立和工作特征，模板可分为固定式、拆移式、移动式和滑动式。

固定式模板多用于起伏的基础部位或特殊的异形结构如蜗壳或扭曲面，因大小不等，形状各异，难以重复使用。拆移式、移动式、滑动式可重复或者连续在形状一致或变化不大的结构上使用，有利于实现标准化和系列化。

2. 模板使用的材料

（1）木模板

由木材面板、加劲肋和支架三个基本部分组成。加劲肋把面板联结起来，并由支架安装在混凝土浇筑块上，形成浇筑仓。对于应用在水电站的蜗壳、尾水等因形状复杂，断面随结构形体曲线而变化的部位的模板，先按结构设计尺寸制作若干形状不同的排架，然后分段拼装成整体，表面用薄板覆盖，吊装就位，形成浇筑仓。由于木模板重复利用次数低（即周转率）为 5 ~ 10 次，木材消耗量大，除了一些特殊部位混凝土施工使用外，木模板已逐渐被组合钢模板代替。

（2）钢模板

钢模板由面板和支撑体系两部分组成。工程上常用组合钢模板，其面板一般是以一定整倍数的标准化单块模板组成，支撑体系由纵横联系梁及连接件组成。联系梁一般采用薄壁槽钢、薄壁矩形或圆形断面钢管；连接件包括 U 形卡、L 形插销、钩头螺栓、蝶形扣件等。组合钢模板常用于水闸、混凝土坝、水电站厂房等工程。

（3）预制混凝土模板

预制混凝土及钢筋混凝土预埋式模板，既是模板，也可以浇筑后不予拆除作为建筑物的护面结构。通常采用的预制混凝土模板有如下几种：

①素混凝土模板：靠自重稳定，可作直壁模板，也可作倒悬模板。

直壁模板除面板外，还靠两支等厚的肋墙维持其稳定。若将此模板反向安装，让肋墙置于仓外，在面板上涂以隔离剂，待新浇混凝土达到一定强度后，可拆除重复使用，这时，相邻仓位高程大体一致。例如，可在浇筑廊道的侧壁或把坝的下游面浇筑成阶梯进行使用。倒悬式混凝土预制模板可取代传统的倒悬木模板，一次埋入现浇混凝土内不再拆除，既省工、又省木材。

②钢筋混凝土模板：钢筋混凝土模板既可作建筑物表面的镶面，也可以作厂房、空腹坝空腹和廊道顶拱的承重模板。这样避免了高架立模，既有利于施工安全，又有利于加快施工进度，节约材料，降低成本。

预制混凝土和钢筋混凝土模板重量均较大，常需起重设备起吊，所以在模板预制时都应预埋吊环供起吊用。对于不拆除的预制模板，对模板与新浇混凝土的接合面需进行凿毛处理。

3.模板架立和工作特征

（1）永久性模板

在混凝土浇筑后不拆除的模板，当永久性模板构成永久结构的一部分时，应当征得设计部门的同意。当混凝土重力式竖向模板被用作永久性模板时，规范对其设计和施工给出相应的参考指标：设计面板厚度大于 0.2m；单位面积的重量：G= 每块模板自重 / 面板面积 > $1.0t/m^2$；稳定特性值 X（即混凝土模板的重心到前趾的水平距离）：X= 自重产生的稳定力矩 / 每块模板自重 ≥ 0.4m；抗倾覆及抗滑安全系数均应大于 1.2。

制作和安装混凝土、钢筋混凝土及预应力钢筋混凝土模板，应制订专门的技术措施和工艺操作规程。

当金属模板成为结构的整体部分被用作永久性模板时，其形状、标准高度、外形尺寸、物理性能和表面处理应符合设计要求。

永久性承重模板应正确地固定在支承构件上或相邻的模板构件上，且搭接正确，接缝严密，防止漏浆。

（2）拆移式模板

悬臂模板机械（有停有离）间歇：由面板、支承柱和预埋联结件组成。面板采用定型组合钢模板拼装或直接用钢板焊制。支承模板的立柱，为型钢梁和钢桁架两种，视浇筑块高度而定。预埋在下层混凝土内的联结件有螺栓式和插座式（U 形铁件）两种。

悬臂钢模板其支承柱由型钢制作，下端伸出较长，并用两个接点锚固在预埋螺栓上，可视为固结。立柱上部不用拉条，以悬臂作用支承混凝土侧压力及面板自重。

采用悬臂钢模板，因为仓内无拉条，模板整体拼装，为大体积混凝土要机械化施工创造了有利条件。且模板本身的安装比较简单，重复使用次数高（可达 100 多次）。但模板重量大（每块模板重 0.5 ~ 2t），需要起重机配合吊装。由于模板顶部容易变位，故浇筑高度受到限制，一般为 1.5 ~ 2m。用钢桁架作支承柱时，高度也不宜超过 3m。

（3）移动式模板

对定型的建筑物，根据建筑物外形轮廓特征，做一段定型模板，在支承钢架上装上行驶轮，沿建筑物长度方向铺设轨道分段移动，分段浇筑混凝土。移动时，只需要将顶推模板的花兰螺丝或千斤顶收缩，使模板与混凝土面脱开，模板可随同钢架移动到拟浇混凝土部位，再用花兰螺丝或千斤顶调整模板至设计浇筑尺寸。移动式模板多用钢模板，作为浇筑混凝土墙和隧洞混凝土衬使用。

（4）自升悬臂模板

这种模板的面板由组合钢模板组装而成，桁架、提升柱由型钢、钢管焊接而成。这种模板的突出优点是自重轻，自升电动装置具有力矩限制与行程控制功能，运行安全可靠，升程准确。模板采用插挂式锚钩，简单实用，定位准，拆装快。

（5）滑动式模板

滑动式模板是在混凝土浇筑过程中，随浇筑而滑移（滑升、拉升或者水平滑移）的模板，简称滑模，以竖向滑升应用最广。

滑动式模板是先在地面上按照建筑物的平面轮廓组装一套 1.0～1.2m 高的模板，随着浇筑层的不断上升而逐渐滑升，直至完成整个建筑物计划高度内的浇筑。

滑模施工可以节约模板和支撑材料，加快施工进度，改善施工条件，保证结构的整体性，提高混凝土表面质量，降低工程造价。缺点是滑模系统一次性投资大，耗钢量大，且保温条件差，不宜于低温季节使用。

滑模施工最适于断面形状尺寸沿高度基本不变的高耸建筑物，比如竖井、沉井、墩墙、烟囱、水塔、筒仓、框架结构等的现场浇筑，也可用于大坝溢流面、双曲线冷却塔及水平长条形规则结构、构件施工。

4. 模板的设计荷载及其组合

模板及其支承结构应具有足够的强度、刚度和稳定性，必须能承受施工中可能出现的各种荷载的最不利组合，其结构变形应当在允许范围以内。模板设计时，应考虑下列各项荷载：

（1）模板的自身重力，应根据模板设计图纸确定（包括固定设备）。

（2）新浇混凝土的重力，对普通混凝土可采用 24kN/m³，对于其他混凝土可根据实际表观密度确定。

（3）钢筋和预埋件重力，对一般梁板结构，每立方米钢筋混凝土的钢筋自重标准值可采用数值：楼板 1.1kN；梁 1.5kN。

（4）施工人员和机具设备的重力；计算模板及直接支撑模板的小楞时，对均布荷载 2.5kN/m²，另应以集中荷载 2.5kN 进行验算，比较两者所得的弯矩值，按其中较大者采用；计算直接支承小楞结构构件时，均布荷载取 1.5kN/m²；计算支架立柱及其他支承结构构件时，均布荷载取 1.0kN/m²；

（5）振捣混凝土产生的荷载标准值，对水平面模板可采用 2.0kN/m²；对垂直面模板可采用 4.0kN/m²（作用范围在新浇筑混凝土侧压力的有效压头高度之内）。

（6）新浇混凝土的侧压力，采用内部振捣器时，最大侧压力可按下列二式计算，并取二式中的较小值。

$$F = 0.22\gamma_c t_0 \beta_1 \beta_{2v_1} / 2$$

$$F = \gamma_c H$$

式中：F：新浇混凝土对模板的最大侧压力，kN/m²。γ_c 混凝土的表观密度，kN/

m^3。t_0：新浇混凝土的初凝时间，h，可以按实测确定，当缺乏试验资料时，可采用 $t_0=200/(T+15)$ 计算（T 为混凝土的浇筑温度，℃）。v：混凝土的浇筑速度，m/h。H：混凝土侧压力计算位置处至新浇混凝土顶面的总高度，m。β_1：外加剂影响修正系数，不掺外加剂时取 1.0，掺具有缓凝作用的外加剂时取 1.2。β_2：混凝土坍落度影响修正系数，当坍落度小于 30mm 时，取 0.85；当坍落度为 30～90mm 时，取 1.0；当坍落度大于 90mm 时，取 1.15。重要部位的模板承受新浇筑混凝土的侧压力，应该通过实测确定。

（7）新浇混凝土的浮托力。

（8）倾倒混凝土时产生的荷载。倾倒混凝土时对模板产生的冲击荷载，应通过实测确定。当没有实测资料时，对垂直面模板产生的水平荷载标准值可按表 2-1 采用。

表 2-1　倾倒混凝土时产生的水平荷载标准值单位：kN/m^2

向模板内供料方法	水平荷载
溜槽、串筒或导管	2
容量为小于 $1m^3$ 的运输器具	6
容量为 1m3～$3m^3$ 的运输器具	8
容量为大于 $3m^3$ 的运输器具	10

注：作用范围在有效压头高度以内。

（9）风荷载，按现行《工业与民用建筑荷载规范》确定。

（10）除以上 9 项荷载之外的其他荷载。

5. 荷载组合

在计算模板及支架的强度和刚度时，应根据模板的种类及施工具体情况，在基本荷载组合中选择。特殊荷载组合可按实际情况考虑核算，如平仓机、非模板工程的脚手架、工作平台、混凝土浇筑过程中不对称的水平推力及重心偏移、超过规定堆放的材料等情况。

6. 设计要求

（1）当验算模板刚度时，其最大变形值不得超过下列允许值：

①对结构表面外露的模板，为模板构件计算跨度的 1/400。

②对结构表面隐蔽的模板，为模板构件计算跨度的 1/250。

③支架的压缩变形值或弹性挠度，为相应的结构计算跨度的 1/1000。

（2）承重模板及支架的抗倾稳定性应按下列要求核算：

①倾覆力矩：应分别计算下列两种情况的倾覆力矩，并采用其中的最大值。风荷载，按现行《工业与民用建筑物荷载规范》确定。作用于承重模板边缘 150kgf/m 的水平力。

②稳定力矩：模板及支架的自重，折减系数为 0.8；如同时安装钢筋时，应包括钢筋的重量。活荷载按其对抗倾覆稳定最不利分布计算。

③抗倾稳定系数：抗倾稳定安全系数应大于 1.4。

7. 模板的制作、安装和拆除

（1）模板的制作

大中型混凝土工程通常由专门的加工厂制作模板，可采用机械化流水作业，有利于提高模板的生产率以及工作质量。

（2）模板的安装

模板安装必须按设计图纸测量放样，对重要结构应多设控制点，以利检查校正。模板安装过程中，必须经常保持足够的临时固定设施，以防倾覆。模板与混凝土的接触面，以及各块模板接缝处，必须平整、密合，以保证混凝土表面的平整度和混凝土的密实性。模板的面板应涂脱模剂，但是应避免脱模剂污染或侵蚀钢筋和混凝土。模板安装完成后，要进行质量检查，检查合格后，才能进行下一道工序。模板安装的允许偏差，应根据结构物的安全、运行条件、经济和美观等要求确定。大体积混凝土以外的一般现浇结构模板安装的允许偏差，和预制构件模板安装的允许偏差应按现行规范执行。

（二）混凝土坝的分缝与分块

为控制坝体施工期混凝土温度应力并适应施工机械设备的浇筑能力，需要用垂直于坝轴线的横缝和平行于坝轴线的纵缝以及水平缝，将坝体划分为许多浇筑块进行浇筑。纵横缝的划分应根据坝基地形地质条件、坝体布置、坝体断面尺寸、温度应力和施工条件等因素通过技术经济比较确定。

横缝间距一般设计为 15～20m。横缝间距超过 22m 或小于 12m 时，应作论证。

纵缝间距一般划分为 15～30m。块长超过 30m 应严格温度控制。高坝通仓浇筑应有专门论证，应注意防止施工期和蓄水以后上游面产生深层裂缝。

混凝土坝分块的基本型式有四种。

1. 纵缝分块法

纵缝平行坝轴线，可采用竖缝型式，缝面应设置键槽，并需埋设灌浆系统进行灌浆。纵缝也可在某个高程进行并缝，如延伸至坝面，应与坝面垂直相交。设置纵缝的目的，为避免产生基础约束裂缝。纵缝分块的优点是：温度控制比较有把握，将坝段分成独立的柱状体可以分别上升，相互干扰小，混凝土浇筑工艺比较简单，施工安排灵活。缺点是：纵缝将仓面分得较窄小，让模板工作量增加，且不便于大型机械化施工；为了恢复坝的整体性，后期需要对纵缝进行接缝灌浆处理，坝体蓄水兴利受到灌浆冷却工期的限制。

竖缝型式的纵缝在纵缝面上应设键槽以增加纵缝灌浆后的抗剪能力。键槽常为直角三角形，其短边和长边应分别与坝的第一、第二主应力正交，让键槽面承压而不承剪。

2. 斜缝分块法

斜缝一般往上游倾斜，其缝面与坝体第一主应力方向大体一致，从而使缝面上的剪应力基本消除。因此，斜缝面只需要设置梯形键槽、加插筋和凿毛处理，不必进行斜缝灌浆。为了坝体防渗的需要，斜缝的上端应在离迎水面一定距离处终止，并在终点顶部加设并缝钢筋或并缝廊道。斜缝适用于中、低坝，可以不灌浆；用于高坝时应经论证。

3.错缝分块法

分块时将块间纵缝错开，互不贯通，错距等于层厚的 1/3 ~ 1/2，故坝的整体性好，也不需要进行纵缝灌浆。但错缝分块高差要求严格，由于浇筑块相互搭接，浇筑次序需按一定规律安排，施工干扰很大，施工进度较慢，同时在纵缝上下端因应力集中容易开裂。

4.通仓浇筑法

坝段内不设纵缝，逐层往上浇筑，不存在接缝灌浆问题。因为浇筑仓面大，可节省大量模板，便于大型机械化施工，有利于加快施工进度，提高坝的整体性。但是，大面积浇筑，受基岩和老（已凝固）混凝土的约束大，容易产生温度裂缝。为此，温度控制要求很严格，除采用薄层浇筑、充分利用自然散热之外，还必须采取多种预冷措施，允许温差控制在 15℃ ~ 18℃。

上述四种分块方法，以竖缝型式的纵缝法最为普遍；中低坝可采用错缝法或不灌浆的斜缝；如采用通仓浇筑，应有专门论证和全面的温控设计。

（三）混凝土的浇筑工艺

混凝土坝的混凝土浇筑工艺流程为：浇筑前的准备；入仓铺料；平仓、振捣；养护。

1.浇筑前的准备

浇筑前的准备工作有：地基面的处理；施工缝和结构缝的处理；设置卸料入仓的辅助设备（如栈桥、溜槽、溜管等）；立模、钢筋架设；预埋构件、冷却水管、观测仪器；人员配备、浇捣设备、风水电设施的布置；浇筑前的质量检查等。

（1）地基面处理

为了保证所浇筑的混凝土和地基紧密结合，浇捣前必须按设计要求对地基面进行妥善的处理。

对岩基面的处理，详见第三章有关内容。对砂砾石地基，应先清除杂物，将地面整平，再洒水浸湿，使其湿度与最优强度时的湿度相符，并且浇厚 10 ~ 20cm 的低标号混凝土作垫层，以防漏浆。对土基，应避免破坏或扰动原状土壤，可先用碎石（厚 10 ~ 20cm）垫底，上盖湿砂（厚约 5cm），加以压实，再浇厚 10 ~ 20cm 的低标号混凝土作垫层，以防漏浆。

（2）施工缝的处理

浇筑块间的新老混凝土接合面就是施工缝。在新混凝土浇筑前，必须对老混凝土表面加以处理，将其表面的软弱乳皮（含游离石灰的水泥膜）清除干净，使其表面成为干净的有一定石子半露的麻面，以利新老混凝土的紧密结合。

当用纵缝分块时，纵缝面上则不需凿毛，但需冲洗清扫，以利灌浆。

①施工缝的处理

A.风砂枪喷毛：将经过筛选的粗砂和水装入密封的砂箱，并通入压气。压气混合

水砂，用喷枪射出，把混凝土表面喷毛。

喷毛时间视气温和混凝土强度增长情况而定，一般在浇后 24 ~ 46h 之后进行喷毛。

B. 高压水冲毛：浇后 5 ~ 20h，开始可用压力 10 ~ 25kN/cm^2 的高压水冲毛，对龄期稍长的可用更高的水压，有时配合以钢丝刷。高压水冲毛效率高，使用方便。关键是掌握冲毛时机，以免冲不动或冲毛过深，但冬季冰冻时不便使用。

C. 风镐凿毛和人工凿毛：对坚硬混凝土可利用风镐或石工锤钎进行凿毛。

D. 钢刷机刷毛：在大而平坦的仓面上，可以用钢刷机刷毛。钢刷机装有旋转的粗钢丝刷和吸收浮渣的装置。

②仓面清扫：仓面清扫应在即将浇筑前实行，以清除施工缝上的垃圾、浮渣和灰尘，并用风水枪或压力水冲洗，也不能有积水。

施工缝的处理质量，对建筑物的抗滑稳定以及整体性、抗渗性、抗冻性等都有重要影响，必须予以高度重视。

（3）模板、钢筋和预埋件的安设

这道工序应做到规格、数量无误，定位准确，连接牢靠。

（4）开仓前全面检查

仓面准备就绪，风、水、电及照明布置妥当后，经质检部门全面检查，发给准浇证后，才允许开仓浇筑。一经开仓则应连续浇筑，避免因中断而出现冷缝。

2. 入仓铺料

浇筑混凝土前，基面的浇筑仓和老混凝土上的迎水面浇筑仓，在浇筑第一层混凝土前必须先铺一层厚 2 ~ 3cm 的水泥砂浆，砂浆的水灰比应较混凝土的水灰比低 0.03 ~ 0.05。

（1）平层铺料法

沿仓面长边逐层水平铺筑，第一层铺筑并振捣密实后，再铺筑振捣第二层，依次达到计划的浇筑高程为止。铺料层厚与振捣性能、气温高低、混凝土调度、混凝土初凝时间和来料强度等因素有关。在一般情况下，层厚多为 30 ~ 60cm，当采用振捣器组振捣时，层厚可达 70 ~ 80cm。

层间间歇超过混凝土初凝时间会出现冷缝，使层间的抗渗、抗剪和抗拉能力明显降低。

（2）斜层铺料法

当浇筑仓面大，混凝土初凝时间短，混凝土拌和、运输浇筑能力不足时，可采用斜层浇筑法。斜层浇筑法由于平仓和振捣使砂浆容易流动和分离。为此应使用低流态混凝土，浇筑块高度一般限制在 1 ~ 1.5m 以内。同时应控制斜层法的层面斜度不大于 10°。

（3）阶梯铺料法

阶梯浇筑法的铺料顺序是从仓位的一端开始，向另一端推进，并以台阶形式，边向前推进，边向上铺筑，直至浇到规定的厚度，将全仓浇完。

阶梯浇筑法的最大优点是缩短了混凝土上、下层的间歇时间；在铺料层数一定的情况下，浇筑块的长度可不受限制。既适用大面积仓位的浇筑，又适用于通仓浇筑。阶梯浇筑法的层数不多于 3 ～ 5 层，阶梯长度不小于 2.8m。

无论采用哪一种浇筑方法，都应保持块内混凝土浇筑的连续性。如相邻两层浇筑的间歇时间超过混凝土的初凝时间，将出现冷缝，造成质量事故，此时应停止浇筑并按施工缝处理。

3. 平仓、振捣

（1）平仓

平仓就是把卸入仓内成堆的混凝土铺平到要求的均匀厚度，可采用振捣器平仓。振捣器先斜插入料堆下部，然后再一次一次地插向上部，使流态混凝土在振捣器作用下自行摊平。但须注意，使用振捣器平仓，不能代替下一个工序的振捣密实。在平仓振捣时不应造成砂浆与骨料离析。近年来，在大型水利水电工程的混凝土施工中，已逐渐推广使用平仓机（或湿地推土机）进行混凝土平仓作业，大大提高了工作效率，减轻劳动强度；但要求仓面大，仓内无拉条等障碍物。

（2）振捣

振捣的目的是使混凝土密实，并使混凝土与模板、钢筋及预埋件紧密结合。振捣是混凝土施工中最关键的工序，应在混凝土平仓之后立即进行。

混凝土振捣主要采用振捣器进行。其原理是利用振捣器产生的高频率、小振幅的振动作用，减小混凝土拌和物的内摩擦力和黏结力，从而使型态混凝土液化、骨料相互滑动而紧密排列、砂浆充满空隙、空气被排出，以保证混凝土密实，并且使液化后的混凝土填满模板内部的空间，且与钢筋紧密结合。

①振捣器的类型和应用：混凝土振捣器的类型，按振捣方式的不同，分为插入式、外部式、表面式和振动台等。其中外部式只适用于柱、墙等结构尺寸小且钢筋密的构件；表面式只适用于薄层混凝土的捣实（如渠道衬砌、道路、薄板等）；振动台多用于实验室。

插入式振捣器在水利水电工程混凝土施工中使用最多。它的主要形式有电动软轴式、电动硬轴式和风动式三种，其中以电动硬轴式应用最普遍。电动软轴式则用于钢筋密、断面比较小的部位；风动式的适用范围与电动硬轴式的基本相同，但耗风量大，振动频率不稳定，已逐渐被淘汰。

A. 电动软轴插入式振捣器：其电动机和机械增速器（齿轮机构）安装在底盘上，通过软轴（由钢丝股制成）带动振动棒内的偏心轴高速旋转而产生振动。这种偏心轴式软轴振捣器，由于偏心轴旋转的振动频率受到制造上的限制，故振动频率不高，应用在钢筋密集，结构单薄的部位，有 B-50 型，63 型等。

B. 电动硬轴插入式振捣器：它的构造特点是电动机装在振动棒内部，直接与偏心块振动机构相连。同时采用低压变频装置代替机械增速器，以保证工人安全操作和提高振捣器的振动频率。

硬轴振捣器构造比较简单，使用方便，其振动影响半径大（35 ～ 60cm），振捣效果好，故在大体积混凝土浇筑中应用最普遍。常见型号有国产 HZ$_6$P-800、HZ$_6$X-30 型，电动机电压为 30 ～ 42V。

②振捣器的使用与振实判断：用振捣器振捣混凝土，应在仓面上按一定顺序及间距，逐点插入进行振捣。每个插点振捣时间一般需要 20 ～ 30s，实际操作的振实标准是根据以下一些现象来判断：混凝土表面不再显著下沉，不再出现气泡；并在表面出现一层薄而均匀的水泥浆。如振捣时间不够，则达不到振实要求；过振则骨料下沉、砂浆上翻，产生离析。

振捣器的有效振动范围，用振动作用半径尺表示。值的大小与混凝土坍落度和振捣器性能有关，可经试验确定，一般为 30 ～ 50cm。

为避免漏振，插入点之间的距离不能过大。要求相邻插点间距不应大于其振动作用半径 R 的 1.5 ～ 1.75 倍。在布置振捣器插点位置时，还应注意不要碰到钢筋和模板。但离模板的距离也不要大于 20 ～ 30cm，以免因漏振使混凝土表面出现蜂窝、麻面。

在每个插点进行振捣时，振捣器要垂直插入，快插慢拔，并插入下混凝土 5 ～ 10cm，以保证上、下混凝土结合。

③混凝土平仓振捣机：它是一种能同时进行混凝土平仓和振捣两项作业的新型混凝土施工机械。

平仓振捣机，能代替繁重的劳动、提高振实效果和生产率，适用于大体积混凝土机械化施工。但要求仓面大，无模板拉条，履带压力小，还需要起重机吊运入仓。

根据行走底盘的型式，平仓振捣机主要有履带推土机式和液压臂式两种基本类型。

4.混凝土养护

养护就是在混凝土浇筑完毕后的一段时间内保持适当的温度和足够的湿度，形成良好的混凝土硬化条件。养护是保证混凝土强度增长，不发生开裂的必要措施。

养护分洒水养护和养护剂养护两种方法。洒水养护就是在混凝土表面覆盖上草袋或麻袋，并用带有多孔的水管不间断地洒水。采用养护剂养护，就是在混凝土表面喷一层养护剂，等其干燥成膜后再覆盖上保温材料。

型性混凝土应在浇筑完毕后 6 ～ 18h 内开始洒水养护，低型性混凝土应在浇筑完毕后立即喷雾养护，并且及早开始洒水养护。而且应连续养护，养护期内始终保持混凝土表面的湿润。

（四）混凝土的温度控制

1.混凝土的温度变化过程

混凝土在凝固过程中，由于水泥水化，释放大量水化热，使混凝土内部温度逐步上升。对尺寸小的结构，由于散热较快，温升不高，不致引起严重后果；但是对大体积混凝土，最小尺寸也常在 3 ～ 5m，而混凝土导热性能随热传导距离呈非线性衰减，大部分水化热将积蓄在浇筑块内，使块内温度达 30℃～ 50℃，甚至更高。随着时间的推移，坝内温度逐渐下降而趋于稳定，与多年平均气温接近。大体积混凝土的温度变化过程，可分为温升期、冷却期（或降温期）和稳定期。

2. 温度应力与温度裂缝

大体积混凝土的温度应力，是因为变形受约束而产生，包括基础混凝土在降温过程中受基岩或老混凝土的约束；由非线性温度场引起各单元体之间变形不一致的内部约束；以及在气温骤降情况下，表层混凝土的急剧收缩变形，受内部热胀混凝土的约束等。由于混凝土的抗压强度远高于抗拉强度，在温度压应力作用下不致破坏的混凝土，当受到温度拉应力作用时，常因抗拉强度不足而产生裂缝。随着约束情况的不同，大体积混凝土温度裂缝有如下两种。

（1）表面裂缝

混凝土浇筑后，其内部由于水化热温升，体积膨胀，如受到岩石或者老混凝土约束，在初期将产生较小的压应力，当之后出现较小的降温时，即可将压应力抵消。而当混凝土温度继续下降时，混凝土块内将出现较大的拉应力，但混凝土的强度和弹模随龄期而增长，只要对基础块混凝土进行适当的温度控制即可防止开裂。但最危险的情况是遭遇寒潮，气温骤降，表层降温收缩，内胀外缩，在混凝土内部产生压应力，表层产生拉应力。各点温度应力的大小，取决于该点温度梯度的大小。在混凝土内处于内外温度平均值的点应力为零，高于平均值的点承受压应力，低于平均值的点为拉应力。

当表层温度拉应力超过混凝土的允许抗拉强度时，将产生裂缝，形成表面裂缝，其深度不超过 30cm。这种裂缝多发生在浇筑块侧壁，方向不定，短而浅，数量较多。随着混凝土内部温度下降，外部气温回升，有重新闭合的可能。

大量工程实践表明，混凝土坝温度裂缝中绝大多数为表面裂缝，且大多数表面裂缝是在混凝土浇筑初期遇气温骤降等原因引起的，少数表面裂缝是由于中后期受年变化气温或水温影响内外温差过大造成的。而表面保护是防止表面裂缝的最有效措施，特别是混凝土浇筑初期内部温度较高时尤为注意表面保护。

（2）贯穿裂缝和深层裂缝

变形和约束是产生应力的两个必要条件。由于混凝土浇筑温度过高，加上混凝土的水化热温升，形成混凝土的最高温度，当降到施工期的最低温度或降到水库运行期的稳定温度时，即产生基础温差，因这种均匀降温产生混凝土裂缝，这种裂缝是混凝土的变形受外界约束而发生的，所以它整个端面均匀受拉应力，一旦发生，就形成贯穿性裂缝。

由温度变化引起温度变形是普遍存在的，温度应力出现的关键在于有无约束。人们不仅把基岩视为刚性基础，也把已凝固、弹模较大的下部老混凝土视为刚性基础。这种基础对新浇不久的混凝土产生温度变形所施加的约束作用，称其为基础约束。

这种约束在混凝土升温膨胀时引起压应力，在降温收缩时引起拉应力，当此拉应力超过混凝土的极限抗拉强度时，就会产生裂缝，称为基础约束裂缝。由于这种裂缝自基础面向上开展，严重时可能贯穿整个坝段，故又称为贯穿裂缝。此种裂缝宽度随气温变化很敏感；表面宽度沿延伸方向的变化也是很明显的。此外，裂缝在接近基岩部位和顶端，都是逐渐尖灭的。切割的深度可达 3～5m 以上，故又称为深层裂缝。裂缝的宽度可达 1 ~ 3mm，且多垂直基面向上延伸，既可能平行纵缝贯穿，也可沿流向贯穿。

3. 大体积混凝土温度控制的任务

大体积混凝土紧靠基础处产生的贯穿裂缝，无论对项的整体受力还是防渗效果的影响比之浅层表面裂缝的危害都大得多。表面裂缝虽然可能成为深层裂缝的诱发因素，对坝的抗风化能力和耐久性有一定影响，但毕竟其深度浅、长度短，一般不至于成为危害坝体安全的主要因素。

大体积混凝土温度控制的任务，先是通过控制混凝土的拌和温度来控制混凝土的入仓温度，再通过一期冷却来降低混凝土内部的水化热温升，从而降低混凝土内部的最高温升，使温差降低到允许范围。其次是通过二期冷却，让坝体温度从最高温度降到接近稳定温度，以便在达到灌浆温度后及时进行纵缝灌浆。

众所周知，为了施工方便和温控散热要求坝体所设的纵缝，在坝体完建时应通过接缝灌浆使之结合成为整体，方能蓄水安全运行。倘若坝体内部的温度未达到稳定温度就进行灌浆，灌架后坝体温度进一步下降，又会将胶结的缝重新拉开。因此将坝体内部温度迅速降低到接近稳定温度的灌浆温度是进行接缝灌浆和坝体蓄水受益的重要前提。

需要采取人工冷却降低坝体混凝土温度的另一个重要原因，是由于大体积混凝土散热条件差，单靠自然冷却使混凝土内部温度降低到稳定温度需要的时间太长，少则十几年，多则几十年、上百年，从工程及时受益的要求来看，也必须采取人工冷却措施。

（五）低温季节施工

日平均气温连续 5d 稳定在℃以下或最低气温连续 5d 稳定在 −3℃以下时，按低温季节施工。低温季节施工，必须编制专项施工组织设计和技术措施，以保证浇筑的混凝土满足设计要求。混凝土早期允许受冻临界强度应满足：大体积混凝土不应低于 7.0MPa（或成熟度不低于 1800℃·h）；非大体积混凝土和钢筋混凝土不应低于设计强度的 85%。低温季节施工要做好施工准备，施工时要采取一定的施工方法和保温措施。

1. 施工准备

（1）原材料的储存、加热、输送和混凝土的拌和、运输、浇筑仓面，均应根据气候条件通过热工计算，选择适宜的保温措施。

（2）骨料宜在进入低温季节之前筛洗完毕。成品料应当有足够的储备和堆高，并要有防止冰雪和冻结的措施。

（3）低温季节混凝土拌和宜先加热水。当日平均气温稳定在 −5℃以下时，宜加热骨料。骨料加热方法，宜采用蒸汽排管法，粗骨料可以直接用蒸汽加热，但不得影响混凝土的水灰比。骨料不需加热时，应注意不能结冰，也不应混入冰雪。

（4）拌和混凝土之前，应用热水或蒸汽冲洗拌和机，并将积水排除。

（5）在岩基或老混凝土上浇筑混凝土前，应检测其温度，如为负温，应加热至正温，加热深度不小于 10cm 或以浇筑仓面边角（最冷处）表面测温为正温（大于 0℃）为准，经检验合格后方可浇筑混凝土。

（6）仓面清理宜采用热风枪或机械方法，不宜用水枪或者风水枪。

（7）在软基上浇筑第一层基础混凝土时，基土不能受冻。

2. 施工方法、保温措施

（1）低温季节混凝土的施工方法宜符合下列要求：

①在温和地区宜采用蓄热法，风沙大的地区应采取防风措施。

②在严寒和寒冷地区预计日平均气温 −10℃以上时，宜采用蓄热法；预计日平均气温 −15 ~ −10℃时可采用综合蓄热法或暖棚法；对风沙大，不宜搭设暖棚的仓面，可采用覆盖保温被下布置供暖设备的办法；对特别严寒地区（最热月与最冷月平均温度差大于 42℃），在进入低温季节施工时要认真研究确定施工方法。

③除工程特殊需要，日平均气温 −20℃以下不宜施工。

④混凝土的浇筑温度应符合设计要求，但温和地区不宜低于 3℃；严寒和寒冷地区采用蓄热法不应低于 5℃，采用暖棚法不应低于 3℃。

（2）温和地区和寒冷地区采用蓄热法施工，应遵守下列规定：

①保温模板应严寒，保温层应搭接牢靠，尤其在孔洞和接头处，应保证施工质量。

②有孔洞和迎风面的部位，应增设挡风保温设施。

③浇筑完毕后应立即覆盖保温。

④使用不易吸潮的保温材料。

（3）外挂保温层必须牢固地固定在模板上。模板内贴保温层表面应平整，并有可靠措施保证在拆模后能固定在混凝土表面。

（4）混凝土拌和时间应比常温季节适当延长，具体通过试验确定。已加热的骨料和混凝土，应尽量缩短运距，减少倒运次数。

（5）在施工过程中，应注意控制并及时调节混凝土的机口温度，尽量减少波动，保持浇筑温度均匀。控制方法以调节拌和水温为宜。提高混凝土拌和物温度的方法如：首先应考虑加热拌和用水；当加热拌和用水尚不能满足浇筑温度要求时，要加热骨料。水泥不得直接加热。

（6）拌和用水加热超过 60℃时，应当改变加料顺序，将骨料与水先拌和，再加入水泥，以免假凝。

（7）混凝土浇筑完毕后，外露表面应及时保温。新老混凝土接合处和边角应加强保温，保温层厚度应是其他面保温层厚度的 2 倍，保温层搭接长度不应小于 30cm。

（8）在低温季节浇筑的混凝土，拆除模板必须遵守下列规定：

①非承重模板拆除时，混凝土强度必须大于允许受冻的临界强度或成熟度值。

②承重模板拆除应经计算确定。

③拆模时间及拆模后的保护，应满足温控防裂要求，并遵守内外温差不大于 20℃或 2 ~ 3d 内混凝土表面温降不超过 6℃。

（9）混凝土质量检查除按规定成型试件检测外，还可以采取无损检测手段或用成熟度法随时检查混凝土早期强度。

二、碾压混凝土筑坝技术

碾压混凝土是水泥用量和用水量都较少的干硬性混凝土，通常掺入一定比例粉煤灰等粉状掺合料。碾压混凝土筑坝是用搅拌机拌和，自卸汽车、皮带运输机等设备运输，用摊铺机将混凝土薄层摊铺，用振动碾压实的方法筑坝。

（一）碾压混凝土筑坝技术的特点

1. 采用低稠度干硬混凝土

碾压混凝土的稠度（工作度）用 VC 值来表示，即在规定的振动台上将碾压混凝土振动达到表面液化所需时间（以 s 计）。VC 值是检测碾压混凝土的可碾性，并用来控制碾压混凝土相对压实度。VC 值的大小应兼顾既要压实混凝土，又不至于使碾压机有陷车。

国内 VC 值通常控制在 $10 \pm 5s$。较低的 VC 值便于施工，可以提高碾压混凝土的层间结合和抗渗性能，随着混凝土制备技术和浇筑作业技术的改进，碾压混凝土施工的稠度也在向降低方向发展。

2. 掺粉煤灰并简化温控措施

由于碾压混凝土是干贫混凝土，要求掺水量少，水泥用量也很少。为保持混凝土有必要的胶凝材料，必须掺入大量粉煤灰。这样不仅可以减少混凝土的初期发热量，增加混凝土的后期强度，简化混凝土的温控措施，而且有利于降低工程成本。当前我国碾压混凝土坝广泛采用中等胶凝材料用量（低水泥用量，高掺量粉煤灰）的干硬混凝土，胶凝材料一般在 150kg/m3 左右，粉煤灰的掺量占总胶凝材料的 50% ~ 70%，而且选用的粉煤灰要求达到 II 级以上。中等胶凝材料用量使得层面泛浆较多，有利于改善层面自我结合，但对于较低重力坝而言，可能会造成混凝土强度的过度富裕，可以考虑使用较低胶凝材料用量。日本 RCD 工法粉煤灰掺量较少，少于或等于胶凝材料总量的 30%。美国 RCC 工法粉煤灰掺量较高，一般为胶凝材料总量 70% 左右。

3. 采用通仓薄层浇筑

碾压混凝土坝不采用传统的块状浇筑法，而采用通仓薄层浇筑。这样可增加散热效果，取消冷却水管，减少模板工程量，简化仓面作业，有利于加快施工进度。碾压层的厚度不仅与碾压机械性能有关，而且与采用的设计准则和施工方法密切相关。RCD 工法碾压层厚度通常为 50cm、75cm、100cm，间歇上升，层面需作处理；而 RCC 工法则采用碾压层厚 30cm 左右，层间不做处理，连续上升。

4. 大坝横缝采用切缝法形成诱导缝

混凝土坝一般都设横缝，分成若干坝段以防止横向裂缝。碾压混凝土坝也是如此，但碾压混凝土坝是若干个坝段一起施工，所以横缝要采用振动切缝机切缝，或设置诱导孔等方法形成横缝。坝段横缝填缝材料一般采用型料膜、铁片或者干砂等。

5. 靠振动压实机械使混凝土达到密实

普通流态混凝土靠振捣器械使混凝土达到密实，而碾压混凝土靠振动碾碾压使混凝土达到密实。碾压机械的振动力是一个重要指标，在正式使用之前，碾压机械应通过碾压试验来检验其碾压性能、确定碾压遍数及行走速度。

（二）碾压混凝土原材料及配比

1. 胶凝材料

碾压混凝土一般采用硅酸盐水泥或矿渣硅酸盐水泥，掺 30% ~ 65% 粉煤灰，胶凝材料用量一般 120 ~ 160kg/m³，大体积建筑物内部碾压混凝土的胶凝材料用量不宜低于 130kg/m³，其中水泥熟料用量不宜低于 45kg/m³。

2. 骨料

与常态混凝土一样，可采用天然骨料或人工骨料，骨料最大粒径一般为 80mm，迎水面用碾压混凝土自身作为防渗体时，一般在一定宽度范围内采用二级配碾压混凝土。碾压混凝土砂率比一般常态混凝土高，二级配砂率范围为 32% ~ 37%，三级配砂率范围为 28% ~ 32%。对砂的含水率的控制要求比常态混凝土严格，砂的含水量不稳定时，碾压混凝土施工层面易出现局部集中泌水现象。砂的含水率在混凝土拌和前应该控制在 6% 以下。砂的细度模数控制在 2.4 ~ 3.0 之间。各种骨料级配可参照表 2-2 选取。

3. 外加剂

一般应掺用缓凝减水剂，并且掺用引气剂，增强碾压混凝土的抗冻性。

表 2-2　建议骨料粒径级配表

最大粒径 Dmg/mm	各级骨料粒径百分率 /（%）			
	120 ~ 80mm	80 ~ 40mm	40 ~ 20mm	20 ~ 5mm
120	20 ~ 35	20 ~ 32	20 ~ 30	20 ~ 40
80		20 ~ 40	20 ~ 40	25 ~ 60
40	——	——	40 ~ 55	45 ~ 60
20				100

4. 碾压混凝土配合比

碾压混凝土配合比应满足工程设计的各项指标及施工工艺要求，包括：

（1）混凝土质量均匀，施工过程中粗骨料不易发生离析。如减小骨料最大粒径，增加胶凝材料总量，选用适当的外加剂，增大砂率等都是有效防止骨料分离的措施。

（2）工作度（稠度）适当，拌和物较易碾压密实，混凝土容重较大。一般来说，碾压混凝土愈软（VC 值愈小），压实愈容易，但碾压混凝土过软，会出现陷碾现象。

（3）拌和物初凝时间较长，易于保证碾压混凝土施工层面的良好黏结，层面物理力学性能好。可采用拌和物中掺入缓凝剂，以延长混凝土保塑时间。

（4）混凝土的力学强度、抗渗性能等满足设计要求，具有较高拉伸应变能力。由于碾压混凝土不同于常态混凝土的工艺特点，所以与常态混凝土配合比设计有如下差异：常态混凝土配合比设计强度是以出机口随机取样平均值为其设计强度，使用常规的通用计算公式。而碾压混凝土由于受到混凝土出机至混凝土碾压结束工艺条件的制约，往往产生骨料离析、出机到碾压结束时间过长、稠度丧失过多、碾压不实等不利因素影响，以致坝体碾压混凝土实际质量要低于出机口取样质量，为此在配合比设计中应适当考虑这一情况，并留有一定余地。

（5）对于外部碾压混凝土，要求具有适应建筑物环境条件的耐久性。一般通过对胶凝材料总量及砂子细颗粒含量的最低用量（小于 0.15mm 颗粒含量占 8% ~ 12%）作为必要限制，来确保碾压混凝土的耐久性。

（6）碾压混凝土配合比要经现场试验后调整确定。

（三）碾压混凝土施工工艺

1. 现场碾压试验

在完成室内碾压混凝土配合比设计所提供的初试值的基础上，应当进行现场碾压试验。

试验场地一般是利用临时围堰、护坦或大型临时设备基础等。其试验目的如下：

（1）校核与修正碾压混凝土配合比各项设计参数。

（2）确认碾压混凝土施工工艺各项参数。如碾压混凝土入仓与收仓方式，混凝土运输卸料、摊铺及预压，横缝施工，碾压混凝土压实厚度及遍数，碾压混凝土放置时间及其质量变化，模板结构物周边部位混凝土施工措施等。

（3）检验、检测欲使用的碾压混凝土施工设备的适用性、工作效率，以便确认施工设备配置数量，确定碾压混凝土条带摊铺厚度、宽度与长度。

（4）实地操作并熟悉碾压混凝土筑坝技术的施工工艺，解决施工中可能发生的问题，确认碾压混凝土可能达到质量指标。

（5）制定适合本工程的碾压混凝土施工规程。实践证明在现场碾压试验之前用砂石料进行工艺模拟演练，可以收到良好的效果。

2. 拌制混凝土

拌制碾压混凝土宜优先选用强制式搅拌设备，也可采用自落式等其他类型搅拌设备。

无论采用哪种搅拌设备，必须保证搅拌混凝土的均匀性和混凝土填筑能力。

碾压混凝土的拌制时间，应通过现场混凝土拌和均匀性试验确定，一般不宜少于60s。各种原材料的投料顺序一般为砂→水泥→粉煤灰→水→石子。不可能实现如上投料顺序，也可允许砂石一齐首先投入拌和机，但胶凝材料和水必须滞后于砂石投放，以免胶凝材料沾罐和水分的损失。

3.运输混凝土

运输碾压混凝土要选择适合坝址场地特性的运输方式,尽可能地做到少转运,速度快。宜采用自卸汽车、皮带机、真空溜管,必要时缆机、门机、塔机等机具也可采用。无论采用哪种运输设备,都要防止骨料离析以及水和水泥浆的超量损失。

采用自卸汽车运输混凝土直接入仓时,在入仓前应将轮胎清洗干净,洗车槽距仓口的距离应有不小于20m的脱水距离,并铺设钢板,防止泥土、水等污物带入仓内。车辆在仓内的行驶速度不应大于10km/h,应避免急刹车、急转弯等有损混凝土质量的动作。

真空溜管是靠溜管内负压控制混凝土下滑速度,因此真空溜管竖直输送混凝土,应保证溜管的真空度,真空溜管的坡度和防止骨料离析措施应通过现场试验确定。

4.卸料

碾压混凝土施工宜采用薄层连续铺筑,汽车卸料时,宜采用退铺法依次卸料,且宜按梅花形依次堆放,先卸1/3,移动1m左右,再卸2/3,卸料应尽可能均匀,堆旁出现的离析骨料,应用人工或其他机械将其均匀分散到尚未碾压的混凝土面上。为减少骨料离析,应采取"一堆三推",即先从料堆的两个坡角先推出,后推中间部分。只要摊铺层的表面积能容以摊铺机和自卸汽车作业,就应将料卸在已摊铺层上,由摊铺机全部推移原位,形成新的摊铺面,这样可起到搅拌作用。

5.平仓摊铺

碾压混凝土填筑时一般按条带摊铺,条带宽度根据施工强度确定,一般为4~12m(取为碾宽的倍数)。铺料后常采用湿地推土机平仓,但不得破坏已碾压完成的混凝土层面。推土机的平仓方向一般应与坝轴线平行,分条带平仓,摊铺要均匀,每层厚20cm左右,平仓过的混凝土表面应平整、无凹坑,不允许出现向下游倾斜的平仓面。

6.碾压

一个条带平仓完成后立即开始碾压,一般选用自重大于10t的大型滚筒自行式振动碾,作业时行走速度为1~1.5km/h,碾压遍数通过现场碾压试验确定,一般为无振2遍加有振6~8遍,碾压条带间交错碾压宽度大于20cm,端头部位搭接宽度宜大于100~150cm。条带从摊铺到碾压完成时间应控制在2小时左右,边角部位用小型振动碾压实。碾压作业完成,用核子密度仪按每100m2一个点的要求检测其密度,达到设计要求后再进行下一层碾压作业。若未达到设计要求(一般要求相对压实度不小于97%),立即重碾至设计要求为止。模板周边无法碾压部位也可采用常态混凝土或变态混凝土施工(变态混凝土是在碾压混凝土拌和物铺料前后和中间喷洒同水灰比的水泥粉煤灰净浆,采用插入式振捣器振捣密实的混凝土)。

7.成缝及层间处理

碾压混凝土施工,通常采用大面积通仓填筑,坝体的横向伸缩缝可采用"振动切缝机造缝"或"设置诱导孔成缝"等方法形成。造缝一般采用"先切后碾"的施工方法,成缝面积不应小于设计横缝面积的60%,填缝材料一般采用型料膜、金属片或者干砂。

诱导孔成缝即是碾压混凝土浇筑完一个升程后,沿分缝线用手风钻钻孔并填砂诱导成缝。

每个碾压层面均要求在混凝土初凝之前进行上层碾压覆盖,超过初凝时间未加覆盖的层面应刮摊1.5 ~ 2.0cm厚水泥砂浆或喷洒净浆层面以利层间黏接。超过终凝时间的层面应进行冲毛,再刮摊1.5 ~ 2.0cm厚水泥砂浆以利层间黏接。重要的防渗部位（如上游3m宽范围）,要求于在每一个碾压层面均进行喷洒净浆处理。

8. 异种混凝土结合部位施工

异种混凝土结合部位,是指不同类别两种混凝土相结合的部位,如碾压混凝土与常态混凝土结合部位、碾压混凝土与变态混凝土的结合部位等。

（1）碾压混凝土与常态混凝土结合部位

在碾压混凝土坝中使用常态混凝土的部位有:当采用"金包银"结构时大坝上、下游表面,现体电梯井和廊道周边,大坝岸坡基础找平层等部位。为了保证常态混凝土和碾压混凝土交界面的结合质量,要求两种混凝土同步浇筑,即无论是大坝上、下游面的常态混凝土防渗体,还是大坝岸坡基岩面的常态混凝土垫层,均要求与主体碾压混凝土同步进行浇筑。

对于碾压混凝土与常态混凝土结合部位的施工,有"先常态后碾压"和"先碾压后常态"两种方法。在工程实践中,一般倾向于"先碾压后常态"的施工方法;因为常态混凝土在振捣时易流淌,难以成型,且在同等情况下,常态混凝土的初凝时间比碾压混凝土的初凝时间短。不论采用哪种施工方法,都应在常态混凝土初凝前振捣或碾压完毕。在结合部位振捣完毕后,再用大型振动碾进行骑缝碾压2 ~ 3遍或小型振动碾碾压25 ~ 28遍。

（2）碾压混凝土与变态混凝土的结合部位

在碾压混凝土中加入水泥净浆或水泥掺粉煤灰净浆,并用插入式振捣器振捣密实的混凝土称为变态混凝土。变态混凝土施工技术是由我国首创,并不断发展完善的碾压混凝土坝施工新技术。这种施工技术不但能有效解决靠近模板部位的碾压混凝土碾压操作不便的问题,而且具有良好的防渗效果。在近年来的碾压混凝土工程中,变态混凝土已越来越多地代替了原来需采用常态混凝土的部位,其应用范围已由主要用于大坝上、下游模板内侧,上、下游止水材料埋设处,推广到电梯井和廊道周边、大坝岸坡基础找平层等部位。

①加浆:变态混凝土的加浆方式主要有底部加浆和顶部加浆两种。

A.底部加浆方式就是在下一层变态混凝土层面上加浆后,在其上面摊铺碾压混凝土后再用插入式振捣器进行振捣,利用激振力使浆液向上渗透,直到顶面出浆为止。这种加浆方式的优点是均匀性好,但振捣非常困难,现在已很少采用。

B.顶部加浆方式则是在摊铺好的碾压混凝土面上铺洒水泥浆,然后用插入式振捣器进行振捣。这种加浆方式使混凝土振捣容易,但是浆液向下渗透较困难,这种加浆方式在工程上应用较为广泛。一般采用人工提桶舀水泥浆,铺洒到摊铺的碾压混凝土表面作业方式。铺洒水泥架的范围一般在模板内侧50cm左右。

棉花滩碾压混凝土坝施工中，对于传统的加浆工艺进行了改进，设计了插孔器，将水平加浆方式改为竖直加浆方式。铺浆前先在铺摊好的碾压混凝土面上用 φ10cm 的插孔器进行造孔，插孔按梅花形布置，孔距一般为 30cm，孔深 20cm。然后采用人工手提桶（有计量）铺洒水泥浆。

变态混凝土的加浆量应根据试验确定，一般为施工部位碾压混凝土体积的 4% ~ 10%。

②振捣：加浆 10 ~ 15min 后即可对变态混凝土进行振捣。一般采用插入式振捣器进行振捣，也可采用平仓振捣机进行振捣。江垭工程对模板附近的变态混凝土先采用平仓振捣机振实，再用人工插入式振捣棒振匀。而对止水片附近的变态混凝土则直接采用人工插入式振捣棒振捣，以确保止水片不发生变位。振捣次序为：先振变态混凝土，再振与碾压混凝土的搭接部位，搭接宽度一般控制在 10 ~ 20cm 左右。在振捣上层变态混凝土时，将振捣器插入下层混凝土 5cm，以加强上下混凝土的层面结合；振捣时间控制在 25 ~ 30S。

③变态混凝土与碾压混凝土结合部位的碾压：在对变态混凝土注浆之前，先将其相邻部位的碾压混凝土压实，以免变态混凝土内的水泥浆流到碾压混凝土内。在变态混凝土振捣完成后，用大型振动碾将变态混凝土与碾压混凝土搭接部位碾平。

9.碾压混凝土的养护和防护

碾压混凝土是干贫性混凝土，掺水量少就受外界条件的影响很大。在大风、干燥、高温气候条件下施工，要避免混凝土表面水分散失，应采取喷雾补偿等措施，在仓面造成局部湿润环境，同时在混凝土拌和时适当将 VC 值调小。

但是，没有凝固的混凝土遇水又会严重降低强度，特别是表层混凝土几乎没有强度，所以在混凝土终凝前，严禁外来水流入。当降雨强度超时 3mm/h 时，应停止拌和，并迅速完成进行中的卸料、平仓和碾压作业。刚碾压完的仓面应采取防雨保护和排水措施。

碾压混凝土终凝后立即开始洒水养护。对于水平施工缝和冷缝，洒水养护应持续至上一层碾压混凝土开始铺筑为止；对永久外露面，宜养护 28d 之上。刚碾压完的混凝土不能洒水养护，可用毯子或麻袋覆盖防止表面水分蒸发，且起到养护作用。

低温季节应对混凝土的外露面进行保温养护，特别在温度骤降的时候，更应加强混凝土的保温措施。

（四）碾压混凝土坝防渗结构设计

碾压混凝土施工的 RCC 与 RCD 工法很重要的一个区别是防渗体结构不同。RCD 一般采用常态混凝土防渗，即"金包银"的结构形式。

RCC 防渗体的结构形式较多，如在上游面设 0.3 ~ 0.9m 的二级配碾压混凝土防渗层；6cm 厚的沥青面板作防渗层；6cm 厚钢筋混凝土面板防渗层；PVC 膜防渗；碾压混凝土表面喷涂防渗材料等。目前很多大坝采用变态混凝土作为上游防渗体，并且取得了很好的效果。

第三章 导流与管道工程建设

第一节 导流工程

一、施工导流

（一）施工导流方式

施工导流：在修筑水利水电工程时，为了让水工建筑物能保持在干地上施工，用围堰来维护基坑，并且将水流引向预定的泄水建筑物泄向下游，称为施工导流。施工导流方法有全段围堰法和分段围堰法两种方式。

1. 全段围堰法

全段围堰法又称一次拦断法或河床外导流，指主河道被全段围堰一次拦断，水流被导向旁侧的泄水建筑物。多用于河床狭窄、基坑工作面不大、水深流急、覆盖层较厚，难于修建纵向围堰、难于实现分期导流工程。

全段围堰泄水道导流类型有如下 4 种。

（1）隧洞导流

适用于两岸陡峻、山岩坚硬、风化层薄、河谷狭窄的山区河流或者有永久性隧洞可供利用。

（2）明渠导流

明渠导流适用于岸坡平缓或有宽阔滩地的平原河道。在山区河道上河槽形状明显不对称。

（3）涵管导流

涵管导流多用于中小型土石坝工程，导流流量不应超过 $1000m^3/s$。

（4）渡槽导流

渡槽导流一般适用于小型工程的枯水期导流，导流流量不超过 $20 \sim 30m^3/s$，个别达 $100m^3/s$。

2. 分段围堰法

分段围堰法又称分期围堰法或河床内导流。分期就是将河床围成若干个干地施工基坑，分段进行施工。分期就是从时间上将导流过程划分成阶段。分期是就时间而言，分段是就空间而言。工程实践中，两段两期导流采用最多。适用于河床较宽、流量大、工程工期较长的情况，易满足通航、过木、排冰等要求。

（1）底孔导流

主要用于河床内导流的工程。导流底孔是在坝体内设置临时的泄水孔或者永久底孔。导流时让全部或部分导流流量经底孔宣泄到下游。

对于临时底孔，在工程接近完工或需要蓄水时加以封堵。其底孔尺寸、数目和布置，须结合导流的任务如过水、过木、过鱼及封堵闸门设备、建筑物结构特点等，通过水力计算确定。一般底孔的底坎高程布置在枯水位之下，以确保枯水期泄水。

底孔导流可使挡水建筑物上部的施工不受水流干扰，有利于均衡连续施工。如混凝土坝中后期可用已修建的永久底孔或临时底孔导流。但设置临时底孔，钢材用量增加，封堵质量不好时会削弱坝的整体性，导流时底孔有被漂浮物堵塞的危险。

（2）坝体缺口导流

在汛期河水流量较大，其他导流建筑物不足以宣泄全部流量时，可在未完建的混凝土坝体上预留缺口以配合宣泄汛期洪水，汛后再继续修筑缺口。

坝体缺口的宽度和高度取决于导流设计流量、其他泄水建筑物的泄水能力、建筑物结构特点和施工条件等。对混凝土坝，特别是修建大体积混凝土坝时，常采用此导流方法。

特别指出，分段围堰法导流和全段围堰法导流应根据工程实际情况灵活应用，进行恰当的组合，并经过技术经济比较，确定出施工期的导流方案。如在全段围堰导流时，坝体修筑到一定高程之后可采用底孔或坝体缺口导流；同样，在分段围堰导流的后期，当泄水建筑物泄流能力有限时，也可采用隧洞或明渠导流作为辅助；另外，一些工程在汛期也采用允许围堰过水，淹没基坑的导流方法。对于平原河道河床式电站，可将导流明槽河床侧的边墙作为二期的纵向围堰（明槽导流）。

（二）导流设计流量

1. 导流标准

即用于导流设计的洪水频率标准，体现了经济性与所冒风险大小之间的选择。广义地说，导流标准是选择导流设计流量进行施工导流设计的标准，它包括初期导流标准、坝体拦洪时的导流标准等。

2. 洪水标准的确定

施工初期导流标准，按水利水电工程施工组织设计规范的规定，首先需要根据导流建筑物的指标，将导流建筑物分为Ⅲ~Ⅴ级。再根据导流建筑物的级别和类型，在规范规定的幅度内选定相应的洪水重现期作为初期导流标准。实际上，导流标准的选择受众多随机因素的影响。如果标准太低，不能保证施工安全；反之，则使导流工程设计规模过大，不仅增加导流费用，而且可能因其规模太大以致无法按期完成，造成工程施工的被动局面。因此，大型工程导流标准的确定，应结合风险度的分析，使所选标准更加经济合理。

3. 导流时段

在工程施工过程中，不同阶段可以采用不同的施工导流方法和挡水、泄水建筑物。不同导流方法组合的顺序，通常称为导流程序。导流时段就是按导流程序所划分的各施工阶段的延续时间。具有实际意义的导流时段，主要是围堰挡水而保证基坑干地施工的时间，所以亦称挡水时段。

导流时段的划分与河流的水文特征、水工建筑物的布置形式、导流方案、施工进度等因素有关。按河流的水文特征可分为枯水期、中水期和洪水期。在不影响主体工程施工的条件下，若导流建筑物只负担枯水期的挡水、泄水任务，显然可以大大减少导流建筑物的工程量，改善导流建筑物的工作条件，具有明显的技术经济效果。因此，合理划分导流时段，明确不同时段导流建筑物的工作条件，是既安全又经济地完成导流任务的基本要求。

如土坝、堆石坝和支墩坝一般不允许过水，所以当施工期较长，而洪水来临前又不能完建时，导流时段就要考虑以全年为标准，其导流设计流量就应按导流标准选择相应洪水重现期的年最大流量。

4. 导流设计流量

导流设计应依据过水和不过水两种情况分别考虑。

（1）不过水围堰

不过水围堰应根据导流时段来确定。如围堰挡全年洪水（高水围堰），其导流设计流量就是选定导流标准的年最大流量，导流挡水与泄水建筑物的设计流量相同。

如果围堰只挡某一枯水时段（低水围堰），则按该挡水时段内同频率洪水作为围堰和该时段泄水建筑物的设计流量。但确定泄水建筑物总规模的设计流量，应按坝体施工期临时度汛洪水标准来决定。

（2）过水围堰

过水围堰允许基坑淹没的导流方案，从围堰工作情况看，有过水期与挡水期之分，显然它们的导流标准应有所不同。

过水期的导流标准应与不过水围堰挡全年洪水时的标准相同。其相应的导流设计流量主要用于围堰过水情况下，加固保护措施的结构设计和稳定分析，也用于校核导流泄水道的过水能力。挡水期的导流标准应结合水文特点、施工工期及挡水时段，经技术经济比较后选定。当水文系列较长，大于或等于30年时，也可根据实测流量资料分析选用。其相应的导流设计流量主要用于确定堰顶高程、导流泄水建筑物的规模及堰体的稳定分析等。

5. 导流方案

水利水电枢纽工程施工，从开工到完建往往不是采用单一的导流方法，而是几种导流方式组合起来配合运用，以取得最佳的技术经济效果。这种不同导流时段、不同导流方式的组合，通常称之为导流方案。

导流方案的选择是导流工程的重点内容，在下篇施工组织设计中有详细介绍。导流方案的选择受多种因素的影响。一个合理的导流方案，必须在周密研究各种影响因素的基础上，拟定几个可能的方案，进行技术经济比较，从中选择技术经济指标优越的方案。选择导流方案时应考虑的主要因素如下。

①水文条件。

②地形条件。

③地质及水文地质条件。

④水工建筑物的形式及其布置。

⑤施工期间河流的综合利用。

⑥施工进度、施工方法及施工场地布置。

在选择导流方案时，除了综合考虑以上各方面因素之外，还应使主体工程尽可能及早发挥效益，简化导流程序，降低导流费用，使导流建筑物既简单易行，又适用可靠。

导流时段的划分：在工程施工过程中，不同阶段可以采用不同的施工导流方法和挡水、泄水建筑物。不同导流方法组合的顺序，通常称为导流程序。导流时段就是按导流程序所划分的各施工阶段的延续时间，具有实际意义的导流时段，主要是围堰挡水而保证基坑干地施工的时间，所以也称挡水时段。

（三）围堰的平面布置与堰顶高程

1. 围堰的平面布置

围堰的平面布置一般应按导流方案、主体工程的轮廓和对围堰提出的要求而定。通常，基坑坡趾离主体工程轮廓的距离，不应当小于20～30m，以便布置排水设施、交通运输道路及堆放材料和模板等。至于基坑开挖边坡的大小，则与地质条件有关。当纵向围堰不作为永久建筑物的一部分时，基坑纵向坡趾离主体工程轮廓的距离，一般不大于 2.0m，以供布置排水系统和堆放模板。如果无此要求，只需留 0.4 ~ 0.6m 就可。

2. 堰顶高程

堰顶高程取决于导流设计流量及围堰的工作条件。下游围堰的堰顶高程由下式决定：

$$H_d = h_d + h_a + \delta$$

（3-1）

式中 H_d：下游围堰堰顶高程，m；h_d 下游水位高程，m，可直接从河流水位流量关系查出；h_a 波浪爬高，m；δ 围堰的安全超高，m；上游围堰的堰顶高程由下式决定：

$$H_u = h_d + z + h_a + \delta$$

（3-2）

式中 H_u：上游围堰堰顶高程，m；z：上下游水位差，m；其余符号意义同（3-1）式。

必须指出，当围堰要拦蓄一部分水流时，则堰顶高程应通过调洪计算来确定。纵向围堰的堰顶高程，要与束窄河段宣泄导流设计流量时的水面曲线相适应。因此，纵向围堰的顶面往往设计成阶梯形或倾斜状，其上游和下游分别与上游围堰和下游围堰顶同高。

二、截流工程

河道截流是大中型水利水电工程施工中的关键环节之一，不但直接影响工期和造价，而且影响整个工程的全局。

一般截流过程包括戗堤进占、龙口裹头及护底、合龙、闭气等工作。先在河床的一侧或两侧向河床中填筑截流戗堤，这种向水中筑堤的工作叫进占；戗堤进占到一定程度，河床束窄，形成流速较大的泄水缺口（龙头）。龙头一般选在河流水深较浅，覆盖层较薄或基岩部位，以降低截流难度。常采用工程防护措施如抛投大的石块、铅丝笼等，以保证龙口两侧堤端和底部的抗冲稳定；一切准备就绪之后，应抓住有利时机在较短的时间内进行龙口的封堵，即合龙；龙口段及戗堤本身仍然漏水，必须在戗堤全线设置防渗措施，这一工作叫闭气。截流后，戗堤往往需进一步加高培厚，达到设计高程修筑成设计的围堰。

截流工程在技术上和施工组织上都具有相当的艰巨性和复杂性。必须充分掌握河流的水文、地形、地质等条件，掌握截流过程中水流的变化规律及其影响。通过精心组织施工，在较短的时间内用较大的施工强度完成截流工作。

（一）截流的基本方法

截流的基本方法有平堵法和立堵法、混合堵法三种。实际工程当中，应结合水文、地形、地质、施工条件及材料供应等因素进行综合考虑，选择适当的截流方法。

1. 平堵法

平堵截流法先在龙口建造浮桥或栈桥，由自卸汽车或其他运输工具运来块料，沿龙口前沿投抛，先下小料，随着流速增加，逐渐投抛大块料，使堆筑戗堤均匀地在水下上升，直至高出水面。一般来说，平堵法比立堵法的单宽流量要小，最大流速也小，水流条件较好，因此可以减小对龙口基床的冲刷。因此特别适用于易冲刷的地基上截流。由于平堵架设浮桥及栈桥，对机械化施工有利，因而投抛强度大，容易截流施工；但在深水高速的情况下架设浮桥、建造栈桥是比较困难的，因此这也限制了它的广泛采用。

2. 立堵法

立堵法截流用自卸汽车或其他运输工具运来块料，以端进法投抛（从龙口两端或一端下料）进占戗堤，直至截断河床。一般来说，立堵在截流过程中所发生的最大流速、单宽流量都较大，加之所生成的楔形水流和下游形成的立轴漩涡，对龙口以及龙口下游河床将产生严重冲刷，因此不适用于在地质差的河道上截流，否则就需要对河床作妥善防护。由于端进法施工的工作前线短，限制了投抛强度。有时为了施工交通要求特意加大戗堤顶宽，这又大大增加了投抛材料的消耗。但是立堵法截流，无需架设浮桥或栈桥，简化了截流准备工作，因而赢得了时间，节约了投资，所以我国黄河上许多水利工程（岩质河床）都采用这个方法截流。

3. 混合堵法

这是采用立堵与平堵相结合的方法。有先平堵后立堵和先立堵后平堵两种。用得比较多的是首先从龙口两端下料保护戗堤头部，同时进行护底工程并抬高龙口底槛高程到一定高度，最后用立堵截断河流。平抛可以采用船抛，然后用汽车立堵截流。新洋港（土质河床）就是采用这种方法截流的。

（二）截流日期和截流设计流量

1. 截流日期

截流时间应根据枢纽工程施工控制性进度计划或者总进度计划决定，至于时段选择，一般应考虑以下原则，经过全面分析比较而定。

①尽可能在较小流量时截流，但必须全面考虑河道水文特性和截流应完成的各项控制工程量，合理使用枯水期。

②对于具有通航、灌溉、供水、过木等特殊要求的河道，应全面兼顾这些要求，尽量使截流对河道的综合利用的影响最小。

③有冰冻河流，一般不在流冰期截流，避免截流和闭气工作复杂化，如特殊情况必须在流冰期截流时应有充分论证，并有周密的安全措施。

截流应选在枯水期进行，因为此时流量小，不仅断流容易，耗材少，而且有利于围堰的加高培厚。至于截流选在枯水期的什么时段，首先要保证截流以后全年挡水围堰能在汛前修建到拦洪水位以上，若是作用一个枯水期的围堰，应保证基坑内的主体工程在汛期到来以前，修建到拦洪水位以上（土坝）或正常水位以上（混凝土坝等可以过水的建筑物）。因此，应尽量安排在枯水期的前期，使截流以后有足够时间来完成基坑内的工作。对于北方河道，截流还应避开冰凌时期，由于冰凌会阻塞龙口，影响截流进行；而且截流后，上游大量冰块堆积也将严重影响闭气工作。一般来说，南方河流量好不迟于12月底，北方河流量好不迟于1月底。截流之前必须充分及时地做好准备工作，如泄水建筑物建成可以过水，准备好截流材料及其他截流设施等。不能贸然从事，使截流工作陷于被动。

2. 截流设计流量

一般设计流量按频率法确定，根据已选定截流时段，采用该时段内一定频率的流量作为设计流量。

除了频率法以外，也有不少工程采用实测资料分析法，当水文资料系列较长，河道水文特性稳定时，这种方法可应用。至于预报法，因当前的可靠预报期较短，一般不能在初设中应用，但是在截流前夕有可能根据预报流量适当修改设计。

在大型工程截流设计中，通常多以选取一个流量为主，再考虑较大、较小流量出现的可能性，用几个流量进行截流计算和模型试验研究。对于有深槽和浅滩的河道，如分流建筑物布置在浅滩上，对截流不利的条件，要特别进行研究。

截流流量是截流设计的依据，选择不当，或使截流规模（龙口尺寸、投抛料尺寸或数量，等等）过大造成浪费；或规模过小，造成被动，甚至功亏一篑，最后拖延工期，影响整个施工布局。所以在选择截流流量时，应该慎重。

截流设计流量的选择应根据截流计算任务而定。对于确定龙口尺寸，以及截流闭气后围堰应该立即修建到挡水高程，一般采用该月5%频率最大瞬时流量为设计流量。对于决定截流材料尺寸、确定截流各项水力参数（水位h、流速v、落差z、龙口单宽流量q）的设计流量，由于合龙的时间较短，截流时间又可在规定的时限内，根据流量变化情况，进行适当调整，所以不必采用过高的标准，一般采用5%～10%频率的月或旬平均流量。这种方法对于大江大河（如长江、黄河）是正确的。因为这些河道流域面积大，因降雨引起的流量变化不大。而中小河道，枯水期的降雨有时也会引起涨水，流量加大，但洪峰历时短，我们可以避开这个时段。所以，采用月或旬平均流量（包含了涨水的情况）作为设计流量就偏大了。在此情况下可以采用下述方法确定设计流量。先选定几个流量值，然后在历年实测水文资料中（10～20年），统计出在截流期中小于此流量的持续天数等于或大于截流工期的出现次数。当选用大流量，统计出的出现次数就多，截流可靠性大；反之，出现次数少，截流可靠性差。所以可根据资料的可靠程度、截流的安全要求及经济上的合理性，从中选出一个流量作为截流设计流量。

截流时间不同，截流设计流量也不同。如果截流时间选在落水期（汛后），流量可以选得小些；如果是涨水期（汛前），流量要选得大一些。

总之，截流流量应根据截流的具体情况，充分分析该河道的水文特性来进行选择。

（三）截流材料

截流材料的选择，主要取决于截流时可能发生的流速及工地开挖、起重、运输设备的能力，一般应尽可能就地取材。在黄河，长期以来用梢料、麻袋、草包、石料、土料等作为堤防溃口的截流堵口材料。在南方，如四川都江堰，则常用卵石竹笼、砾石和挡搓等作为截流堵河分流的主要材料。国内外大江大河截流的实践证明，块石是截流的最基本材料。

此外，当截流水力条件差时还须使用人工块体，比如混凝土六面体、四面体、四脚体及钢筋混凝土构架等。

为确保截流既安全顺利，又经济合理，正确计算截流材料的备料量是十分必要的。备料量通常按设计的戗堤体积再增加一定裕度，主要是考虑到堆存、运输中的损失、水流冲失、戗堤沉陷，以及可能发生比设计更坏的水力条件而预留的备用量等。但是据不完全统计，国内外许多工程的截流材料备料量均超过实用量，少者多余50%，多则达400%，尤其是人工块体大量多余。

造成截流材料备料量过大的主要原因有以下几点。

①截流模型试验的推荐值本身就包含了一定安全裕度，截流设计提出的备料量又增加了一定富裕，而施工单位在备料时往往在此基础上又留有余地。

②水下地形不太准确，在计算戗堤体积时，常从安全角度考虑取偏大值。

③设计截流流量通常大于实际出现的流量等。

如此层层加码，处处考虑安全富裕，所以即使像青铜峡工程的截流流量，实际大于设计，仍然出现备料量比实际用量多78.6%的情况。因此，如何正确估计截流材料的备用量，是一个很重要的课题。当然，备料恰如其分，不大可能，需留有余地。但对剩余材料，应预作筹划，安排好用处。特别如四面体等人工材料，大量弃置，既浪费，又影响环境，可考虑用于护岸或其他河道整治工程。

（四）减少截流难度的技术措施

减少截流难度的主要技术措施包括加大分流量，改善分流条件；改善龙口水力条件；增大抛投料的稳定性，减少块料流失；加大截流施工强度等。

1. 加大分流量，改善分流条件

分流条件好坏直接影响到截流过程中龙口的流量、落差和流速，分流条件好，截流就容易，反之就困难。改善分流条件的措施有以下几种。

①合理确定导流建筑物尺寸、断面形式与底高程。也就是说，导流建筑物不只是要求满足导流要求，而且应该满足截流要求。

②重视泄水建筑物上下游引渠开挖和上下游围堰拆除的质量，是改善分流条件的关键环节。否则，泄水建筑物虽然尺寸很大，但分流却受上下游引渠或上下游围堰残留部分控制，泄水能力很小，势必增加截流工作的困难。

③在永久泄水建筑物尺寸不足的情况下，可以专门修建截流分水闸或其他形式泄水道帮助分流，待截流完成之后，借助于闸门封堵泄水闸，最后完成截流任务。

④增大截流建筑物的泄水能力。当采用木笼、钢板桩格体围堰时，也可以间隔一定距离安放木笼或钢板桩格体，在其中间孔口宣泄河水，然后以闸板截断中间孔口，完成截流任务。另外，也可以在进占戗堤中埋设泄水管以帮助泄水，或者采用投抛构架块体增大戗堤的渗流量等办法减少龙口溢流量和溢流落差，从而减轻截流的困难程度。

2. 改善龙口水力条件

龙口水力条件是影响截流的重要因素，改善龙口水力条件的措施分为双戗堤截流、三戗截流、宽戗截流等。

（1）双戗堤截流

双戗堤截流以采取上下戗都立堵的方式较为普遍，落差均摊容易控制，施工方便，也比较经济。常见的进占方式有上下戗轮换进占、双戗固定进占和以上两种方式混合进占。也有以上戗进占为主，由下戗配合进占一定距离，局部有壅高上戗下游水位，以减少上戗进占的龙口落差和流速。

（2）三戗截流

三戗截流利用第三戗堤分担落差的方法，可以在更大的落差下用来完成截流任务。

（3）宽戗截流

增大戗堤宽度，工程量也大为增加，和上述扩展断面一样可以分散水流落差，从而改善龙口水流条件。但是进占前线宽，要求投抛强度大，因此只有当戗堤可以作为坝体（土石坝）的一部分时，才宜采用，否则用料太多，过于浪费。

除了用双戗、三戗、宽戗来改善龙口的水流条件以外，在立堵进占中还应注意采用不同的进占方式来改善进占抛石面上的流态。我国立堵实践中多采用的上挑角进占方式。这种进占方式水流为大块料所形成的上挑角挑离进占面，让有可能用较小块料在进占面投抛进占。

3. 增大投抛料的稳定性，减少块料流失

主要措施有采用葡萄串石、大型构架和异型人工投抛体；或投抛钢构架和比重大的矿石或用矿石为骨料做成的混凝土块体等来提高投抛体本身的稳定；也有在龙口下游平行于戗堤轴线设置一排拦石坎来保证投抛料的稳定，防止块料的流失。拦石坎可以是特大的块石、人工块体，或是伸到基础中的拦石桩。

4. 加大截流施工强度，加快施工速度

施工速度加快，一方面可以增大上游河床的拦蓄，从而减少龙口的流量和落差，起到降低截流难度的作用；另一方面，可减少投抛料的流失，这就有可能采用较小块料来完成截流任务。定向爆破截流和炸倒预制体截流就包含这一优点。

三、基坑排水

（一）初期排水

1. 排水量的估算

选择排水设备，主要根据需要排水的能力，而排水能力的大小又要考虑排水时间安排的长短和施工条件等因素。通常按下式估算：

$$Q = KV / T$$

（3-3）

式中 Q：排水设备的排水能力，m^3/s；K：积水体积系数，大中型工程用 4 ～ 10，小型工程用 2 ～ 3；V：基坑内的积水体积，m^2；T：初期排水时间，s。

2. 排水时间选择

排水时间的选择受水面下降速度的限制，而水面下降允许速度要考虑围堰的形式、基坑土壤的特性、基坑内的水深等情况。水面下降慢，影响基坑开挖的开工时间；水面下降快，围堰或者基坑边坡中的水压力变化大，容易引起塌坡。因此，水面下降速度一般限制在每昼夜 0.5 ～ 1.0m/d 的范围内。当基坑内的水深已知，水面下降速度选择好的情况下，初期排水所需要的时间也就确定了。

3. 排水设备和排水方式

根据初期排水要求的能力，可确定所需要的排水设备的容量。排水设备一般用普通的离心水泵或者潜水泵。为了便于组合，方便运转，一般选择容量不同的水泵。排水泵站一般分固定式和浮动式两种，浮动式泵站可以随着水位的变化而改变高程，比较灵活；若采用固定式，当基坑内的水深比较大的时候，可以采取将水泵逐级下放到基坑内不同高程的各个平台上进行抽水。

（二）经常性排水

基坑内积水排干后，紧接着进行经常性排水。在排水设计中，除了正确估算排水量和选择排水设备外，必须进行周密的排水系统布置。经常性排水的方法有明式排水和人工降低地下水位两种，即明式排水施工法和暗式排水施工方法。

1. 明式排水法

明式排水法，是浅层排水最为常见的一种方法，主要考虑排水系统布置和渗透流量估计两方面的内容。

排水系统的布置如下。

（1）基坑开挖排水系统

基坑开挖排水系统的布置原则是：不得妨碍开挖和运输。一般布置方法是：为了两侧出土方便，在基坑的中线部位布置排水干沟，而且要随着基坑开挖进度，逐渐加深排水沟。

干沟深度一般保持在 1 ～ 1.5m，支沟 0.3 ～ 0.5m，集水井的底部应低于干沟的沟底。

（2）建筑物施工排水系统

排水系统一般布置在基坑的四周，排水沟布置在建筑物轮廓线的外侧，为了不影响基坑边坡稳定，排水沟离基坑边坡坡脚 0.3 ～ 0.5m。

（3）排水沟布置

排水沟和集水井的断面包括尺寸的大小、水沟边坡的陡缓、水沟底坡的大小等，主要根据排水量的大小来决定。

（4）集水井布置

一般布置在建筑物轮廓线以外比较低的地方，集水井、干沟与建筑物之间也应当保持适当距离，原则是，不能影响建筑物施工和施工过程中材料的堆放、运输等。集水井可为长方形，边长1.5～2.0m，井底高程应低于排水沟底1.0～2.0m。在土中挖井，其底面应铺填反滤料；在密实土中，井壁用框架支撑；在松软土中，利用板桩加固。如板桩接缝漏水，尚需在井壁外设置反滤层。

集水井不仅可用来集聚排水沟的水量，而且还有澄清水的作用，以延长水泵的使用年限。为保护水泵，集水井宜稍偏大偏深一些。

通常应考虑两种不同的情况：一种是基坑开挖过程中的排水系统布置；另一种是基坑开挖完成后修建建筑物时的排水系统布置。在进行布置时，最好能同时兼顾这两种情况，并且使排水系统尽可能不影响施工。

基坑开挖过程中排水系统布置，应以不妨碍开挖和运输工作为原则。一般将排水干沟布置在基坑中部，以利两侧出土。随着基坑开挖工作的进展，逐渐加深排水干沟和支沟，通常保持干沟深度为1～1.5m，支沟深度为0.3～0.5m。集水井多布置在建筑物轮廓线外侧，井底应低于干沟沟底。但是，因为基坑坑底高程不一，有的工程就采用层层设截流沟、分级抽水的办法。为了防止在砂土或壤土地基中的深挖方边坡坍塌，也采用分层拦截渗水的办法。实践证明，渗透系数为20～30m/d的细砂层，挖排水沟降低浸润线，并用砾石草包压坡，可使砂坡稳定在1：2.5左右。

建筑物施工时的排水系统，通常都布置在基坑四周。排水沟应布置在建筑物轮廓线外侧，距离基坑边坡坡脚不小于0.3～0.5m，排水沟的断面尺寸和底坡大小，取决于排水量的大小。一般排水沟宽不小于0.3m，沟深大于1.0m，底坡不小于0.002。在密实土层中，排水沟可以不用支撑；但在松土层中，需用木板或麻袋装石来加固。水经排水沟流入集水井后，利用在井边设置的水泵站，将水从集水井中抽出。集水井布置在建筑物轮廓线外较低的地方，它与建筑物外像的距离必须大于井的深度。井的容积至少要能保证水泵停止抽水10～15min时，井水不致漫溢。

为防止降雨时地面径流进入基坑而增加抽水量，通常在基坑外缘边坡上挖截水沟，以拦截地面水。截水沟的断面及底坡应根据流量和土质而定，一般沟宽和沟深不小于0.5m，底坡不小于0.002m。基坑外地面排水系统最好与道路排水系统相结合，以便自流排水。

为了降低排水费用，当基坑渗水水质符合饮用水或其他施工用水要求时，可将基坑排水与生活、施工供水相结合。丹江口工程的基坑排水就直接引入供水池，供水池上设有溢流闸门，多余的水则溢入江中。

明式排水适用于岩基开挖，对砂砾石或粗砂覆盖层，当渗透系数大于$2 \times 10 \sim$ cm/s，且围堰内外水位差不大的情况下，也可用明式排水，实际工程中也有超出上述界限的。例如丹江口的细砂地基，渗透系数约为2×10^2 cm/s，采用适当措施之后，明式排水也可取得成功。不过，一般认为，当渗透系数小于$10'$cm/s时，以采用人工降低水位法为宜。

2. 暗式排水法

在基坑开挖前，在基坑周围钻设滤水管或滤水井。在基坑开挖和建筑物施工过程中，从井管中不断抽水，以使基坑内的土壤始终保持干燥状态的做法叫"暗式排水法"，属于人工降低地下水位法。

在细砂、粉砂、亚砂土地基上开挖基坑，若地下水位比较高时，随着基坑底面的下降，渗透水位差会越来越大，渗透压力也必然越来越大，因此容易产生流砂现象。一边开挖基坑，一边冒出流砂，开挖非常困难，严重时，会出现滑坡，甚至危及邻近结构物的安全和施工的安全。因此，人工降低地下水位是必要的。常用的暗式排水法分管井法和井点法两种。

（1）管井法降低地下水位

在基坑的周围钻造一些管井，管井的内径一般20～40cm，地下水在流力作用之下，流入井中，然后，用水泵进行抽排。抽水泵有普通离心泵、潜水泵、深井泵等，可根据水泵的不同性能和井管的具体情况选择。

①管井布置：管井一般布置在基坑的外围或者基坑边坡的中部。管井的间距应视土层渗透系数的大小，渗透系数小的，间距小一些，渗透系数大的，间距大一些，一般为15～25m。

②管井组成：管井施工方法就是农村打机井的方法。管井包括井管、外围滤料、封底填料三部分。井管无疑是最重要的组成部分，它对井的出水量和可靠性影响很大，要求它过水能力大，进入泥沙少，应有足够的强度和耐久性。因此，一般用无砂混凝土预制管，也有的用钢制管。

③管井施工：管井施工多用钻井法和射水法。钻井法先下套管，再下井管，然后一边填滤料，一边拔出套管。射水法是用专门的水枪冲孔，井管随着冲孔下沉。这种方法主要是注意根据不同的土壤性质选择不同的射水压力。

④钢井管的下部有滤水管节（滤头），地下水从这里进入井内，它的构造对井的出水量及可靠性有很大影响。适用于透水性较小土层中的网式滤头，它的外面是一层保护用粗铅丝网，里面是一层细铅丝滤网，其网孔大小对水流阻力和水中含砂量影响很大，再里面是直径为2～4mm的粗铅丝，稀疏地绕在钻有许多小孔的钢管上，把滤网和钢管隔开，使水流畅通；在滤层外面有时还须设置滤层。杆架式滤头由单独的金属杆安装在法兰盘上，杆架式滤水管通常用于透水性好的含水层中，可不设滤层，而在中砂及细砂中，建议设砾石滤层，其颗粒比含水层颗粒大8～10倍。

离心泵的吸水高度一般不超过5～8m，当基坑中的水位下降超过此值及降低地下水位的深度较大时，可以分层布置管井，分层进行排水。或当地下水位下降到一定深度后，把水泵放入井中。把普通离心泵放入井中时，井管的直径要很大，而且当抽水停歇时，如不及时拆卸便有被淹没的危险。

在降低深层地下水位时，广泛采用深井泵。深井泵的多级离心泵没入井内，马达装在井上，通过长轴转动或者用机壳密封与水泵一起没入井内。深井泵直径很细，所用的井管直径为200～450mm。

每个深井泵都是独立进行工作，不必相互连接的总吸水管，井的间距也可以非常大。深井泵的井管下沉工作较为困难，泵的安装也较复杂，因此深井泵一般用于要求降深大于20m。

（2）井点法降低地下水位

井点排水法按其类型可分为轻型井点、喷射井点与电渗井点三种类型，最常见的井点是轻型井点。

轻型井点是由点管、滤管、集水管、抽水机组和集水箱等设备所组成的一个排水系统。轻型井点根据抽水机组类型不同，分为真空泵型井点、射流泵轻型井点和隔膜泵轻型井点三种。

真空泵轻型井点的抽水机机组工作时形成真空度高（67～80kPa），带井点数多（60～70根），降水深度较大（5.5～6.0m），但是设备较复杂，维修管理困难，一般用于重要的较大规模的工程降水。

射流泵轻型井点抽水机组设备构造简单，易于加工制造，效率较高，降水深度较大（可达9m），耗能少费用低，是一种具有发展前途的降水设备。

隔膜泵轻型井点又可分为真空型、压力型和真空压力型三种。真空型和压力型隔膜泵轻型井点抽水设备由真空泵、隔膜泵、水气分离器等组成；真空压力型隔膜泵兼有真空泵、隔膜泵、水气分离器的特性，设备较简单，易于操作维修，耗能少，真空度较低（56～64kPa），所带井点较少（20～30根），降水深度4.7～5.1m，适用于降水深度不大的一般工程使用。

轻型井点的井点管一般为$\phi 8$～$\phi 10$mm的无缝钢管，间距为0.6～1m，最大可达3m。井点系统的井点管就是水泵的吸收管，地下水从井点管下端的过滤水管借真空及水泵的抽吸作用流入管内，沿井点管上升汇入集水总管。

在安装井点管时，在距井口1m范围内，须填黏土密封，井点管与总管连接应该注意密封，以防漏气。排水结束后，可用杠杆或者倒连接将井点管拔出。

喷射井点与深井泵比较，构造简单，安装方便，工作可靠。水中含砂较多时，对机件的影响也不大。但喷射井点设备的机械效率不高，只有20%～30%，所以一次降深值不宜超过20m，否则是不经济的，最适宜的范围是8～18m。

电渗井点排水是在基坑外侧打一圈针滤器作为负极，在基坑内侧打一圈钢杆作为正极，在正负极之间通直流电，土中含水便从正极方向趋向负极，从而被针滤器抽除。

第二节　管道工程

一、管道开槽法施工

管道工程多为地下铺设管道，为铺设地下管道进行土方开挖叫"挖槽"。开挖的槽叫作沟槽或基槽，为建筑物、构筑物开挖的坑叫基坑。管道工程挖槽是主要工序，其特点是：管线长、工作量大、劳动繁重、施工条件复杂。又由于开挖的土成分较为复杂，施工中常受到水文地质、气候、施工地区等因素影响，因而一般较深的沟槽土壁常用木板或板桩支撑，当槽底位于地下水位以下时，需采取排水和降低地下水位的施工方法。

（一）沟槽的形式

沟槽的开挖断面应考虑管道结构的施工方便，确保工程质量和安全，具有一定强度和稳定性。同时也应考虑少挖方、少占地、经济合理的原则。在了解开挖地段的土壤性质及地下水位情况后，可结合管径大小、埋管深度、施工季节、地下构筑物等情况，施工现场及沟槽附近地下构筑物的位置因素来选择开挖方法，并且合理地确定沟槽开挖断面。常采用的沟槽断面形式有直槽、梯形槽、混合槽等，当有两条或多条管道共同埋设时，还需采用联合槽。

1. 直槽

即槽帮边坡基本为直坡（边坡小于 0.05 的开挖断面）。直槽一般都用于地质情况好、工期短、深度较浅的小管径工程，如地下水位低于槽底，直槽深度不超过 1.5m 的情况。在地下水位以下采用直槽时则需考虑支撑。

2. 梯形槽（大开槽）

即槽帮具有一定坡度的开挖断面，开挖断面槽帮放坡，不用支撑。槽底如在地下水位以下，目前多采用人工降低水位的施工方法，减少支撑。采用此种大开槽断面，在土质好　（如黏土、亚黏土）时，即使槽底在地下水以下，也可以在槽底挖成排水沟，进行表面排水，保证其槽帮土壤的稳定。大开槽断面是应用较多的一种形式，尤其适用于机械开挖的施工方法。

3. 混合槽

即由直槽与大开槽组合而成的多层开挖断面，较深的沟槽宜采用此种混合槽分层开挖断面。混合槽一般多为深槽施工。采取混合槽施工时上部槽尽可能地采用机械施工开挖，下部槽的开挖常需同时考虑采用排水及支撑的施工措施。

沟槽开挖时，为防止地面水流入坑内冲刷边坡，造成塌方和破坏基土，上部应有排水措施。对于较大的井室基槽的开挖，应先进行测量定位，抄平放线，定出开挖宽度，按放线分层挖土，根据土质和水文情况采取在四侧或两侧直立开挖和放坡，以保证了施工操作安全。放坡后基槽上口宽度由基础底面宽度及边坡坡度来决定，坑底宽度应根据管材、管外径和接口方式等确定，以便于施工操作。

（二）开挖方法

沟槽开挖有人工开挖和机械开挖两种施工方法。

1. 人工开挖

在小管径、土方量少或施工现场狭窄、地下障碍物多、不易采用机械挖土或深槽作业时，底槽需支撑无法采用机械挖土时，通常采用人工挖土。

人工挖土使用的主要工具为铁锹、镐,主要施工工序为放线、开挖、修坡、清底等。

沟槽开挖须按开挖断面先求出中心到槽口边线距离,并且按此在施工现场施放开挖边线。槽深在 2m 以内的沟槽,人工挖土与沟槽内出土结合在一起进行。较深的沟槽,分层开挖,每层开挖深度一般在 2~3m 为宜,利用层间留台人工倒土出土。在开挖过程中应控制开挖断面将槽帮边坡挖出,槽帮边坡应不陡于规定坡度,检查时可用坡度尺检验,外观检查不得有亏损、鼓胀现象,表面应平顺。

槽底土壤严禁扰动。挖槽在接近槽底时,要加强测量,注意清底,不要超挖。如果发生超挖,应按规定要求进行回填,槽底应保持平整,槽底高程及槽底中心每侧宽度均应符合设计要求,同时满足土方,槽底高程偏差不大于 ±20mm,石方槽底高程偏差 −20~200mm。

沟槽开挖时应注意施工安全,操作人员应有足够的安全施工工作面,防止铁锹、镐碰伤。槽帮上如有石块碎砖应清走。原沟槽每隔 50m 设一座梯子,上下沟槽应走梯子。在槽下作业的工人应戴安全帽。当在深沟内挖土清底时,沟上应要有专人监护,注意沟壁的完好,确保作业的安全,防止沟壁塌方伤人。每日上下班前,应检查沟槽有无裂缝、坍塌等现象。

2. 机械开挖

目前使用的挖土机械主要有推土机、单斗挖土机、装载机等。机械挖土的特点是效率高、速度快、占用工期少。为了充分发挥机械施工的特点,提高机械利用率,保证安全生产,施工前的准备工作应做细,并合理选择施工机械。沟槽(基坑)的开挖,多是采用机械开挖、人工清底的施工方法。

机械挖槽时,应保证槽底土壤不被扰动和破坏。一般地,机械不可能准确地将槽底按规定高程整平,设计槽底以上宜留 20~30cm 不挖,而用人工清挖的施工方法。

采用机械挖槽方法,应向司机详细交底,交底内容一般包括挖槽断面(深度、槽帮坡度、宽度)的尺寸、堆土位置、电线高度、地下电缆、地下构筑物及施工要求,并根据情况会同机械操作人员制定安全生产措施后,方可进行施工。机械司机进入施工现场,应听从现场指挥人员的指挥,对于现场涉及机械、人员安全的情况应及时提出意见,妥善解决,确保安全。

指定专人与司机配合,保质保量,安全生产。其他配合人员应熟悉机械挖土有关安全操作规程,掌握沟槽开挖断面尺寸,算出应挖深度,及时测量槽底高程和宽度,防止超挖和亏挖,经常查看沟槽有无裂缝、坍塌迹象,注意机械工作安全。挖掘之前,当机械司机释放喇叭信号后,其他人员应离开工作区,维护施工现场安全。工作结束后指引机械开到安全地带,当指引机械工作和行动时,注意上空线路及行车安全。

配合机械作业的土方辅助人员,如清底、平地、修坡人员应在机械的回转半径以外操作,如必须在其半径以内工作时,如拨动石块的人员,则应在机械运转停止后方允许进入操作区。机上机下人员应彼此密切配合,当机械回转半径内有人时,应严禁开动机器。

在地下电缆附近工作时，必须查清地下电缆的走向并做好明显的标志。采用挖土机挖土时，应严格保持在 1m 以外距离工作。其他各类管线也应当查清走向，开挖断面应在管线外保持一定距离，一般以 0.5 ~ 1m 为宜。

无论是人工挖土还是机械开挖，管沟应以设计管底标高为依据。要确保施工过程中沟底土壤不被扰动，不被水浸泡，不受冰冻，不遭污染。当无地下水时，挖至规定标高以上 5 ~ 10cm 即可停挖；当有地下水时，则挖至规定标高以上 10 ~ 15cm，待下管前清底。

挖土不容许超过规定高程，若局部超挖应认真进行人工处理，当超挖在 15cm 之内又无地下水时，可用原状土回填夯实，其密实度不应低于 95%；当沟底有地下水或沟底土层含水量较大时，可用砂夹石回填。

3. 冬雨季施工

（1）雨期施工

雨期施工，尽量缩短开槽长度，速战速决。

雨期挖槽时，应充分考虑由于挖槽和堆土，破坏了原有排水系统后会造成排水不畅，应布置好排除雨水的排水设施和系统，防止雨水浸泡房屋和淹没农田及道路。

雨期挖槽应采取措施，防止雨水倒灌沟槽。一般采取如下措施：在沟槽四周的堆土缺口，如运料口、下管道口、便桥桥头等堆叠挡土，使其闭合，构成一道防线；堆土向槽的一侧应拍实，避免雨水冲塌，并挖排水沟，把汇集的雨水引向槽外。

雨期挖槽时，往往由于特殊需要，或暴雨雨量集中时，还应考虑有计划地将雨水引入槽内，宜每 30m 左右做一泄水口，以免冲刷槽帮，同时还应采取防止塌槽、漂管等措施。

为防止槽底土壤扰动，挖槽见底后应立即进行下一工序，否则槽底以上宜暂留 20cm 不挖，作为保护层。

雨期施工不宜靠近房屋、墙壁堆土。

（2）冬期施工

人工挖冻土法：使采用人工使用大锤打铁楔子的方法，打开冻结硬壳将铁楔子打入冻土层中。开挖冻土时应制定必要的安全措施，严禁掏洞挖土。

机械挖冻土方法：当冻结深度在 25cm 以内时，使用一般中型挖掘机开挖；冻结深度在 40cm 以上时，可在推土机后面装上松土器械将冻土层破开。

（三）下管

下管方法有人工下管法和机械下管法。应根据管子的重量和工程量的大小、施工环境、沟槽断面、工期要求及设备供应等情况综合考虑确定。

1. 人工下管法

人工下管应以施工方便、操作安全为原则，可以根据工人操作的熟练程度、管子重量、管子长短、施工条件、沟槽深浅等因素综合考虑。其适用范围为：管径小，自重轻；施工现场狭窄，不便于机械操作；工程量较小，而且机械供应有困难。

（1）贯绳下管法

适用于管径小于 30cm 以下的混凝土管、缸瓦管。用带铁钩的粗白棕绳，由管内穿出钩住管头，然后一边用人工控制白棕绳，一边滚管，把管子缓慢送入沟槽内。

（2）压绳下管法

压绳下管法为人工下管法中最常用的一种方法。

适用于中、小型管子，方法灵活，可作为分散下管法。具体操作是在沟槽上边打入两根撬棍，分别套住一根下管大绳，绳子一端用脚踩牢，用手拉住绳子另一端，听从一人号令，徐徐放松绳子，直至将管子放至沟槽底部。

当管子自重大，一根撬棍的摩擦力不能克服管子自重时，两边可各自多打入一根撬棍，以增大绳的摩擦阻力。

（3）集中压绳下管法

此种方法适用较大管径，即从固定位置往沟槽内下管，然后在沟槽内将管子运至稳管位置。在下管处埋入 1/2 立管长度，内填土方，将下管用两根大绳缠绕（一般绕一圈）在立管上，绳子一端固定，另一端由人工操作，利用绳子与立管之间的摩擦力控制下管速度。操作时注意两边放绳要均匀，防止管子倾斜。

（4）搭架法（吊链下管）

常用有三脚架式四脚架法，在架子上装上吊链起吊管子。

其操作过程如下：先在沟槽上铺上方木，将管子滚至方木上。吊链将管子吊起，撤出原铺方木，操作吊链使管子徐徐下入沟底。下管用的大绳应质地坚固、不断股、不糟朽、无夹心。

2. 机械下管法

机械下管速度快、安全，并且可以减轻工人的劳动强度。条件允许时，应尽可能采用机械下管法。其适用范围为：管径大，自重大；沟槽深，工程量大；施工现场便于机械操作。

机械下管一般沿沟槽移动。所以，沟槽开挖时应一侧堆土，另一侧作为机械工作面、运输道路、管材堆放场地。管子堆放在下管机械的臂长范围之内，以减少管材的二次搬运。

机械下管视管子重量选择起重机械，常用有汽车起重机和履带式起重机。采用机械下管时，应设专人统一指挥。机械下管不应一点起吊，采用两点起吊时吊绳应找好重心，平吊轻放。各点绳索受的重力 g 与管子自重 Q、吊绳的夹角 α 有关。

起重机禁止在斜坡地方吊着管子回转，轮胎式起重机作业前把支腿撑好，轮胎不应承担起吊的重量。支腿距沟边要有 2.0m 以上距离，必要时应垫木板。在起吊作业区内，禁止无关人员停留或通过。在吊钩和被吊起的重物下面，严禁任何人通过或站立。起吊作业不应在带电的架空线路下作业，在架空线路同侧作业时，起重机臂杆距架空线保持一定安全距离。

（四）稳管

稳管是将每节符合质量要求的管子按照设计的平面设置和高程稳在地基或者基础上。稳管包括管子对中和对高程两个环节，两者同时进行。

1. 管轴线位置的控制

管轴线位置的控制是指所铺设的管线符合设计规定的坐标位置。其方法是在稳管前由测量人员将管中心钉测设在坡度板上，稳定时由操作人员将坡度板上中心钉挂上小线，即为管子轴线位置。稳、管具体操作方法有中心线法和边线法。

（1）中心线法

即在中心线上挂一垂球，在管内放置一块带有中心刻度的水平尺，当垂球线穿过水平尺的中心刻度时，则表示管子已经对中。倘若垂线往水平尺中心刻度左边偏离，表明管子往右偏离中心线相等一段距离，调整管子位置，让其居中为止。

（2）边线法

即在管子同一侧，钉一排边桩，其高度接近管中心处。在边桩上钉一小钉，其位置距中心垂线保持同一常数值。稳管时，将边桩上的小钉挂上边线，即边线是与中心垂线相距同一距离的水平线。在稳管操作时，使管外皮与边线保持同一间距，则表示管道中心处于设计轴线位置。边线法稳管操作简便，应用较为广泛。

2. 管内底高程控制

沟槽开挖接近设计标高，由测量人员埋设坡度板，坡度板上标出桩号、高程和中心钉，坡度板埋设间距，排水管道一般为 10m，给水管道一般为 15～20m。管道平面及纵向折点和附属构筑物处，根据需要增设坡度板。

相邻两块坡度板的高程钉至管内底的垂直距离保持一常数，则两个高程钉的连线坡度与管内底坡度相平行，该连线称"坡度线"。坡度线上任何一点到管内底的垂直距离为一常数，称为下反数，稳管时，用一木制丁字形高程尺，上面标出下反数刻度，将高程尺垂直放在管内底中心位置，调整管子高程，使高程尺下反数的刻度与坡度线相重合，则表明管内底高程正确。

稳管工作的对中和对高程两者同时进行，根据管径的大小，可由 2 人或 4 人进行，互相配合，稳好后的管子用石块垫牢。

（五）沟槽回填

管道主要采用沟槽埋设的方式，由于回填土部分和沟壁原状土不是一个整体结构，整个沟槽的回填土对管顶存在一个作用力，而压力管道埋设于地下，一般不做人工基础，回填土的密实度要求虽严，实际上若达到这一要求并不难，因此管道在安装及输送介质的初期一直处于沉降的不稳定状态。对土壤而言，这种沉降通常可分为三个阶段，第一阶段是逐步压缩，使受扰动的沟底土壤受压；第二阶段是土壤在它弹性限度内的沉降；第三阶段是土壤受压超过其弹性限度的压实性沉降。

对于管道施工的工序而言，管道沉降分为五个过程：管子放入沟内，由于管材自重使沟底表层的土壤压缩,引起管道第一次沉降,如管子入沟前没挖接头坑,在这一沉降过程中,当沟底土壤较密、承载能力较大、管道口径较小时,管和土的接触主要在承口部位;开挖接头坑,使管身与土壤接触或接触面积的变化,引起第二次沉降;管道灌满水后,因管重变化引起第三次沉降;管沟回填土后,同样引起第四次沉降;实践证明,整个沉降过程不因沟槽内土的回填而终止,它还有一个较长时期的缓慢的沉降过程,这就是第五次沉降。

管道的沉降是管道垂直方向的位移,是由管底土壤受力后变形所致,不一定是管道基础的破坏。沉降的快慢及沉降量的大小,随着土壤的承载力、管道作用于沟底土壤的压力、管道和土壤接触面形状的变化而变化。

如果管底土质发生变化,管接口及管道两侧(胸腔)回填土的密实度不好,就可能发生管道的不均匀沉降,引起管接口的应力集中,造成了接口漏水等事故;而这些漏水的发展又引起管基础的破坏,水土流移,反过来加剧了管道的不均匀沉降,最后导致管道更大程度的损坏。

管道沟槽的回填,特别是管道胸腔土的回填极为重要,否则管道会因应力集中而变形、破裂。

1. 回填土施工

回填土施工包括填土、摊平、夯实、检查等等四个工序。回填土土质应符合设计要求,保证填方的强度和稳定性。

两侧胸腔应同时分层填土摊平,夯实也应同时以同一速度前进。管子上方土的回填,从纵断面上看,在厚土层与薄土层之间,已夯实土与未夯实土之间,应有较长的过渡地段,以免管子受压不匀发生开裂。相邻两层回填土的分装位置应错开。

胸腔和管顶上50cm范围内夯土时,夯击力过大,将会使管壁或沟壁开裂。因此应根据管沟的强度确定夯实机械。

每层土夯实后,应测定密实度。回填后应使沟槽上土面呈拱形,以免日久因土沉降而造成地面下凹。

2. 冬期和雨期施工

(1)冬期施工

应尽量采取缩短施工段落,分层薄填,迅速夯实,铺土必须当天完成。

管道上方计划修筑路面者不得回填冻土。上方无修筑路面计划者,胸腔及管道顶以上50cm范围内不得回填冻土,其上部回填冻土含量也不能超过填方总体积的15%,且冻土尺寸不得大于10cm。

冬期施工应根据回填冻土含量、填土高度、土壤种类来确定预留沉降度,一般中心部分高出地面10~20cm为宜。

(2)雨期施工

还土应边还土边碾压夯实,当日回填当日夯实。

雨后还土应先测土壤含水量,对过湿土应做处理。

槽内有水时，应先排出，方可回填，取土还土时，应避免造成地面水流向槽内通道。

二、管道不开槽法施工

地下管道在穿越铁路、河流、土坝等重要建筑物和不适宜采用开槽法施工时，可选用不开槽法施工。其施工的特点为：不需要拆除地上的建筑物、不影响地面交通、减少土方开挖量、管道不必设置基础和管座、不受季节影响，有利于文明施工。

管道不开槽法施工种类较多，可归纳为掘进顶管法、不取土顶管法、盾构法和暗挖法等。暗挖法与隧洞施工有相似之处，在此主要介绍顶管法和盾构法。

（一）掘进顶管法

掘进顶管法包括人工取土顶管法、机械取土顶管法和水力冲刷顶管法等等。

1. 人工取土顶管法

人工取土顶管法是依靠人工在管内端部挖掘土壤，然后在工作坑内借助顶进设备，把敷设的管子按设计中心和高程的要求顶入，并用小车将土从管中运出。适用于管径大于800mm的管道顶进，应用较为广泛。

（1）顶管施工的准备工作

工作坑是掘进顶管施工的主要工作场所，应有足够的空间和工作面，保证下管、安装顶进设备和操作间距。施工前，要选定工作坑的位置、尺寸及进行顶管后背验算。后背可分为浅覆土后背和深覆土后背，具体计算可按挡土墙计算方法确定。顶管时，后背不应当破坏及产生不允许的压缩变形。工作坑的位置可根据以下条件确定：

①根据管线设计，排水管线可以选在检查井处。

②单向顶进时，应选在管道下游端，以利排水。

③考虑地形和土质情况，选择可利用的原土后备。

④工作坑与被穿越的建筑物要有一定安全距离，距水、电源地方较近。

（2）挖土与运土管前挖土是保证顶进质量及地上构筑物安全的关键

管前挖土的方向和开挖形状直接影响顶进管位的准确性。由于管子在顶进中是循着已挖好的土壁前进的，管前周围超挖应严格控制。管前挖土深度一般等于千斤顶出镐长度，如土质较好，可超前0.5m。超挖过大，土壁开挖形状就不易控制，易引起管位偏差和上方土坍塌。在松软土层中顶进时，应采取管顶上部土壤加固或管前安设管檐，操作人员在其内挖土，防止坍塌伤人。

管前挖出土应及时外运。管径较大时，可用双轮手推车推运。管径较小应采用双筒卷扬机牵引四轮小车出土。

（3）顶进

顶进是利用千斤顶出镐在后背不动的情况下将管子推向前进。其操作过程如下：

①安装好顶铁挤牢，管前端已挖一定长度之后，启动油泵，千斤顶进油，活塞伸出一个工作行程，将管子推向一定距离。

②停止油泵，打开控制闸，千斤顶回油，活塞回缩。

③添加顶铁，重复上述操作，直至需要安装下一节管子为止。

④卸下顶铁，下管，在混凝土管接口处放一圈麻绳，以保证接口缝隙与受力均匀。

⑤在管内口处安装一个内涨圈，作为临时性加固措施，防止顶进纠偏时错口，涨圈直径小于管内径 5～8cm，空隙用木楔背紧，涨圈用 7～8mm 厚钢板焊制，宽 200～300mm。

⑥重新装好顶铁，重复上述操作。

在顶进过程中，要做好顶管测量及误差校正工作。

2.机械取土顶管法

机械取土顶管与人工取土顶管除了掘进和管内运土不同外，其余部分大致相同。机械取土顶管是在被顶进管子前端安装机械钻进的挖土设备，配上皮带运土，可代替人工挖、运土。

（二）盾构法

盾构是用于地下不开槽法施工时进行地层开挖及衬砌拼装时起支护作用的施工设备，基本构造由开挖系统、推进系统和衬砌拼装系统三部分组成。

1.施工准备

盾构施工前根据设计提供的图纸和有关资料，对施工现场应进行详细勘察，对地上、地下障碍物、地形、土质、地下水和现场条件等诸方面进行了解，根据勘察结果，编制盾构施工方案。

盾构施工的准备工作还应当包括测量定线、衬块预制、盾构机械组装、降低地下水位、土层加固以及工作坑开挖等。

2.盾构工作坑及始顶

盾构法施工也应当设置工作坑，作为盾构开始、中间和结束井。

开始工作坑与顶管工作坑相同，其尺寸应满足盾构和顶进设备尺寸的要求。工作坑周壁应做支撑或者采用沉井或连续墙加固，防止坍塌，并在顶进装置背后做好牢固的后背。

盾构在工作坑导轨上至盾构完全进入土中的这一段距离，借助外部千斤顶顶进。与顶管方法相同。

当盾构已进入土中以后，在开始工作坑后背与盾构衬砌环之间各设置一个木环，其大小尺寸与衬砌环相等，在两个木环之间用圆木支撑，作为始顶段的盾构千斤顶的支撑结构。一般情况下，衬砌环长度达 30～50m 以后，才能起到了后背作用，方可拆除工作坑内圆木支撑。

如顶段开始后，即可起用盾构本身千斤顶，把切削环的刃口切入土中，在切削环掩护下进行掘土，一面出土一面将衬砌块运入盾构内，待千斤顶回镐后，其空隙部分进行砌块拼装。再以衬砌环为后背，启动千斤顶，重复上述操作，盾构便不断前进。

3. 衬砌和灌浆

按照设计要求，确定砌块形状和尺寸以及接缝方法，接口有平口、企口和螺栓连接。企口接缝防水性能好，但是拼装复杂；螺栓连接整体性好，刚度大。砌块接口涂抹黏结剂，提高防水性能，常用的黏结剂有沥青玛脂、环氧胶泥等。

砌块外壁与土壁间的间隙应用水泥砂浆或石混凝土浇筑。通常每隔 3 ~ 5 衬砌环有一灌注孔环，此环上设有 4 ~ 10 个灌注孔。灌注孔直径不小于 36mm。

灌浆作业应及时进行。灌入顺序自下而上，左右对称地进行。灌浆时应防止浆液漏入盾构内，在此前应做好止水。

砌块衬砌和缝隙注浆合称为一次衬砌。二次衬砌按照动能要求，在一次衬砌合格后，可以进行二次衬砌。二次衬砌可浇筑豆石混凝土、喷射混凝土等。

三、管道的制作安装

（一）钢管

1. 管材

管节的材料、规格、压力等级等应当符合设计要求，管节宜工厂预制，现场加工应符合下列规定：

①管节表面应无斑抱、裂纹、严重锈蚀等缺陷。

②焊缝外观质量应符合表 3-1 的规定，焊缝无损检验合格。

表 3-1　焊缝的外观质量

项目	技术要求
外观	不得有熔化金属流到焊缝外未熔化的母材上，焊缝和热影响区表面不得有裂纹、气孔、弧坑和灰渣等缺陷；表面光顺、均匀、焊道与母材应平 缓过渡
宽度	应焊出坡口边缘 2 ~ 3mm
表面余高	应小于或等于 1+0.2 倍坡口边缘宽度，且不大于 4mm
咬边	深度应小于或等于 0.5mm，焊缝两侧咬边总长不得超过焊缝长度的 10%，且连续长不应大于 100mm
错边	应小于或等于 0.2t，且不应大于 2mm
未焊满	不允许

注：t 为壁厚（mm）。

③同一管节允许有两条纵缝，管径大于或等于 600mm 时，纵向焊缝的间距应大于 300mm；管径小于 600mm 时，其间距应当大于 100mm。

2. 钢管安装

①管道安装应符合现行国家标准。

②管道安装前，管节应逐根测量、编号。宜选用管径相差最小的管节组对对接。

③下管前应先检查管节的内外防腐层，合格后方可下管。

④管节组成管段下管时，管段的长度、吊距，应根据管径、壁厚、外防腐层材料的种类及下管方法确定。

⑤弯管起弯点至接口的距离不得小于管径，且不得小于 100mm。

⑥管节组对焊接时应先修口、清根，管端端面的坡口角度、钝边、间隙，应符合设计要求，设计无要求时应符合规定；不得在对口间隙夹焊帮条或用加热法缩小间隙施焊。

⑦对口时应使内壁齐平，错口的允许偏差应为壁厚的 20%，并且不得大于 2mm。

⑧对口时纵、环向焊缝的位置应符合下列规定

A. 纵向焊缝应放在管道中心，垂线上半圆的 45° 左右处。

B. 纵向焊缝应错开，管径小于 600mm 时，错开的间距不得小于 100mm；管径大于或等于 600mm 时。错开的间距不得小于 300mm。

C. 有加固环的钢管，加固环的对焊焊缝应当与管节纵向焊缝错开，其间距不应小于 100mm，加固环距管节的环向焊缝不应小于 50mm。

D. 环向焊缝距支架净距离不应小于 100mm。

E. 直管管段两相邻环向焊缝的间距不应小于 200mm，并不应小于管节的外径。

F. 管道任何位置不得有十字形焊缝。

⑨不同壁厚的管节对口时，管壁厚度相差不宜大于 3mm。不同管径的管节相连时，两管径相差大于小管管径的 15% 时，可用渐缩管连接。渐缩管的长度不应小于两管径差值的 2 倍，且不应小于 200mm。

⑩管道上开孔应符合下列规定：

A. 不得在干管的纵向、环向焊缝处开孔。

B. 管道上任何位置不得开方孔。

C. 不得在短节上或管件上开孔。

D. 开孔处的加固补强应符合设计要求。

⑪ 直线管段不宜采用长度小于 800mm 的短节拼接。

⑫ 组合钢管固定口焊接及两管段间的闭合焊接，应当在无阳光直照和气温较低时施焊；采用柔性接口代替闭合焊接时，应与设计协商确定。

⑬ 在寒冷或恶劣环境下焊接应符合下列规定：

A. 清除管道上的冰、雪、霜等。

B. 工作环境的风力大于 5 级、雪天或相对湿度大于 90% 时，应采取保护措施。

C. 焊接时，应使焊缝可自由伸缩，并应使焊口缓慢降温。

D. 冬期焊接时，应根据环境温度进行预热处理，并应符合规定。

⑭ 钢管对口检查合格后，方可进行接口定位焊接。定位焊接采用点焊时，应当符合下列规定：

A. 点焊焊条应采用与接口焊接相同的焊条。

B. 点焊时，应对称施焊，其焊缝厚度应与第一层焊接厚度一致。

C. 钢管的纵向焊缝及螺旋焊缝处不得点焊。

D. 点焊长度与间距应符合规定。

⑮ 焊接方式应符合设计和焊接工艺评定的要求，管径大于 800mm 时，应采用双面焊。

⑯ 管道对接时，环向焊缝的检验应符合下列规定：

A. 检查前应清除焊缝的渣皮、飞溅物。

B. 应在无损检测前进行外观质量检查。

C. 无损探伤检测方法应按设计要求选用。

D. 无损检测取样数量与质量要求应按设计要求执行；设计没有要求时，压力管道的取样数量应不小于焊缝量的 10%。

E. 不合格的焊缝应返修，返修次数不得超过 3 次。

⑰ 钢管采用螺纹连接时，管节的切口断面应平整，偏差不得超过一扣；丝扣应光洁，不得有毛刺、乱扣、断扣，缺扣总长不得超过丝扣全长的 10%；接口紧固后宜露出 2 ~ 3 扣螺纹。

⑱ 管道采用法兰连接时，应符合下列规定：

①法兰应与管道保持同心，两法兰间应平行。

②螺栓应使用相同规格，并且安装方向应一致；螺栓应对称紧固，紧固好的螺栓应露出螺母之外。

③与法兰接口两侧相邻的第一至第二个刚性接口或焊接接口，待法兰螺栓紧固后方可施工。

④法兰接口埋入土中时，应采取防腐措施。

（二）球墨铸铁管安装

1. 管节及管件的规格、尺寸公差、性能应符合国家有关标准规定和设计要求，进入施工现场时其外观质量应符合下列规定。

（1）管节及管件表面不可有裂纹，不得有妨碍使用的凹凸不平的缺陷。

（2）采用橡胶圈柔性接口的球墨铸铁管，承口的内工作面和插口的外工作面应光滑、轮廓清晰，不得有影响接口密封性的缺陷。

2. 管节及管件下沟槽前，应清除承口内部的油污、飞刺、铸砂及凹凸不平的铸瘤；柔性接口铸铁管及管件承口的内工作面、插口的外工作面应修整光滑，不得有沟槽、凸脊缺陷；有裂纹的管节及管件不得使用。

3. 沿直线安装管道时，宜选用管径公差组合最小的管节组对连接，确保接口的环向间隙应均匀。

4. 采用滑入式或机械式柔性接口时，橡胶圈的质量、性能、细部尺寸，应符合国家有关球墨铸铁管及管件标准的规定。

5. 橡胶圈安装经检验合格后，方可进行管道安装。

6. 安装滑入式橡胶圈接门时，推入深度应达到标记环，并且复查与其相邻已安好的第一至第二个接口推入深度。

7. 安装机械式柔性接口时，应使插口与承口法兰压盖的轴线相重合；螺栓安装方向应一致，用扭矩扳手均匀、对称地紧固。

（三）PCCP 管道

1.PCCP 管道运输、存放及现场检验

（1）PCCP 管道装卸

装卸 PCCP 管道的起重机必须具有一定的强度，严禁超负荷或在不稳定的工况下进行起吊装卸，管子起吊采用兜身吊带或专用的起吊工具，严禁采用穿心吊，起吊索具用柔性材料包裹，避免碰损管子。装卸过程始终保持轻装轻放的原则，严禁溜放或用推土机、叉车等直接碰撞和推拉管子，不得抛、摔、滚、拖。管子起吊时，管中不得有人，管下不准有人逗留。

（2）PCCP 管道装车运输

管子在装车运输时采取必需的防止振动、碰撞、滑移措施，在车上设置支座或在枕木上固定木楔以稳定管子，并与车厢绑扎牢稳，避免出现超高、超宽、超重等情况。另外在运输管子时，对管子的承插口要进行妥善的包扎保护，管子上面或里面禁止装运其他物品。

（3）PCCP 管现场存放

PCCP 管只能单层存放，不允许堆放。长期（1 个月以上）存放时，必须采取适当的养护措施。存放时保持出厂横立轴的正确摆放位置，不可随意变换位置。

（4）PCCP 管现场检验

到达现场的 PCCP 管必须附有出厂证明书，凡标志技术条件不明、技术指标不符合标准规定或设计要求的管了不得使用。证书至少包括以下资料：

①交付前钢材及钢丝的实验结果。

②用于管道生产的水泥及骨料的实验结果。

③每一钢筒试样检测结果。

④管芯混凝土及保护层砂浆试验结果。

⑤成品管三边承载试验及静水压力试验报告。

⑥配件的焊接检测结果和砂浆、环氧树脂涂层或防腐涂层的证明材料。

管子在安装前必须逐根进行外观检查：检查 PCCP 管尺寸公差，如椭圆度、断面垂直度、直径公差和保护层公差，符合现行国家质量验收标准规定；检查承插口有无碰损、外保护层有无脱落等，发现裂缝、保护层脱落、空鼓、接口掉角等缺陷在规范允许范围

内，使用前必须修补并经鉴定合格后，才可使用。

橡胶圈形状为"0"形，使用前必须逐个检查，表面不得有气孔、裂缝、重皮、平面扭曲、肉眼可见的杂质及有碍使用和影响密封效果的缺陷。生产 PCCP 管厂家须提供橡胶圈满足规范要求的质量合格报告及对应用水无害的证明书。

规范规定公称直径大于 1400mm PCCP 管允许使用有接头的密封圈，但接头的性能不得低于母材的性能标准，现场抽取 1% 的数量进行接头强度试验。

2.PCCP 管的吊装就位及安装

（1）PCCP 管施工原则

PCCP 管在坡度较大的斜坡区域安装时，按照由下至上的方向施工，先安装坡底管道，顺序向上安装坡顶管道，注意将管道的承口朝上，以便于施工。根据标段内的管道沿线地形的坡度起伏，施工时进行分段分区开设多个工作面，同时进行各段管道安装。

现场对 PCCP 管逐根进行承插口配管量测，按长短轴对正方式进行安装。严禁将管子向沟底自由滚放，采用机具下管尽量减少沟槽上机械的移动和管子在管沟基槽内的多次搬运移动。吊车下管时注意吊车站位位置沟槽边坡的稳定。

（2）PCCP 管吊装就位

PCCP 管的吊装就位根据管径、周边地形、交通状况及沟槽的深度、工期要求等条件综合考虑，选择施工方法。只要施工现场具备吊车站位的条件，就采用吊车吊装就位，用两组倒链和钢丝绳将管子吊至沟槽内，用手扳葫芦配合吊车，对管子进行上下、左右微动，通过下部垫层、三角枕木与垫板使管子就位。

（3）管道及接头的清理、润滑

安装前先清扫管子内部，清除插口和承口圈上的全部灰尘、泥土及异物。胶圈套入插口凹槽之前先分别在插口圈外表面、承口圈的整个内表面和胶圈上涂抹润滑剂，胶圈滑入插口槽后，在胶圈及插口环之间插入一根光滑的杆（或者用螺丝刀），将该杆绕接口圆两周　　　（两个方向各一周），使胶圈紧紧地绕在插口上，形成一个非常好的密封面，然后再在胶圈上薄薄地涂上一层润滑油。所使用的润滑剂必须是植物性的或经厂家同意的替代型润滑剂而不能使用油基润滑剂，因油基润滑剂会损害橡胶圈，故而不能使用。

（4）管子对口

管道安装时，将刚吊下的管子的插口与已安装好的管子的承口对中，使插口正对承口。采用手扳葫芦外拉法将刚吊下的管子的插口缓慢而平稳地滑入前一根已安装的管子的承口内就位，管口连接时作业人员事先进入管内，往两管之间塞入挡块，控制两管之间的安

装间隙在 20 ~ 30mm，同时也避免承插口环发生碰撞。特别注意管子顺直对口时使插口端和承口端保持平行，并且使圆周间隙大致相等，以期准确就位。

注意勿让泥土污物落到已涂润滑剂的插口圈上。管子对接后及时检查胶圈位置，检查时，用一自制的柔性弯钩插入插口凸台与承口表面之间，并绕接缝转一圈，以确保在

接口整个一圈都能触到胶圈，如果接口完好，就可拿掉挡块，将管子拉拢到位。如果在某一部位触不到胶圈，就要拉开接口，仔细检查胶圈有无切口、凹穴或其他损伤。如有问题，必须重换一只胶圈，并重新连接。每节 PCCP 管安装完成之后，细致进行管道位置和高程的校验，确保安装质量。

（5）接口打压

PCCP 管其承插口采用双胶圈密封，管子对口完成后对每一处接口做水压试验。在插口的两道密封圈中间预留 10mm 螺孔作试验接口，试水时拧下螺栓，将水压试水机与之连接，注水加压。为防止管子在接口水压试验时产生位移，在相邻两管间用拉具拉紧。

（6）接口外部灌浆

为保护外露的钢承插口不受腐蚀，需要在管接口外侧进行灌浆或者人工抹浆。具体做法如下：

①在接口的外侧裹一层麻布、塑料编织带或油毡纸（15 ~ 20cm 宽）作模，并用细铁丝将两侧扎紧，上面留有灌浆口，在接口间隙内放一根铁丝，以备灌浆时来回牵动，以使砂浆密实。

②用 1 : 1.5 ~ 2 的水泥砂浆调制成流态状，将砂浆灌满绕接口一圈的灌浆带，来回牵动铁丝使砂浆从另一侧冒出，再用干硬性混合物抹平灌浆带顶部的敞口，保证管底接口密实。第一次仅绕灌至灌浆带底部 1/3 处，就进行回填，以便对整条灌浆带灌满砂浆时起支撑作用。

（7）接口内部填缝

接口内凹槽用 1 : 1.5 ~ 2 的水泥砂浆进行勾缝并抹平管接口内表面，使之与管内壁平齐。

（8）过渡件连接

阀门、排气阀或钢管等为法兰接口时，过渡件与其连接端必须采用相应的法兰接口，其法兰螺栓孔位置及直径必须与连接端的法兰一致。其中垫片或者垫圈位置必须正确，拧紧时按对称位置相间进行，防止拧紧过程中产生的轴向拉力导致两端管道拉裂或接口拉脱。

连接不同材质的管材采用承插式接口时，过渡件与其连接端必须采用相应的承插式接口，其承口内径或插口外径及密封圈规格等必须符合连接端承口和插口的要求。

（四）玻璃钢管

1. 管材

管节及管件的规格、性能应符合国家有关标准的规定和设计要求，进入施工现场时其外观质量应符合下列规定：

（1）内、外径偏差、承口深度（安装标记环）、有效长度、管壁厚度、管端面垂直度等应符合产品标准规定。

（2）内、外表面应光滑平整，无划痕、分层、针孔、杂质、破碎等等现象。

（3）管端面应平齐、无毛刺等缺陷。

（4）橡胶圈应符合相关规定。

2.接口连接、管道安装应符合下列规定：

（1）采用套筒式连接的，应清除套筒内侧和插口外侧的污渍和附着物。

（2）管道安装就位后，套筒式或承插式接口周围不应有明显变形与胀破。

（3）施工过程中应防止管节受损伤，避免内表层和外保护层剥落。

（4）检查井、透气井、阀门井等附属构筑物或水平折角处的管节，应采取避免不均匀沉降造成接口转角过大的措施。

（5）混凝土或砌筑结构等构筑物墙体内的管节，可以采取设置橡胶圈或中介层法等措施，管外壁与构筑物墙体的交界面密实、不渗漏。

3.管沟垫层与回填

（1）沟槽深度由垫层厚度、管区回填土厚度、非管区回填土厚度组成。管区回填土厚度分为主管区回填土厚度和次管区回填土厚度。管区回填土一般为素土，含水率为17%（土用手攥成团为准）。主管区回填土应在管道安装后尽快回填，次管区回填土是在施工验收时完成，也可以一次连续完成。

（2）工程地质条件是施工的需要，也是管道设计时需要的重要数据，必须认真勘察。为了确定开挖的土方量，需要付算回填的材料量，以便于安排运输和备料。

（3）玻璃纤维增强热固性树脂夹砂管道施工较为复杂，为使整个施工过程合理，保证施工质量，必须作好施工组织设计。其中施工排水、土石方平衡、回填料确定、夯实方案等对玻璃纤维增强热固性树脂夹砂管道施工十分重要。

（4）作用在管道上方的荷载，会引起管道垂直直径减小，水平方向增大，即有椭圆化作用。这种作用引起的变形就是挠曲。现场负责管道安装的人员必须保证管道安装时挠曲值合格，使管道的长期挠曲值低于制造厂的推荐值。

4.沟槽、沟底与垫层

（1）沟槽宽度主要考虑夯实机具便于操作。地下水位较高时，应先进行降水，以保证回填后，管基础不会扰动，避免造成管道承插口变形或管体折断。

（2）沟底土质要满足作填料的土质要求，不应含有岩石、卵石、软质膨胀土、不规则碎石和浸泡土。注意沟底应连续平整，用水准仪根据设计标高找平，管底不准有砖块、石头等杂物，不应超挖（除承插接头部位），并且清除沟上可能掉落的、碰落的物体，以防砸坏管子。沟底夯实后做 10～15cm 厚砂垫层，采用中粗砂或碎石屑均可。为安装方便承插口下部要预挖 30cm 深操作坑。下管应采用尼龙带或麻绳双吊点吊管，将管子轻轻放入管沟，管子承口朝来水方向，管线安装方向用经纬仪控制。

（3）本条是为了方便接头正常安装，同时避免接头承受管道的重量。施工完成后，经回填和夯实，使管道在整个长度上形成连续支撑。

5.管道支墩

（1）设置支墩的目的是有效地支撑管内水压力产生的推力。支墩应用混凝土包围

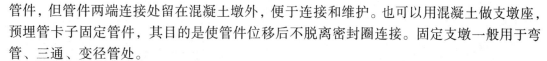

管件，但管件两端连接处留在混凝土墩外，便于连接和维护。也可以用混凝土做支墩座，预埋管卡子固定管件，其目的是使管件位移后不脱离密封圈连接。固定支墩一般用于弯管、三通、变径管处。

（2）止推应力墩也称挡墩，同样是承受管内产生的推力。该墩要完全包围住管道。止推应力墩一般使用在偏心三通、侧生 Y 形管、Y 形管、受推应力特殊备件处。

（3）为防止闸门关闭时产生的推力传递到管道上，在闸门井壁设固定装置或采用其他形式固定闸门，这样可大大减轻对管道的推力。

（4）设支撑座可以避免管道产生不正常变形。分层浇灌可以使每层水泥有足够的时间凝固。

（5）如果管道连接处有不同程度的位移就会造成过度的弯曲应力。对刚性连接应采取以下的措施：第一，将接头浇筑在混凝土墩的出口处，这样可以使外面的第一根管段有足够的活动自由度。第二，用橡胶包裹住管道，以弱化硬性过渡点。

（6）柔性接口的管道，当纵坡大于 15° 时，自下而上安装可防止管道下滑移动。

6.管道连接

（1）管道的连接质量实际反映了管道系统的质量，关系到管道是否能正常工作。不论采取哪种管道连拉形式，都必须保证有足够的强度和刚度，并具有一定的缓解轴向力的能力，而且要求安装方便。

（2）承插连接具有制作方便、安装速度快等优点。插口端与承口变径处留有一定空隙，是为了防止温度变化产生过大的温度应力。

（3）胶合刚性连接适用于地基比较软和地上活动荷载大的地带。

（4）每当连接两个法兰时，只要一个法兰上有 2 条水线即可。在拧紧螺栓时应交叉循序渐进，避免一次用力过大损坏法兰。

（5）机械连接活接头有被腐蚀的缺点，所以往往做成外层有环氧树脂或塑料作保护层的钢壳、不锈钢壳、热浸镀锌钢壳。本条强调控制螺栓的扭矩，不要扭紧过度而损坏管道。

（6）机械钢接头是一种柔性连接。因为土壤对钢接头腐蚀严重，故本条提出应注意防腐。

（7）多功能连接活接头主要用于连接支管、仪表或管道中途投药等，比较灵活方便。

7.沟槽回填与回填材料

（1）管道和沟槽回填材料构成统一的"管道—土壤系统"，沟槽的回填与安装同等重要。管道在埋设安装后，土壤的重力和活荷载在很大程度上取决于管道两侧土壤的支撑力。土壤对管壁水平运动的这种支撑力受土壤类型、密度和湿度影响。为了防止管道挠曲过大，必须采用加大土壤阻力，提高土壤支撑力办法。管道浮动将破坏管道接头，造成不必要的重新安装。热变形是指由于安装时的温度与长时间裸露暴晒温度的差异而导致的变形，这将造成接头处封闭不严。

（2）回填料可以加大土壤阻力，提高土壤支撑力，所以管区的回填材料、回填埋设和夯实，对控制管道径向挠曲是非常重要的，对管道运行也是关键环节，所以必须正确进行。

（3）第一次回填由管底回填至 0.7DN 处，尤其是管底拱腰处一定要捣实；第二次回填到管区回填土厚度即 0.3DN+300mm 处，最后原土回填。

（4）分层回填夯实是为了有效地达到要求的夯实密度，让管道有足够的支撑作用。砂的夯实有一定难度，所以每层应控制在 150mm 以内。当砂质回填材料处于接近其最佳湿度时，夯实最易完成。

8. 管道系统验收与冲洗消毒

（1）冲洗消毒

冲洗是以不小于 1.0m/s 的水流速度清洗管道，经有效氯浓度不低于 20mg/L 的清洁水浸泡 24h 后冲洗，达到除掉消除细菌和有机物污染，使管道投入使用后输送水质符合饮用水标准。

（2）玻璃钢管道的试压

管道安装完毕后，应按照设计规定对管道系统进行压力试验。根据试验的目的，可以分为检查管道系统机械性能的强度试验和检查管路连接情况的密封性试验。按试验时使用的介质，可分为水压试验和气压试验。

玻璃钢管道试压的一般规定：

①强度试验通常用洁净的水或者设计规定用的介质，用空气或者惰性气体进行密封性试验。

②各种化工工艺管道的试验介质，应按设计规定的具体规定采用。工作压力不低于 0.07MPa 的管路一般采用水压试验，工作压力低于 0.07MPa 的管路一般采用气压试验。

③玻璃钢管道密封性试验的试验压力，一般为管道的工作压力。

④玻璃钢管道强度试验的试验压力，一般为工作压力的 1.25 倍，但不得大于工作压力的 1.5 倍。

⑤压力试验所用的压力表和温度计必须是符合技术监督部门规定的。工作压力以下的管道进行气压试验时，可采用水银或水的 U 形玻璃压力计，但是刻度必须准确。

⑥管道在试压前不得进行油漆和保温，以便对管道进行外观和泄漏检查。

⑦当压力达到试验压力时，停止加压，观察 10min，压力降不大于 0.05MPa，管体和接头处无可见渗漏，然后压力降至工作压力，稳定 120min，并进行外观检查，不渗漏为合格。

⑧试验过程中，如遇泄漏，不得带压修理。待缺陷消除后，应重新进行试验。

第四章 水闸和渡槽工程建设

第一节 水闸工程

一、水闸的组成及布置

水闸是一种低水头的水工建筑物，具有挡水与泄水的双重作用，用以调节水位、控制流量。

（一）水闸的类型

水闸有不同的分类方法，其既可按其承担的任务分类，也可以按其结构形式、规模等分类。

1. 按水闸承担的任务分类

水闸按其所承担的任务，可以分为六种。

（1）拦河闸。建于河道或干流上，拦截河流。拦河闸控制河道下泄流量，又称为节制闸。

枯水期拦截河道，抬高水位，以满足取水或航运的需要，洪水期则提闸泄洪，控制下泄流量。

（2）进水闸。建在河道、水库或者湖泊的岸边，用来控制引水流量。这种水闸有开敞式及涵洞式两种，常建在渠首。进水闸又称取水闸或者渠首闸。

（3）分洪闸。常建于河道的一侧，用以分泄天然河道不能容纳的多余洪水进入湖泊、洼地，以削减洪峰，确保下游安全。分洪闸的特点是泄水能力很大，而经常没有水的作用。

（4）排水闸。常建于江河沿岸，防江河洪水倒灌，河水退落时又可开闸排洪。排水闸双向均可能泄水，所以前后都可能承受水压力。

（5）挡潮闸。建在入海河口附近，涨潮时关闸防止海水倒灌，退潮时开闸泄水，具有双向挡水的特点。

（6）冲沙闸。建在多泥沙河流上，用于排除进水闸、节制闸前或渠系中沉积的泥沙，减少引水水流的含沙量，防止渠道和闸前河道淤积。

2.按闸室结构形式分类

水闸按闸室结构形式可分为开敞式、胸墙式及涵洞式等等。

（1）开敞式。过闸水流表面不受阻挡，泄流能力大。

（2）胸墙式。闸门上方设有胸墙，可以减少挡水时闸门上的力，增加挡水变幅。

（3）涵洞式。闸门后为有压或无压洞身，洞顶有填土覆盖，多用于小型水闸及穿堤取水情况。

3.按水闸规模分类

（1）大型水闸。泄流量大于 100m3/s。

（2）中型水闸。泄流量为 100 ～ 1000m3/s。

（3）小型水闸。泄流量小于 100m3/s。

（二）水闸的组成

水闸一般由闸室段、上游连接段和下游连接段三部分组成。

1.闸室段

闸室是水闸的主体部分，其作用是：控制水位和流量，兼有防渗防冲作用。闸室段结构包括闸门、闸墩、底板、胸墙、工作桥、交通桥、启闭机等。

闸门用来挡水和控制过闸流量。闸墩用来分隔闸孔和支承闸门、胸墙、工作桥、交通桥等。闸墩将闸门、胸墙以及闸墩本身挡水所承受的水压力传递给底板。胸墙设于工作闸门上部，帮助闸门挡水。

底板是闸室段的基础，其将闸室上部结构的重量及荷载传至地基。建在软基上的闸室主要由底板与地基间的摩擦力来维持稳定。底板还有防渗和防冲的作用。工作桥和交通桥用来安装启闭设备、操作闸口和联系两岸交通。

2.上游连接段

上游连接段处于水流行进区，其主要作用是引导水流从河道平稳地进入闸室，保护两岸及河床免遭冲刷，同时有防冲、防渗的作用。它一般包括上游翼墙、铺盖、上游防冲槽和两岸护坡等。上游翼墙的作用是导引水流，让之平顺地流入闸孔，抵御两岸填土压力，保护闸前河岸不受冲刷，并有侧向防渗的作用。

铺盖主要起防渗作用，其表面还应当进行保护，以满足防冲要求。

上游两岸要适当进行护坡，其目的是保护河床两岸不受冲刷。

3. 下游连接段

下游连接段的作用是消除过闸水流的剩余能量，引导出闸水流均匀扩散，调整流速分布和减缓流速，防止水流出闸后对下游的冲刷。

下游连接段包括护坦（消力池）、海漫、下游防冲槽、下游翼墙、两岸护坡等等。下游翼墙和护坡的基本结构和作用同上游。

（三）水闸的防渗

水闸建成后，由于上、下游水位差，在闸基及边墩和翼墙的背水一侧产生渗流。渗流对建筑物的不利影响，主要表现为：降低闸室的抗滑稳定性及两岸翼墙和边墩的侧向稳定性；可能引起地基的渗透变形，严重的渗透变形会使地基受到破坏，甚至失事；损失水量；使地基内的可溶物质加速溶解。

1. 地下轮廓线布置

地下轮廓线是指水闸上游铺盖和闸底板等不透水部分和地基的接触线。地下轮廓线的布置原则是"上防下排"，即在闸基靠近上游侧以防渗为主，采取水平防渗或垂直防渗措施，阻截渗水，消耗水头。在下游侧以排水为主，尽快排除渗水、降低渗压。

地下轮廓布置与地基土质有密切关系，分述如下：

（1）黏性土地基地下轮廓布置

黏性土壤具有凝聚力，不易产生管涌，但摩擦系数较小。所以，布置地下轮廓线，主要考虑降低渗透压力，以提高闸室的稳定性。闸室上游宜设置水平钢筋混凝土或黏土铺盖，或土工膜防渗铺盖，闸室下游护坦底部应设滤层，下游排水可延伸到闸底板下。

（2）沙性土地基地下轮廓布置

沙性土地基正好与黏性土地基相反，底板与地基之间摩擦系数较大，有利于闸室的稳定，但土壤颗粒之间无黏着力或黏着力很小，易产生管涌，故地下轮廓线布置的控制因素是如何防止渗透变形。

当地基砂层很厚时，一般采用铺盖加板桩的形式来延长渗径，以降低渗透坡降和渗透流速。板桩多设在底板上游一侧的齿墙下端。如设置一道板桩不能满足渗径要求时，可在铺盖前端增设一道短板桩，以加长渗径。

当砂层较薄，其下部又有相对不透水层时，可以用板桩切入不透水层，切入深度一般不应小于 1.0m。

2. 防渗排水设施

防渗设施是指构成地下轮廓的铺盖、板桩及齿墙，而排水设施指铺设在护坦、浆砌石海漫底部或闸底板下游段起导渗作用的沙砾石层。排水常与反滤结合使用。

水闸的防渗有水平防渗和垂直防渗两种。水平防渗措施为铺盖，垂直防渗措施有板桩、灌浆帷幕、齿墙和混凝土防渗墙等。

（1）铺盖

铺盖有黏土和黏壤土铺盖、沥青混凝土铺盖、钢筋混凝土铺盖等等。

①黏土和黏壤土铺盖。铺盖与底板连接处为一薄弱部位，通常是在该处将铺盖加厚；将底板前端做成倾斜面，使黏土能借自重及其上的荷载与底板紧贴；在连接处铺设油毛毡等止水材料，一端用螺栓固定在斜面上，另一端埋入黏土中，为了防止铺盖在施工期遭受破坏和运行期间被水流冲刷，应在其表面铺砂层，然后在砂层上再铺设单层或者双层块石护面。

②沥青混凝土铺盖。沥青混凝土铺盖的厚度一般为 5 ~ 10cm，在与闸室底板连接处应适当加厚，接缝多为搭接形式。为提高铺盖与底板间的黏结力，可在底板混凝土面先涂一层稀释的沥青乳胶，再涂一层较厚的纯沥青。沥青混凝土铺盖可以不分缝，但要分层浇筑和压实，各层的浇筑缝要错开。

③钢筋混凝土铺盖。钢筋混凝土铺盖的厚度不宜小于 0.4m，在与底板连接处应加厚至 0.8 ~ 1.0m，并用沉降缝分开，缝中设止水。在顺水流和垂直水流流向均应设沉降缝，间距不宜超过 15 ~ 20m，在接缝处局部加厚，并设止水。用作阻滑板的钢筋混凝土铺盖，在垂直水流流向仅有施工缝，不设沉降缝。

（2）板桩

板桩长度视地基透水层的厚度而定。当透水层较薄时，可用板桩截断，并插入不透水层至少 1.0m；若不透水层埋藏很深，则板桩的深度一般采用 0.6 ~ 1.0 倍水头。用作板桩的材料有木材、钢筋混凝土及钢材三种。

板桩与闸室底板的连接形式有两种：一种是把板桩紧靠底板前缘，顶部嵌入黏土铺盖一定深度；另一种是把板桩顶部嵌入底板底面特设的凹槽内，桩顶填塞可塑性较大的不透水材料。前者适用于闸室沉降量较大，而板桩尖已插入坚实土层的情况；后者则适用于闸室沉降量小，而板桩桩尖未达到坚实土层的情况。

（3）齿墙

闸底板的上、下游端一般均设有浅齿墙，用来增强闸室的抗滑稳定，并可以延长渗径。齿墙深一般在 1.0m 左右。

（4）其他防渗设施

垂直防渗设施在我国有较大进展，就地浇筑混凝土防渗墙、灌注式水泥砂浆帷幕以及用高压旋喷法构筑防渗墙等方法已成功地用于水闸建设。

（5）排水及反滤层

排水一般采用粒径 1 ~ 2cm 的卵石、砾石或者碎石平铺在护坦和浆砌石海漫的底部，或伸入底板下游齿墙稍前方，厚约 0.2 ~ 0.3m。在排水与地基接触处（渗流出口附近）容易发生渗透变形，应做好反滤层。

（四）水闸的消能防冲设施与布置

水闸泄水时，部分势能转为动能，流速增大，而土质河床抗冲能力低，所以，闸下冲刷是一个普遍的现象。为了防止下泄水流对河床的有害冲刷，除了加强运行管理外，还必须采取必要的消能、防冲等工程措施。水闸的消能防冲设施有下列主要形式。

1. 底流消能工

平原地区的水闸，因为水头低，下游水位变幅大，一般采用底流式消能。消力池是水闸的主要消能区域。

底流消能工的作用是通过在闸下产生一定淹没度的水跃来保护水跃范围内的河床免遭冲刷。

当尾水深度不能满足要求时，可采取降低护坦高程、在护坦末端设消力坎、既降低护坦高程又建消力坎等措施形成消力池，有时还可在护坦上设消力墩等辅助消能工。

消力池布置在闸室之后，池底与闸室底板之间，用 1：3～1：4 的斜坡连接。为防止产生波状水跃，可在闸室之后留一水平段，并在其末端设置一道小槛；为防止产生折冲水流，还可在消力池前端设置散流墩。如消力池深度不大（1.0m 左右），常把闸门后的闸室底板用 1：3 的坡度降至消力池底的高程，作为消力池的一部分。

消力池末端一般布置尾槛，用以调整流速分布，减小出池水流的底部流速，且可在槛后产生小横轴旋滚，防止在尾槛后发生冲刷，并有利于平面护散和消减下游边侧回流。

在消力池中除尾坎外，有时还设有消力墩等辅助消能工，用以使水流受阻，给水流以反力，在墩后形成涡流，加强水跃中的紊流扩散，从而达到稳定水跃，减小和缩短消力池深度和长度的作用。

消力墩可设在消力池的前部或后部，但消能作用不同。消力墩可做成矩形或梯形，设两排或三排交错排列，墩顶应有足够的淹没水深，墩高为跃后水深的 1/5～1/3。在出闸水流流速较高的情况下，宜采用设在后部的消力墩。

2. 海漫

护坦后设置海漫等防冲加固设施，以使水流均匀扩散，并将流速分布逐步调整到接近天然河道的水流形态。

一般在海漫起始段做 5～10m 长的水平段，其顶面高程可与护坦齐平或在消力池尾坎顶以下 0.5m 左右，水平段后做成不陡于 1：10 的斜坡，以使水流均匀扩散，调整流速分布，保护河床不受冲刷。

对海漫的要求：表面有一定的粗糙度，以利于进一步消除余能；具有一定的透水性以便使渗水自由排出，降低扬压力；具有一定的柔性，以适应下游河床可能的冲刷变形。常用的海漫结构有以下几种：干砌石海漫、浆砌石海漫、混凝土板海漫、钢丝石笼海漫及其他形式海漫。

3. 防冲槽及末端加固

为保证安全和节省工程量，常在海漫末端设置防冲槽、防冲墙或采用其他加固设施。

（1）防冲槽

在海漫末端预留足够的粒径大于 30cm 的石块，当水流冲刷河床，冲刷坑向预计的深度逐渐发展时，预留在海漫末端的石块将沿冲刷坑的斜坡陆续滚下，散铺在冲坑的上游斜坡上，自动形成护面，使冲刷不再向上扩展。

（2）防冲墙

防冲墙有齿墙、板桩、沉井等形式。齿墙的深度一般是 1～2m，适用于冲坑深度较小的工程。如果冲深较大，河床为粉、细砂时，则采用板桩、井柱或沉井。

4. 翼墙与护坡

在与翼墙连接的一段河岸，由于水流流速较大和回流漩涡，需加做护坡。护坡在靠近翼墙处常做成浆砌石的，然后接以干砌石的，保护范围稍长于海漫，包括预计冲刷坑的侧坡。干砌石护坡每隔 6～10m 设置混凝土埂或者浆砌石梗一道，其断面尺寸约为 30cm×60cm。在护坡的坡脚以及护坡与河岸土坡交接处应做一深 0.5m 的齿墙，以防回流淘刷和保护坡顶。

护坡下面需要铺设厚度各为 10cm 的卵石及粗砂垫层。

（五）闸室的布置和构造

闸室由底板、闸墩、闸门、胸墙、交通桥及工作桥等组成，其布置应考虑分缝及止水。

1. 底板

常用的闸室底板有水平底板和反拱底板两种类型。

对多孔水闸，为适应地基不均匀沉降和减小底板内的温度应力，需要沿水流方向用横缝（温度沉降缝）将闸室分成若干段，每个闸段可为单孔、两孔或三孔。

横缝设在闸墩中间，闸墩与底板连在一起的，称为整体式底板。整体式底板闸孔两侧闸墩之间不会出现过大的不均匀沉降，对闸门启闭有利，用得较多。整体式底板常用实心结构；当地基承载力较差，如只有 30～40kPa 时，则需考虑采用刚度大、重量轻的箱式底板。

在坚硬、紧密或中等坚硬、紧密的地基上，单孔底板上设双缝，将底板与闸墩分开的，称为分离式底板。分离式底板闸室上部结构的重量将直接由闸墩或连同部分底板传给地基。底板可用混凝土或浆砌块石建造，当采用浆砌块石时，应在块石表面再浇一层厚约 15cm、强度等级为 C15 的混凝土或加筋混凝土，以使底板表面平整并具有良好的防冲性能。

在地基较好，相邻闸墩之间不致出现不均匀沉降情况下，还可将横缝设在闸孔底板中间。

2. 闸墩

如闸墩采用浆砌块石，为保证墩头的外形轮廓，并加快施工进度，可采用预制构件。大、中型水闸因沉降缝常设在闸墩中间，故墩头多采用半圆形，有时也采用流线型闸墩。

有些地区采用框架式闸墩，这种形式既可节约钢材，又可以降低造价。

3. 闸门

闸门在闸室中的位置与闸室稳定、闸墩和地基应力以及上部结构的布置有关。平面闸门一般设在靠上游侧，有时为了充分利用水重，也可移向下游侧。弧形闸门为不使闸墩过长，需要靠上游侧布置。

平面闸门的门槽深度决定于闸门的支承形式，检修门槽与工作门槽之间应该留有 1.0～3.0m 净距，以便检修。

4. 胸墙

胸墙一般做成板式或梁板式。板式胸墙适用于跨度小于 5.0m 的水闸。墙板可做成上薄下厚的楔形板。跨度大于 5.0m 的水闸可采用梁板式，由墙板、顶梁和底梁组成。当胸墙高度大于 5.0m，且跨度较大时，可增设中梁以及竖梁构成肋形结构。

胸墙的支承形式分为简支式和固结式两种。简支胸墙与闸墩分开浇筑，缝间涂沥青；也可将预制墙体插入闸墩预留槽内，做成活动胸墙。固结式胸墙与闸墩同期浇筑，胸墙钢筋伸入闸墩内，形成刚性连接，截面尺寸较小，可以增强闸室的整体性，但受温度变化和闸墩变位影响，容易在胸墙支点附近的迎水面产生裂缝。整体式底板可用固结式，分离式底板多用简支式。

5. 交通桥及工作桥

交通桥一般设在水闸下游一侧，可采用板式、梁板式或拱形结构。为了安装闸门启闭机和便于操作管理，需要在闸墩上设置工作桥。小型水闸的工作桥一般采用板式结构；大、中型水闸多采用装配式梁板结构。

6. 分缝方式及止水设备

（1）分缝方式与布置

为了防止和减少由于地基不均匀沉降、温度变化和混凝土干缩引起底板断裂和裂缝，对于多孔水闸需要沿轴线每隔一定距离设置永久缝。缝距不宜过大或过小。

整体式底板的温度沉降缝设在闸墩中间，一孔、二孔或三孔成为一个独立单元。靠近岸边，为了减轻墙后填土对闸室的不利影响，特别是当地质条件较差时，最好采用单孔，再接二孔或三孔的闸室。若地基条件较好，也可将缝设在底板中间或在单孔底板上设双缝。

为避免相邻结构由于荷重相差悬殊产生不均匀沉降，也要设缝分开，如铺盖与底板、消力池与底板以及铺盖、消力池与翼墙等连接处都要分别设缝。另外，混凝土铺盖及消力池本身也需设缝分段、分块。

（2）止水设备

止水分铅直止水及水平止水两种。前者设在闸墩中间，边墩与翼墙间以及上游翼墙本身；后者设在铺盖、消力池与底板和翼墙、底板与闸墩间以及混凝土铺盖及消力池本身的温度沉降缝之内。

（六）水闸与两岸连接建筑物的形式和布置

水闸与两岸的连接建筑物主要包括边墩（或边墩和岸墙），上、下游翼墙和防渗刺墙，其布置应考虑防渗、排水设施。

1. 边墩和岸墙

建在较为坚实地基上、高度不大的水闸，可用边墩直接与两岸或土坝连接。边墩与闸底板的连接，可以是整体式或分离式的，应该视地基条件而定。边墩可做成重力式、悬臂式或扶壁式等形式。

在闸身较高且地基软弱的条件下，如仍用边墩直接挡土，则由于边墩与闸身地基所受的荷载相差悬殊，可能产生较大的不均匀沉降，影响闸门启闭，在底板内引起较大的应力，甚至产生裂缝。此时，可在边墩背面设置岸墙。边墩与岸墙之间用缝分开，边墩只起支承闸门及上部结构的作用，而土压力则全部由岸墙承担。岸墙可做成悬臂式、扶壁式、空箱式或连拱式等形式。

2. 翼墙

上游翼墙的平面布置要与上游进水条件和防渗设施相协调，上端插入岸坡，墙顶要超出最高水位至少 0.5m。当泄洪过闸落差很小，流速不大时，为减小翼墙工程量，墙顶也可淹没在水下。如铺盖前端设有板桩，还应将板桩顺翼墙底延伸到翼墙的上游端。

根据地基条件，翼墙可做成重力式、悬臂式、扶臂式或者空箱式等形式。在松软地基上，为减小边荷载对闸室底板的影响，在靠近边墩的一段，宜用空箱式。

常用的翼墙布置有曲线式、扭曲面式、斜降式等几种形式。

对边墩不挡土的水闸，也可不设翼墙，采用引桥与两岸连接，在岸坡与引桥桥墩间设固定的挡水墙。在靠近闸室附近的上、下游两侧岸坡采用钢筋混凝土、混凝土或浆砌块石护坡，再向上、下游延伸接以块石护坡。

3. 刺墙

当侧向防渗长度难以满足要求时，可在边墩后设置插入岸坡的防渗刺墙。有时为防止在填土与边墩、翼墙接触面间产生集中渗流，也可做一些短的刺墙。

4. 防渗、排水设施

两岸防渗布置必须与闸底地下轮廓线的布置相协调。要求上游翼墙与铺盖以及翼墙插入岸坡部分的防渗布置，在空间上连成一体。若铺盖长于翼墙，在岸坡上也应设铺盖，或在伸出翼墙范围的铺盖侧部加设垂直防渗设施。

在下游翼墙的墙身上设置排水设施，形式有排水孔、连续排水垫层等等。

二、水闸主体结构的施工技术

水闸主体结构施工主要包括闸身上部结构预制构件的安装以及闸底板、闸墩、止水设施和门槽等方面的施工内容。

为了尽量减少不同部位混凝土浇筑时的相互干扰，在安排混凝土浇筑施工次序时，可从以下几个方面考虑：

1. 先深后浅

先浇深基础，后浇浅基础，以避免浅基础混凝土产生裂缝。

2. 先重后轻

荷重较大的部位优先浇筑，待其完成部分沉陷后，然后浇相邻荷重较小的部位，以减小两者之间的不均匀沉陷。

3. 先主后次

优先浇筑上部结构复杂、工种多、工序时间长、对工程整体影响大的部位或者浇筑块。

4. 穿插进行

在优先安排主要关键项目、部位的前提下，见缝插针，穿插安排一些次要、零星的浇筑项目或部位。

（一）底板施工

水闸底板有平底板与反拱底板两种，平底板为常用底板。这两种闸底板虽然都是混凝土浇筑，但施工方法并不一样，下面分别予以介绍。平底板的施工总是先于墩墙，而反拱底板的施工，一般是先浇墩墙，预留联结钢筋，待沉陷稳定后再浇反拱底板。

1. 平底板的施工

（1）浇注块划分

混凝土水闸常由沉降缝和温度缝分为许多结构块，施工时应尽量利用结构缝分块。当永久缝间距很大，所划分的浇筑块面积太大，以致混凝土拌和运输能力或浇筑能力满足不了需要时，则可设置一些施工缝，将浇筑块面积划小些。浇注块的大小，可根据施工条件，在体积、面积及高度三个方面进行控制。

（2）混凝土浇筑

闸室地基处理后，软基上多先铺筑素混凝土垫层8～10cm，以保护地基，找平基面。浇筑前先进行扎筋、立模、搭设仓面脚手架和清仓等工作。

浇筑底板时，运送混凝土入仓的方法很多。可用载重汽车装载立罐通过履带式起重机吊运入仓，也可以用自卸汽车通过卧罐、履带式起重机入仓。采用上述两种方法时，都不需要在仓面搭设脚手架。

一般中小型水闸采用手推车或机动翻斗车等运输工具运送混凝土入仓，且需在仓面设脚手架。

水闸平底板的混凝土浇筑，一般采用平层浇筑法。但当底板厚度不大，拌和站的生产能力受到限制时，亦可采用斜层浇筑法。

底板混凝土的浇筑，一般先浇上、下游齿墙，然后再从一端向另一端浇筑。当底板混凝土方量较大，且底板顺水流长度在12m以内时，可安排两个作业组分层浇筑。首先两组同时浇筑下游齿墙，待齿墙浇平后，将第二组调至上游齿墙，另一组自下游向上游开浇第一坯底板。上游齿墙组完，立即调到下游开浇第二坯，而第一坯组浇完又调头浇第三坯。这样交替连环浇注可缩短每坯间隔时间，加快进度，避免产生冷缝。

钢筋混凝土底板，往往有上下两层钢筋。在进料口处，上层钢筋易被砸变形。故开始浇筑混凝土时，该处上层钢筋可暂不绑扎，等到混凝土浇筑面将要到达上层钢筋位置时，再进行绑扎，以免因校正钢筋变形延误浇筑时间。

2. 反拱底板的施工

（1）施工程序

由于反拱底板对地基的不均匀沉陷反应敏感，所以必须注意施工程序。目前采用的有下述两种方法。

①先浇筑闸墩及岸墙，后浇反拱底板。为减少水闸各部分在自重作用下产生不均匀沉陷，造成底板开裂破坏，应尽量将自重较大的闸墩、岸墙先浇筑到顶（以基底不产生塑性为限）。接缝钢筋应预埋在墩墙底板中，以备今后浇入反拱底板内。岸墙应及早夯填到顶，使闸墩岸墙地基预压沉实。此法目前采用较多，对于黏性土或砂性土都可采用。

②反拱底板与闸墩岸墙底板同时浇筑。此法适用于地基较好的水闸，虽然对反拱底板的受力状态较为不利，但其保证了建筑的整体性，同时减少了施工工序，便于施工安排。

对于缺少有效排水措施的砂性土地基，采用此法较为有利。

（2）施工要点

①由于反拱底板采用土模，因此必须做好基坑排水工作。尤其是沙土地基，不做好排水工作，拱模控制将很困难。

②挖模前将基土夯实，再按设计要求放样开挖，土模挖好之后，在其上先铺一层约10cm厚的砂浆，具有一定强度后加盖保护，以待浇筑混凝土。

③采用第一种施工程序，在浇筑岸、墩墙底板时，应将接缝钢筋一头埋在岸、墩墙底板之内，另一头插入土模中，以备下一阶段浇入反拱底板。岸、墩墙浇筑完毕后，应尽量推迟底板的浇筑，以便岸、墩墙基础有更多的时间沉实。反拱底板尽量在低温季节浇筑，以减小温度应力，闸墩底板与反拱底板的接缝按施工缝处理，以保证其整体性。

④当采用第二种施工程序时，为了减少不均匀沉降对整体浇筑的反拱底板的不利影响，可在拱脚处预留缝，缝底设临时铁皮止水，缝顶设"假铰"，待大部分上部结构荷载施加以后，便在低温期用二期混凝土封堵。

⑤为了保证反拱底板的受力性能，在拱腔内浇筑的门槛、消力坎等构件，需在底板混凝土凝固后浇筑二期混凝土，且不应使两者成为一个整体。

（二）闸墩施工

由于闸墩高度大、厚度小，门槽处钢筋较密，闸墩的相对位置要求严格，所以闸墩的立模与混凝土浇筑是施工中的主要难点。

1. 闸墩模板安装

为使闸墩混凝土一次浇筑达到设计高程，闸墩模板不但要有足够的强度，而且要有足够的刚度。所以闸墩模板安装以往采用"铁板螺栓、对拉撑木"的立模支撑方法。此法虽需耗用大量木材（对于木模板而言）和钢材，工序繁多，但对中小型水闸施工仍较为方便。有条件的施工单位，在闸墩混凝土浇筑中逐渐采用翻模施工方法。

（1）"铁板螺栓、对拉撑木"的模板安装

立模前，应准备好固定模板的对销螺栓及空心钢管等。常用的对销螺栓有两

种形式：一种是两端都有螺纹的圆钢；另一种是一端带螺纹、另一端焊接上一块
5mm×40mm×400mm 的扁铁的螺栓，扁铁上钻两个圆孔，以便把其固定在对拉撑木上。
空心圆管可用长度等于闸墩厚度的毛竹或混凝土空心撑头。

闸墩立模时，其两侧模板要同时相对进行。先立平直模板，后立墩头模板。在闸底
板上架立第一层模板时，必须保持模板上口水平。在闸墩两侧模板上，每隔 1m 左右钻
与螺栓直径相应的圆孔，并于模板内侧对准圆孔撑以毛竹或混凝土撑头，然后将螺栓穿
入，且两头穿出横向围圈和竖向围圈，然后用螺帽固定在竖向围圈上。铁板螺栓带扁铁
的一端与水平拉撑木相接，和两端均有螺丝的螺栓相间布置。

（2）翻模施工

翻模施工法立模时一次至少立三层，当第二层模板内混凝土浇至腰箍下缘时，第一
层模板内腰箍以下部分的混凝土须达到脱模强度，这样便可拆掉第一层，去架立第四层
模板，并绑扎钢筋。依此类推，保持混凝土浇筑的连续性，以免产生冷缝。

2. 混凝土浇筑

闸墩模板立好后，随即进行清仓工作。清仓用高压水冲洗模板内侧和闸墩底面，污
水则由底层模板的预留孔排出，清仓完毕堵塞小孔后，即可进行混凝土浇筑。闸墩混凝
土的浇筑，主要是解决两个问题，一是每块底板上闸墩混凝土的均衡上升，二是流态混
凝土的入仓方式及仓内混凝土的铺筑方法。

当落差大于 2m 时，为防止流态混凝土下落产生离析，应在仓内设置溜管，可每隔
2～3m 设置一组。仓内可以把浇筑面分划成几个区段，分段进行浇筑。每坯混凝土厚
度可控制在 30cm 左右。

（三）止水设施的施工

为了适应地基的不均匀沉降和伸缩变形，在水闸设计中均设置温度缝与沉陷缝，并
常用沉陷缝代温度缝作用。缝有铅直和水平的两种，缝宽一般为 1.0～2.5cm。缝中填
料及止水设施，在施工当中应按设计要求确保质量。

1. 沉陷缝填料的施工

沉陷缝的填充材料，常用的有沥青油毛毡、沥青杉木板及泡沫板等多种。填料的安
装有两种方法。

一种是先将填料用铁钉固定在模板内侧后，再浇混凝土，拆模后填料即粘在混凝土
面上，然后再浇另一侧混凝土，填料即牢固地嵌入沉降缝内。如果沉陷缝两侧的结构需
要同时浇灌，则沉陷缝的填充材料在安装时要竖立平直，浇筑时沉陷缝两侧流态混凝土
的上升高度要一致。

另一种是先在缝的一侧立模浇混凝土，并在模板内侧预先钉好安装填充材料的长铁
钉数排，并使铁钉的 1/3 留在混凝土外面，然后安装填料、敲弯铁尖，使填料固定在混
凝土面上，再立另一侧模板和浇混凝土。

2. 止水的施工

凡是位于防渗范围内的缝，都有止水设施，止水包括水平止水和垂直止水，常用的有止水片和止水带。

（1）水平止水

水平止水大都采用塑料止水带，其安装方法和沉陷缝的一样。

（2）垂直止水

止水部分的金属片，重要部分用紫铜片，一般用铝片、镀锌铁皮或镀铜铁皮等。安装时需涂抹水泥砂浆，随缝的上升分段接高。沥青井的沥青可一次灌注，也可分段灌注。止水片接头要进行焊接。

（3）接缝交叉的处理

止水交叉有两类：一是铅直交叉（指垂直缝与水平缝的交叉）；二是水平交叉（指水平缝与水平缝的交叉）。交叉处止水片的连接方式也可分为两种：一种是柔性连接，即将金属止水片的接头部分埋在沥青块体中；另一种是刚性连接，即将金属止水片剪裁后焊接成整体。在实际工程中可根据交叉类型及施工条件决定连接方法，铅直交叉常用柔性连接，而水平交叉则多用刚性连接。

（四）门槽二期混凝土施工

采用平面闸门的中小型水闸，在闸墩部位都设有门槽。为减小闸门的启闭力及闸门封水，门槽部分的混凝土中埋有导轨等铁件，如滑动导轨、主轮、侧轮及反轮导轨、止水座等。这些铁件的埋设可采取预埋及留槽后浇混凝土两种方法。小型水闸的导轨铁件较小，可在闸墩立模时将其预先固定在模板的内侧。闸墩混凝土浇筑时，导轨等铁件即浇入混凝土中。由于大、中型水闸导轨较大、较重，在模板上固定较为困难，宜采用预留槽后浇二期混凝土的施工方法。

1. 门槽垂直度控制

门槽及导轨必须铅直无误，所以在立模及浇筑过程中应随时用吊锤校正。校正时，可在门槽模板顶端内侧钉一根大铁钉（钉入 2/3 长度），然后把吊锤系在铁钉端部，待吊锤静止后，用钢尺量取上部与下部吊锤线到模板内侧的距离，如相等则该模板垂直，否则按照偏斜方向予以调整。

2. 门槽二期混凝土浇筑

在闸墩立模时，于门槽部位留出较门槽尺寸大的凹槽。闸墩浇筑时，预先把导轨基础螺栓按设计要求固定于凹槽的侧壁及正壁模板，模板拆除后基础螺栓即埋入混凝土中。

导轨安装前，要对基础螺栓进行校正，安装过程中必须随时用垂球进行校正，使其铅直无误。导轨就位后即可立模浇筑二期混凝土。

闸门底槛设在闸底板上，在施工初期浇筑底板时，如果铁件不能完成，亦可在闸底板上留槽以后浇二期混凝土。

浇筑二期混凝土时，应采用较细骨料混凝土，并细心捣实，不要振动已装好的金属

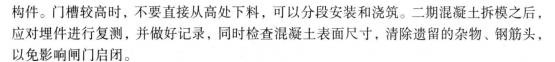

构件。门槽较高时，不要直接从高处下料，可以分段安装和浇筑。二期混凝土拆模之后，应对埋件进行复测，并做好记录，同时检查混凝土表面尺寸，清除遗留的杂物、钢筋头，以免影响闸门启闭。

3. 弧形闸门的导轨安装及二期混凝土浇筑

弧形闸门的启闭是绕水平轴转动，转动轨迹由支臂控制，所以不设门槽，但为了减小启闭门力，在闸门两侧亦设置转轮或滑块，因此也有导轨的安装及二期混凝土施工。

为了便于导轨的安装，在浇筑闸墩时，根据导轨的设计位置预留 20cm×80cm 的凹槽，槽内埋设两排钢筋，以便用焊接方法固定导轨。安装前应对预埋钢筋进行校正，并在预留槽两侧，设立垂直闸墩侧面并能控制导轨安装垂直度的若干对称控制点。安装时，先把校正好的导轨分段与预埋的钢筋临时点焊接数点，待按设计坐标位置逐一校正无误，并根据垂直平面控制点，用样尺检验调整导轨垂直度后，再电焊牢固，最后浇二期混凝土。

三、闸门的安装方法

闸门是水工建筑物的孔口上用来调节流量，控制上下游水位的活动结构。它是水工建筑物的一个重要组成部分。

闸门主要由三部分组成：主体活动部分，用以封闭或开放孔口，通称闸门或门叶；埋固部分，是预埋在闸墩、底板和胸墙内的固定件，如支承行走埋设件、止水埋设件和护砌埋设件等；启闭设备，包括连接闸门和启闭机的螺杆或钢丝绳索和启闭机等。

闸门按其结构形式可分为平面闸门、弧形闸门及人字闸门三种。闸门按门体的材料可分为钢闸门、钢筋混凝土或钢丝水泥闸门、木闸门以及铸铁闸门等。

所谓闸门安装是将闸门及其埋件装配、安置在设计部位。由于闸门结构的不同，各种闸门的安装，如平面闸门安装、弧形闸门安装、人字闸门安装等，略有差异，但一般可分为埋件安装和门叶安装两部分。

1. 平面闸门安装

主要介绍平面钢闸门的安装。

平面钢闸门的闸门主要由面板、梁格系统、支承行走部件、止水装置以及吊具等组成。

（1）埋件安装

闸门的埋件是指埋设在混凝土内的门槽固定构件，包括底槛、主轨、侧轨、反轨和门楣等。安装顺序一般是设置控制点线，清理、校正预埋螺栓，吊入底槛并调整其中心、高程、里程和水平度，经调整、加固、检查合格后，浇筑底槛二期混凝土。设置主、反、侧轨安装控制点，吊装主轨、侧轨、反轨和门楣并调整各部件的高程、中心、里程、垂直度及相对尺寸，经调整、加固、检查合格，分段浇筑二期混凝土。二期混凝土拆模后，复测埋件的安装精度和二期混凝土槽的断面尺寸，超出允许误差的部位需进行处理，以防闸门关闭不严、出现漏水或启闭时出现卡阻现象。

（2）门叶安装

如门叶尺寸小，则在工厂制成整体运至现场，经复测检查合格，装上止水橡皮等附件后，直接吊入门槽。如门叶尺寸大，由工厂分节制造，运到工地之后，在现场组装。

①闸门组装。组装时，要严格控制门叶的平直性和各部件的相对尺寸。分节门叶的节间联结通常采用焊接、螺栓联结、销轴联结三种方式。

②闸门吊装。分节门叶的节间如果是螺栓和销轴联结的闸门，若起吊能力不够，在吊装时需将已组成的门叶拆开，分节吊入门槽，在槽内再联结成整体。

（3）闸门启闭试验

闸门安装完毕后，需作全行程启闭试验，要求门叶启闭灵活无卡阻现象，闸门关闭严密，漏水量不超过允许值。

2. 弧形闸门安装

弧形闸门由弧形面板、梁系和支臂组成。根据其安装高低位置不同，弧形闸门的安装，分为露顶式弧形闸门安装和潜孔式闸门安装。

（1）露顶式弧形闸门安装

露顶式弧形闸门包括底槛、侧止水座板、侧轮导板、铰座和门体。安装顺序如下：

①在一期混凝土浇筑时预埋铰座基础螺栓，为保证铰座的基础螺栓安装准确，可用钢板或型钢将每个铰座的基础螺栓组焊在一起，进行整体安装、调整、固定。

②埋件安装。先在闸孔混凝土底板和闸墩边墙上放出各埋件的位置控制点，接着安装底槛、侧止水导板、侧轮导板和铰座，并浇筑二期混凝土。

③门体安装。门体安装有分件安装和整体安装两种方法。分件安装是先将铰链吊起，插入铰座，于空间穿轴，再吊支臂用螺栓与铰链连接；也可先将铰链和支臂组成整体，再吊起插入铰座进行穿轴。若起吊能力许可，可在地面穿轴之后，再整体吊入。2个直臂装好后，将其调至同一高程，再将面板分块装于支臂上。调整合格后，进行面板焊接和将支臂端部与面板相连的连接板焊好。门体装完后起落2次，使其处于自由状态，然后安装侧止水橡皮，补刷油漆，最后再启闭弧门检查有无卡阻和止水不严现象。整体安装是在闸室附近搭设的组装平台上进行，把2个已分别与铰链连接的支臂按设计尺寸用撑杆连成一体，再于支臂上逐个吊装面板，将整个面板焊好，经全面检查合格，拆下面板，将2个支臂整体运入闸室，吊起插入铰座，进行穿轴，而后吊装面板。此法一次起吊重量大，2个支臂组装时其中心距要严格控制，否则会给穿轴带来困难。

（2）潜孔式弧形闸门安装

设置在深孔和隧洞内的潜孔式弧形闸门，顶部有混凝土顶板和顶止水，其埋件除与露顶式相同的部分外，一般还有铰座钢梁和顶门楣。安装顺序：

①铰座钢梁宜和铰座组成整体，吊入二期混凝土的预留槽中安装。

②埋件安装。深孔弧形闸门是在闸室内安装，故在浇筑闸室一期混凝土时，就需将锚钩埋好。

③门体安装方法与露顶式弧形闸门的基本相同，可以分体装，也可整体装。门体装

完后要起落数次，根据实际情况，调整门楣，使弧形闸门在启闭过程中不发生卡阻现象，同时门楣上的止水橡皮能和面板接触良好，以免启闭过程中门叶顶部发生涌水现象。调整合格后，浇筑顶门楣二期混凝土。

④为防止闸室混凝土在流速高的情况下发生空蚀和冲蚀，有的闸室内壁设钢板衬砌。

钢衬可在二期混凝土安装，也可以在一期混凝土时安装。

3. 人字闸门安装

人字闸门由底枢装置、顶枢装置、支枕装置、止水装置和门叶组成。人字闸门分埋件和门叶两部分进行安装。

（1）埋件安装。埋件安装包括底枢轴座、顶枢埋件、枕座、底槛和侧止水座板等。其安装顺序：设置控制点，校正预埋螺栓，在底枢轴座预埋螺栓上加焊调节螺栓和垫板。将埋件分别布置在不同位置，根据已设的控制点进行调整，符合要求后，加固并浇筑二期混凝土。

为保证底止水安装质量，在门叶全部安装完毕后，进行启闭试验时安装底槛，安装时以门叶实际位置为基准，并根据门叶关闭后止水橡皮的压缩程度适当调整底槛，合格后浇筑二期混凝土。

（2）门叶安装。首先在底枢轴座上安装半圆球轴（蘑菇头），同时测出门叶的安装位置，一般设置在与闸门全开位置呈 120°～130° 的夹角处。门叶安装时需有 2 个支点，底枢半圆球轴为一支点，在接近斜接柱的纵梁隔板处用方木或者型钢铺设另一临时支点。根据门叶大小、运输条件和现场吊装能力，通常采用整体吊装、现场组装和分节吊装等三种安装方法。

四、启闭机的安装方法

在水工建筑物中，专门用于各种闸门开启与关闭的起重设备称为闸门启闭机。将启闭闸门的起重设备装配、安置在设计确定部位的工程称作闸门启闭机安装。

闸门启闭机安装分固定式和移动式启闭机安装两类。固定式启闭机主要用于工作闸门和事故闸门，每扇闸门配备 1 台启闭机，常用的有卷扬式启闭机、螺杆式启闭机和液压式启闭机等几种。移动式启闭机可在轨道上行走，适用于操作多孔闸门，常用的有门式、台式和桥式等等几种。

大型固定式启闭机的一般安装程序：

①埋设基础螺栓及支撑垫板。

②安装机架。

③浇筑基础二期混凝土。

④在机架上安装提升机构。

⑤安装电气设备和安保元件。

⑥联结闸门做启闭机操作试验，使各项技术参数和继电保护值达到设计要求。

移动式启闭机的一般安装程序：

①埋设轨道基础螺栓。

②安装行走轨道，并且浇筑二期混凝土。

③在轨道上安装大车构架及行走台车。

④在大车梁上安装小车轨道、小车架、小车行走机构和提升设备。

⑤安装电气设备和安保元件。

⑥进行空载运行及负荷试验，使各项技术参数和继电保护值达到设计的要求。

（一）固定式启闭机的安装

1. 卷扬式启闭机的安装

卷扬式启闭机由电动机、减速箱、传动轴和绳鼓组成。卷扬式启闭机是由电力或人力驱动减速齿轮，从而驱动缠绕钢丝绳的绳鼓，借助绳鼓的转动，收放钢丝绳使闸门升降。

固定卷扬式启闭机安装顺序：

①在水工建筑物混凝土浇筑时埋入机架基础螺栓和支承垫板，在支承垫板上放置调整用楔形板。

②安装机架。按闸门实际起吊中心线找正机架的中心、水平、高程，拧紧基础螺母，浇筑基础二期混凝土，固定机架。

③在机架上安装、调整传动装置，包括电动机、弹性联轴器、制动器、减速器、传动轴、齿轮联轴器、开式齿轮、轴承、卷筒等。

固定卷扬式启闭机的调整顺序：

①按闸门实际起吊中心找正卷筒的中心线和水平线，并将卷筒轴的轴承座螺栓拧紧。

②以与卷筒相连的开式大齿轮为基础，让减速器输出端开式小齿轮与大齿轮啮合正确。

③以减速器输入轴为基础，安装带制动轮的弹性联轴器，调整电动机位置使联轴器的两片的同心度和垂直度符合技术要求。

④根据制动轮的位置，安装与调整制动器。若为双吊点启闭机，要保证传动轴与两端齿轮联轴节的同轴度。

⑤传动装置全部安装完毕后，检查传动系统动作的准确性、灵活性，并检查各部分的可靠性。

⑥安装排绳装置、滑轮组、钢丝绳、吊环、扬程指示器、行程开关、过载限制器、过速限制器及电气操作系统等。

2. 螺杆式启闭机安装

螺杆式启闭机是中小型平面闸门普遍采用的启闭机。其由摇柄、主机和螺栓组成。螺杆的下端与闸门的吊头连接，上端利用螺杆与承重螺母相扣合。当承重螺母通过与其连接的齿轮被外力（电动机或手摇）驱动而旋转时，它驱动螺杆做垂直升降运动，从而启闭闸门。

安装过程包括基础埋件的安装、启闭机安装、启闭机单机调试、启闭机负荷试验。安装前，首先检查启闭机的各传动轴，轴承以及齿轮的转动灵活性和啮合情况，着重检查螺母螺纹的完整性，必要时应进行妥善处理。

检查螺杆的平直度，每米长弯曲超过 0.2mm 或有明显弯曲处可用压力机进行机械校直。螺杆螺纹容易碰伤，要逐圈进行检查和修正。无异状时，在螺纹外表涂以润滑油脂，并将其拧入螺母，进行全行程的配合检查，不合适处应修正螺纹。然后整体竖立，将它吊入机架或者工作桥上就位，以闸门吊耳找正螺杆下端连接孔，并进行连接。

挂一线锤，以螺杆下端头为准，移动螺杆启闭机底座，使螺杆处于垂直状态。对双吊点的螺杆式启闭机，两侧螺杆找正后，安装中间同步轴，螺杆找正和同步轴连接合格后，最后把机座固定。

对于电动螺杆式启闭机，安装电动机及其操作系统之后应做电动操作试验及行程限位整定等。

3. 液压式启闭机的安装

液压式启闭机由机架、油缸、油泵、阀门、管路、电机和控制系统等组成。油缸拉杆下端与闸门吊耳铰接。液压式启闭机分单向与双向两种。

液压式启闭机通常由制造厂总装并试验合格后整体运到工地，若运输保管得当，且出厂不满一年，可直接进行整体安装；否则，要在工地进行分解、清洗、检查、处理和重新装配。液压式启闭机的安装程序：

①安装基础螺栓，浇筑混凝土。

②安装和调整机架。

③油缸吊装于机架上，调整固定。

④安装液压站与油路系统。

⑤滤油和充油。

⑥启闭机调试后与闸门联调。

（二）移动式启闭机的安装

移动式启闭机安装在坝顶或尾水平台上，能沿轨道移动，用于启闭多台工作闸门和检修闸门。常用的移动式启闭机有门式、台式及桥式等形式。

移动式启闭机行走轨道均采取嵌入混凝土方式，先在一期混凝土中埋入基础调节螺栓经位置校正后，安放下部调节螺母及垫板，然后逐根吊装轨道，调整轨道高程、中心、轨距及接头错位，再用上压板和夹紧螺母紧固，最后分段浇筑二期混凝土。

第二节　渡槽工程

一、槽架预制与脱模

槽架预制时选择就近槽址的场地平卧制作，构件多采用地面立模及阴胎成模制作。

（一）地面立模制作

地面立模制作应在平整场地后将地面夯实整平，按槽架外形放样定出范围，用1∶3∶8的水泥∶黏土∶砂的水泥黏土砂浆抹面，其厚约0.5～1.0cm，面上撒一层干水泥粉，用镘子压光即成底模。也可以先铲平表层耕植土，进行夯实，然后铺1.0～1.5cm的细砂，抹一层1.5～2.0 cm厚的水泥砂浆；等到砂浆强度达到设计强度的50%以上后，作为底模。在底模上架立槽架构件的侧面模板，并在底模及侧面模板上预涂废机油或肥皂液制作的隔离剂，然后架设钢筋骨架（钢筋骨架应先在工场绑扎好）。浇筑混凝土并捣固成型。一两天后即可拆除侧面模板，并洒水养护。在构件强度达到设计强度的70%以上拖出存放，以便重复利用场地。

（二）阴胎成模制作

阴胎成模制作是采用砌砖或夯实土料制作成阴胎，与浇筑构件接触的部分均用1∶3∶8的水泥∶黏土∶砂的水泥黏土砂浆抹面并涂上脱模隔离剂。模内架设钢筋骨架和混凝土的浇筑方式与普通钢筋混凝土相同。构件养护到一定强度后即可把模型挖开，清除构件表面的灰土，便可进行吊装。阴胎成模制作可节省模板，但生产效率低，制件外观质量差。

二、槽身预制与脱模

槽身预制应结合现场布置及吊装设备的性能，确定预制位置和浇制方式。对于非U形槽身一般可以整体预制也可分片预制，而U形槽身则应整体预制。

（一）槽身模板的型式

槽身模板所用的材料和型式，应视工程具体情况而定，尽量就地取材。目前，广泛采用多种形式的内外模，如泥模、砖模以及钢、木模等。泥模、砖模的主要优点是节省木料，制造简单，只需在施工现场砌成或挖成槽身形状，把表层抹平夯实，涂一层水泥砂浆，待干硬后加涂石灰水或废机油脱模剂1～2遍即可。

钢木模的主要优点是模板可以重复使用多次，适用于跨数较多的渡槽。

本内模有折合式、活动支撑式及土、木混合式等。

外模多用活动支撑式。

（二）槽身预制与脱模具体分析

模板架立好后，将钢筋骨架运往预制现场施工。槽身混凝土浇筑方式分正置与反置两种。

正置浇筑方式是在浇筑时保持槽口向上，它的主要优点是内模拆卸方便，吊装时不需要翻转槽身，缺点是浇筑 U 形渡槽时，在 45° 圆心角的弧段处混凝土不易捣实。正置浇筑方式适用于大型渡槽，或槽身翻转不够安全以及现场狭窄不便翻转槽身的工程。反置浇筑时槽口向下，其优点是插入捣实较容易，混凝土质量容易得到保证，拆模时间短，模板周转快，缺点是增加了翻槽的工序。对于反置槽身，需先布置架立筋或放置混凝土小垫块，用以承托主筋，并借以控制主筋的位置与尺寸，然后再立横向主筋，布置纵向钢筋。在纵横向钢筋相交处用铅丝绑扎或点焊。

三、构件吊装与固定

构件吊装的设备有：绳索（麻绳、钢丝绳等）、吊具（吊索、吊钩、卡环、横吊梁、撬杆等）、滑车及滑车组、倒链、千斤顶、牵引设备（绞磨、手摇绞车或电动绞车等）、锚碇、扒杆、简易缆索以及常用起重机械等吊装机组。这些吊装设备，一部分是国家定型产品，可以参照有关产品规格型号合理选用。还有一部分属于工地自行加工制作的机具，除了结合具体情况参照已有经验设计制作外，往往还需进行一些必要的校核验算以及现场试验，以最后确定合理的机具设备型式。有时，因为材料来源的限制或设备规格不合要求等情况，则应对已有材料、设备进行必要的技术鉴定、检查和试验，认为安全可靠才能使用，以免造成安全事故。

（一）槽架吊装

槽架吊装通常有滑行竖直吊插法和就地旋转立装法两种。

1. 滑行竖直吊插法，是用吊装机械将整个槽架滑行竖直吊离地面，再对准并插入基础预留的杯形孔穴中，校正槽架后即可按设计要求做好槽架与基础的接头。

2. 就地旋转立装法，是设旋转轴于架脚，槽架与基础铰接好后用吊装机械拉吊槽架顶部，使槽架旋转立于基础上。这种方法比较省力；但基础孔穴一侧需要有缺口，并预理胶圈，槽架预制时，必须对准基础孔穴缺口，槽架脚处亦应预埋铰圈。槽架吊装，随着采用不同的机械（如独脚扒杆、人字扒杆等）和不同的机械数量（如一台、两台、三台等），可以有不同的吊装方法，实际工程中应当结合具体情况拟订恰当的方案。

（二）槽身吊装

渡槽槽身的吊装方法很多，按起重设备布置位置的不同，可分为起重设备架立于地面进行吊装和起重设备架立于槽架或槽身上进行吊装两大类。每类方法中又可因起重设备型式的不同而分成多种吊装方式。下面仅就水利工程中常见的或者较典型的吊装方式，给以简要介绍。

1. 起重设备立于地面进行吊装

起重设备立于地面进行吊装，工作比较方便，起重设备的组装和拆除较容易；但起重设备的高度大，且易受地形限制。因此，这种吊装方法只适用于起重设备的高度不大和地势比较平坦的工程。

（1）独脚扒杆吊装

槽身重量及起吊高度不大时，采用二台或四台木制或钢管制独脚扒杆，抬吊比较合适。也可使用单根可摆动独脚扒杆吊装，中心扒杆采用螺栓连接，扒杆随吊装高度的变化而接长或减短；扒杆与底座之间采用双向铰，使扒杆能前后左右动作以扩大控制范围，便于槽身起吊和就位。扒杆顶端至少应设四根风缆绳，以维持扒杆的稳定，并且在吊装时，通过收放风缆绳来调整扒杆倾角（一般在 5°～10° 范围内）。

（2）龙门架吊装

采用两台钢结构龙门架吊装槽身时，可在龙门架顶部设置横梁和轨道，并装上行车，使槽身铅直起吊，平移就位。为使槽身平稳上升，可采用带蝴蝶绞的吊具，使槽身四个吊点受力均匀；为使行车易于平移，横梁轨道顶面应有一定坡度，行车能在自重作用下顺坡滑动，方便槽身平移到排架之上降落就位。

（3）其他方式吊装

起重设备架立于地面进行槽身吊装，还可采用悬臂扒杆、摇臂扒杆以及简易缆索吊装等方式，除简易缆索吊装将在后文叙述外，悬臂扒杆、摇臂扒杆的吊装方式的基本特点与独脚扒杆立于地面进行吊装的方式类似，在实际使用时，可结合各类扒杆的性能和工程具体情况加以考虑选用。另外，履带式和汽车式起重机吊装槽身，也都属于这一类的施工方式。

2. 起重设备架立于槽架或槽身上进行吊装

起重设备架立于槽架或槽身上进行吊装，不受地形条件限制，起重设备的高度不大，故适应性较强，采用较为广泛，但起重设备的组装和拆除需在高空进行，且移动较麻烦。有些吊装方法还会使已架立的槽架承受较大的偏心荷载，必须对槽架结构进行加强，这类吊装方法有下列两种：

（1）槽墩（架）上设置钢塔架进行吊装；

（2）槽身上设置摇臂扒杆进行吊装。

3. 缆索吊装

缆索吊装也是一种将吊装机械置于地面上进行吊装的方法。当渡槽横跨峡谷、两岸地形陡峻、谷底较深，一般扒杆长度难以达到要求吊装高度且构件无法在河谷内制作时，采用缆索吊装较为适合。

缆索吊装具有如下特点：

（1）吊装控制长度大，300～400m 跨度内一次架立缆架就可完成全部吊装，且受地形限制小，既适应于平原地区，也适应于深山峡谷地区；

（2）可以沿建筑物轴线设置缆索，适用于长条形建筑物的吊装；

（3）机动性较强，全部设备拆卸、搬运和组装均比较方便；

（4）设备操作比较简单，准备工作量不大。

但是，对于分布面积较小，布置比较集中的建筑物，不如扒杆吊装方便；同时，缆索吊装还有较多的高空作业，需用人力也较多。

4. 槽身绑扎

由于吊装时的受力条件与设计时所依据的运行条件不同，构件有可能因刚度和强度不足而发生扭曲和断裂。因此，在准备吊装结构设计时就应考虑构件的绑扎方法，认真选择吊点位置和数目，研究吊索捆绑的方式和方法。对于细长杆件组成的平面结构和薄壳结构要进行吊装校核计算，必要时应采取临时加固措施，以增强其刚度，有时还要提高其强度。绑扎构件除了应保证施工安全外，还应满足吊装方便迅速的要求。采用单吊点时，吊点应设在构件重心线上；采用多吊点时，吊点应对称排列在构件重心线的两侧。绑扎的构件还应便于在水平方向能转动到安装位置上；如果构件在落座定位时需要在铅直平面内旋转一定角度，则吊点位置应尽可能地靠近构件重心。

5. 吊装安全技术及构件安装允许偏差

起重吊装是一项繁重和紧张的工作，必须防止发生安全事故。吊装工作开始前，应对吊装人员进行安全技术教育，明确职责；对吊装方法和步骤进行必要的训练，并进行试吊装；进行吊装工作时应有统一的指挥和统一的信号，做到步调一致。整个吊装过程应严格按照安全技术操作规程执行。

四、构件接点与处理

采用预制装配方法施工的渡槽，保证各预制构件连接成整体，是关系工程质量的一个非常关键的问题，必须引起充分的注意。

（一）预制构件连接节点要求

通常预制构件连接节点应满足以下要求：

1. 保证结构受力性能为刚接，并具有较好的抗震性；

2. 接头的几何形状简单，制作容易；

3. 吊装就位方便；

4. 焊接工作量较少；

5. 装配精度高，二期混凝土量不大；

6. 耗用钢材少，尽量少用或不用型钢。

（二）预制构件节点连接型式

常采用的连接型式有钢筋混凝土直接相连、角钢螺栓连接、钢板焊接连接等几种。钢筋混凝土直接相连的型式，施工比较方便，质量容易控制，接头的耐久性较好，钢材用量较少；角钢螺栓连接与钢板焊接连接，施工比较麻烦，由于角钢和钢板容易锈蚀，故接头的耐久性受到影响，钢材用量也较多，钢板焊接还要求较高的焊接施工技术。实际施工中应结合有关条件，合理选用连接节点型式。现将实际工程中已采用的几种主要构件的连接型式介绍如下，以供参考。

1. 排架柱与纵横联系梁的连接

排架柱与纵横联系梁连接时，在柱上设置牛腿以便临时放置联系梁，并且作为梁的一部分参加工作。焊接时，上下主筋焊点应在垂直断面上错开，以防焊接质量不佳时弱点集中。

梁端头应设置钢筋，进行局部加强，并按承受自重的简支梁进行安装情况的强度校核。灌浆孔设在梁端头，浇灌二期混凝土时，先浇下部缺口，灌浆后再浇上部缺口，在梁柱接头处形成与牛腿对称的八字形，让断面局部加大以增强接头的整体刚度。

2. 排架柱与拱肋的连接

排架柱安装于拱肋上，为了便于安装就位，设置柱台插口，在柱端设置插头，插头配置钢筋网予以加强，由于条件限制可不设灌浆孔。为了加强接头处的刚度，二期混凝土浇筑时将柱台加高。

第五章 水利工程进度与成本管理

第一节 水利工程进度管理

一、施工进度计划的作用和类型

（一）施工进度计划的作用

施工进度计划具有以下作用：

1. 控制工程的施工进度，使之按期或提前竣工，并交付使用或者投入运转。

2. 通过施工进度计划的安排，加强工程施工的计划性，使施工能均衡、连续、有节奏地进行。

3. 从施工顺序和施工进度等组织措施上保证工程质量与施工安全。

4. 合理使用建设资金、劳动力、材料和机械设备，达到多、快、好、省地进行工程建设的目的。

5. 确定各施工时段所需的各类资源的数量，为了施工准备提供依据。

6. 施工进度计划是编制更细一层进度计划（如月、旬作业计划）的基础。

（二）施工进度计划的类型

施工进度计划按编制对象的大小和范围不同可以分为施工总进度计划、单项工程施工进度计划、单位工程施工进度计划、分部工程施工进度计划和施工作业计划等等类型。下面只对常见的几种进度计划进行概述。

1. 施工总进度计划

施工总进度计划是以整个水利水电枢纽工程为编制对象，拟定出其中各个单项工程和单位工程的施工顺序及建设进度，以及整个工程施工前的准备工作和完工后的结尾工作的项目与施工期限。因此，施工总进度计划属于轮廓性（或控制性）的进度计划，在施工过程中主要控制和协调各单项工程或单位工程的施工进度。

施工总进度计划的任务是：分析工程所在地区的自然条件、社会经济资源、影响施工质量与进度的关键因素，确定关键性工程的施工分期和施工程序，并协调安排其他工程的施工进度，使整个工程施工前后兼顾、互相衔接、均衡生产，从而最大限度地合理使用资金、劳动力、设备、材料，在保证工程质量和施工安全的前提之下，使工程按时或提前建成投产。

2. 单项工程施工进度计划

单项工程施工进度计划是以枢纽工程中的主要工程项目（如大坝、水电站等单项工程）为编制对象，并将单项工程划分成单位工程或分部、分项工程，拟定出其中各项目的施工顺序和建设进度以及相应的施工准备工作内容与施工期限。它以施工总进度计划为基础，要求进一步从施工程序、施工方法和技术供应等条件上，论证施工进度的合理性和可靠性，尽可能组织流水作业，并研究加快施工进度和降低工程成本的具体措施。反过来，又可根据单项工程施工进度计划对施工总进度计划进行局部微调或者修正，并编制劳动力和各种物资的技术供应计划。

3. 单位工程施工进度计划

单位工程施工进度计划是以单位工程（如土坝的基础工程、防渗体工程、坝体填筑工程等）为编制对象，拟定出其中各分部、分项工程的施工顺序、建设进度以及相应的施工准备工作内容和施工期限。它以单项工程施工进度计划为基础进行编制，属于实施性进度计划。

4. 施工作业计划

施工作业计划是以某一施工作业过程（即分项工程）为编制对象，制定出该作业过程的施工起止日期以及相应的施工准备工作内容和施工期限。其最具体的实施性进度计划。在施工过程中，为了加强计划管理工作，各施工作业班组都应在单位（单项）工程施工进度计划的要求下，编制出年度、季度或逐月（旬）的作业计划。

二、施工总进度计划的编制

施工总进度计划是项目工期控制的指挥棒，是项目实施的依据和向导。编制施工总进度计划必须遵循相关的原则，并准备翔实可靠的原始资料，按照一定的方法去编制。

（一）施工总进度计划的编制原则

编制施工总进度计划应遵循以下原则：

1. 认真贯彻执行党的方针政策、国家法令法规、上级主管部门对本工程建设的指示和要求。

2. 加强与施工组织设计及其他各专业的密切联系，统筹考虑，以关键性工程的施工分期和施工程序为主导，协调安排其他各单项工程的施工进度。同时，进行必要的多方案比较，从中选择最优的方案。

3. 在充分掌握及认真分析基本资料的基础上，尽可能采用先进的施工技术和设备，最大限度地组织均衡施工，力争全年施工，加快施工进度。同时，应做到实事求是，并留有余地，保证工程质量和施工安全。当施工情况发生变化时，要及时调整施工总进度。

4. 充分重视和合理安排准备工程的施工进度。在主体工程开工之前，相应各项准备工作应基本完成，为主体工程的开工和顺利进行创造条件。

5. 对高坝、大库容的工程，应研究分期建设或分期蓄水的可能性，尽可能减少第一批机组投产前的工程投资。

（二）施工总进度计划的编制方法

1. 基本资料的收集和分析

在编制施工总进度计划之前和编制过程中，要不断收集和完善编制施工总进度所需的基本资料。这些基本资料主要包括以下部分：

（1）上级主管部门对工程建设的指示和要求，有关工程的合同协议。如设计任务书，工程开工、竣工、投产的顺序和日期，对施工承建方式和施工单位的意见，工程施工机械化程度、技术供应等方面的指示，国民经济各部门对施工期间防洪、灌溉、航运、供水、过木等方面的要求。

（2）设计文件和有关的法规、技术规范、标准。

（3）工程勘测和技术经济调查资料。如地形、水文、气象资料，工程地质与水文地质资料，当地建筑材料资料，工程所在地区和库区的工矿企业、矿产资源、水库淹没和移民安置等资料。

（4）工程规划设计和概预算方面资料。如工程规划设计的文件和图纸、主管部门的投资分配和定额资料等。

（5）施工组织设计其他部分对施工进度的限制和要求。如施工场地情况、交通运输能力、资金到位情况、原材料及工程设备供应情况、劳动力供应情况、技术供应条件、施工导流与分期、施工方法与施工强度限制以及供水、供电、供风和通信情况等等。

（6）施工单位施工技术与管理方面的资料、已建类似工程的经验及施工组织设计资料等。

（7）征地及移民搬迁安置情况。

（8）其他有关资料，如环境保护、文物保护和野生动物保护等。

收集了以上资料后，应着手对各部分资料进行分析和比较，找出控制进度的关键因素。尤其是施工导流与分期的划分，截流时段的确定，围堰挡水标准拟定，大坝的施工程序及施工强度、加快施工进度的可能性，坝基开挖顺序及施工方法、基础处理方法和处理时间，各主要工程所采用的施工技术与施工方法、技术供应情况及各部分施工的衔接，现场布置与劳动力、设备、材料的供应与使用等。只有充分掌握这些基本情况，并理顺它们之间的关系，才能做出既符合客观实际又满足主管部门要求的施工总进度安排。

2. 施工总进度计划的编制步骤

（1）划分并列出工程项目

总进度计划的项目划分不宜过细。列项时，应根据施工部署中分期、分批开工的顺序和相互关联的密切程度依次进行，防止漏项，突出每一个系统的主要工程项目，分别列入工程名称栏内。对于一些次要的零星项目，则可合并到其他项目中去。例如河床中的水利水电工程，若按扩大单项工程列项，则可以有准备工作、导流工程、拦河坝工程、溢洪道工程、引水工程、电站厂房、升压变电站、水库清理工程、结束工作等。

（2）计算工程量

工程量的计算一般应根据设计图纸、工程量计算规则及有关定额手册或者资料进行。其数值的准确性直接关系到项目持续时间的误差，进而影响进度计划的准确性。当然，设计深度不同，工程量的计算（估算）精度也不同。在有设计图的情况下，还要考虑工程性质、工程分期、施工顺序等因素，按土方、石方、混凝土、水上、水下、开挖、回填等不同情况，分别计算工程量。某些情况下，为了分期、分层或分段组织施工的需要，还应分别计算不同高程（如对大坝）、不同桩号（如对渠道）的工程量，作出累计曲线，以便分期、分段组织施工。计算工程量常采用列表的方式进行。工程量的计量单位要与使用的定额单位相吻合。

在没有设计图或设计图不全、不详的情况下，可参照类似工程或者通过概算指标估算工程量。常用的定额资料如下：

①万元、10万元投资工程量、劳动量及材料消耗扩大指标。

②概算指标和扩大结构定额。

③标准设计和已建成的类似建筑物、构筑物的资料。

计算出的工程量应填入工程量汇总表。

（3）计算各项目的施工持续时间

确定进度计划中各项工作的作业时间是计算项目计划工期基础。在工作项目的实物工程量一定的情况下，工作持续时间与安排在工程上的设备水平、人员技术水平、人员与设备数量、效率等有关。在现阶段，工作项目持续时间的确定方法主要有下述几种。

①按实物工程量和定额标准计算

根据计算出的实物工程量，应用相应的标准定额资料，就可以计算或估算各项目的施工持续时间 t：

$$t = \frac{Q}{mnN}$$

$$（5-1）$$

式（5-1）中，Q——项目的实物工程量；m 表示日工作班制，$m=1$、2、3；n 表示每班工作的人数或机械设备台数；N 表示人工或机械台班产量定额（用概算定额或扩大指标）。

②套用工期定额法

对于总进度计划中大"工序"的持续时间，通常采用国家制定的各类工程工期定额，并根据具体情况进行适当调整或修改。

③三时估计法

某些工作任务没有确定的实物工程量，或不能用实物工程量来计算工时，也没有颁布的工期定额可以套用，比如试验性工作或采用新工艺、新技术、新结构、新材料的工程，此时可采用"三时估计法"计算该项目的施工持续时间 t：

$$t = \frac{t_a + 4t_m + t_b}{6}$$

$$（5-2）$$

式（5-2）中，t_a 表示最乐观的估计时间，即最紧凑的估计时间；t，表示最悲观的估计时间，即最松动的估计时间；表示最可能的估计时间。

④分析确定项目之间的逻辑关系

项目之间的逻辑关系取决于工程项目的性质和轻重缓急、施工组织、施工技术等许多因素，概括说来分为以下两大类。

工艺关系，即由施工工艺决定的施工顺序关系。在作业内容、施工技术方案确定的情况下，这种工作逻辑关系是确定的，不得随意更改。如一般土建工程项目，应按照先地下后地上、先基础后结构、先土建后安装再调试、先主体后围护（或装饰）的原则安排施工顺序。现浇柱子的工艺顺序为：扎柱筋→支柱模→浇筑混凝土→养护和拆模。土坝坝面作业的工艺顺序为：铺土→平土→晾晒或洒水→压实→刨毛。它们在施工工艺上，都有必须遵循的逻辑顺序，违反此种顺序将付出额外的代价，甚至造成巨大的损失。

组织关系，即由施工组织安排决定的施工顺序关系。如工艺上没有明确规定先后顺序关系的工作，由于考虑到其他因素（如工期、质量、安全、资源限制、场地限制等）的影响而人为安排的施工顺序关系，均属此类。例如，由导流方案所形成的导流程序，决定了各控制环节所控制的工程项目，从而也就决定了这些项目的衔接顺序。再如，采用全段围堰隧洞导流的导流方案时，通常要求在截流以前完成隧洞施工、围堰进占、库区清理、截流备料等工作，由此形成了相应的衔接关系。又比如，由于劳动力的调配、施工机械的转移、建筑材料的供应和分配、机电设备进场等原因，一些项目安排在先，另一些项目安排在后，均属组织关系所决定的顺序关系。由组织关系所决定的衔接顺序，一般是可以改变的。只有改变相应的组织安排，有关项目的衔接顺序就会发生相应的变化。

项目之间的逻辑关系，是科学地安排施工进度的基础，应逐项研究，认真确定。

⑤初拟施工总进度计划

通过对项目之间进行逻辑关系分析，掌握工程进度的特点，理清工程进度的脉络，来初步拟订出一个施工进度方案。在初拟进度时，一定要抓住关键，分清主次，理清关系，互相配合，合理安排。要特别注意把与洪水有关、受季节性限制较严、施工技术比较复杂的控制性工程的施工进度安排好。

对于堤坝式水利水电枢纽工程，其关键项目一般位于河床，故施工总进度的安排应以导流程序为主要线索。先将施工导流、围堰截流、基坑排水、坝基开挖、基础处理、施工度汛、坝体拦洪、下闸蓄水、机组安装和引水发电等关键性工程控制进度安排好，其中应包括相应的准备、结束工作和配套辅助工程的进度。这样构成的总的轮廓进度即进度计划的骨架。然后再配合安排不受水文条件控制的其他工程项目，以形成整个枢纽工程的施工总进度计划草案。

需要注意的是，在初拟控制性进度计划时，对于围堰截流、拦洪度汛、蓄水发电等关键项目，一定要进行充分论证，并落实相关措施。否则，如果延误了截流时机，影响了发电计划，对工期的影响和造成国民经济的损失往往是非常巨大的。

对于引水式水利水电工程，有时引水建筑物的施工期限成为控制总进度的关键，此时总进度计划应以引水建筑物为主来进行安排，其他项目的施工进度要与之相适应。

⑥调整和优化

初拟进度计划形成以后，要配合施工组织设计其他部分的分析，对一些控制环节、关键项目的施工强度、资源需用量、投资过程等重大问题进行分析计算。若发现主要工程的施工强度过大或施工强度不均衡（此时也必然引起资源使用的不均衡）时，就应进行调整和优化，使新的计划更加完善，更加切实可行。

必须强调的是，施工进度的调整与优化往往要反复进行，工作量大并而枯燥。现阶段已普遍采用优化程序进行电算。

⑦编制正式施工总进度计划

经过调整优化后的施工进度计划，可以作为设计成果在整理以后提交审核。施工进度计划的成果可以用横道进度表（又称横道图或甘特图）的形式表示，也可以用网络图（包括时标网络图）的形式表示。此外，还应提交有关主要工种工程施工强度、主要资源需用强度和投资费用动态过程等方面的成果。

（三）落实、平衡、调整、修正计划

在完成草拟工程进度后，要对各项进度安排逐项落实。根据工程的施工条件、施工方法、机具设备、劳动力和材料供应以及技术质量要求等有关因素，分析论证所拟进度是否切合实际，各项进度之间是否协调。研究主体工程的工程量是否大体均衡，进行综合平衡工作。对原拟进度草案进行调整、修正。

以上简要地介绍了施工总进度计划的编制步骤。在实际工作中不可机械地划分这些步骤，而应该将其联系起来，大体上依照上述程序来编制施工总进度计划。当初步设计阶段的施工总进度计划获批后，在技术设计阶段还要结合单项工程进度计划的编制，来修正总进度计划。在工程施工中，再根据施工条件的演变情况予以调整，用来指导工程施工，控制工程工期。

三、网络进度计划

为适应生产的发展和满足科学研究工作的需要，20世纪50年代中期出现了工程计划管理的新方法——网络计划技术。该技术采用网络图的形式表达各项工作的相互制约和相互依赖关系，故此得名。用它来编制进度计划，具有十分明显优越性：各项工作之间的逻辑关系严密，主要矛盾突出，有利于计划的调整与优化，促使电子计算机得到应用。目前，国内外对这一技术的研究和应用已经相当成熟，应用领域也越来越广。

网络图是由箭线（用一端带有箭头的实线或虚线表示）和节点（用圆圈表示）组成，用来表示一项工程或任务进行顺序的有向、有序的网状图形。在网络图上加注工作的时间参数，就形成了网络进度计划（一般简称网络计划）。

网络计划的形式主要有双代号与单代号两种。此外，还有时标网络与流水网络等。

（一）双代号网络图

用一条箭线表示一项工作（或工序），在箭线首尾用节点编号表示该工作的开始和结束。其中，箭尾节点表示该工作开始，箭头节点表示该工作结束。根据施工顺序和相互关系，将一项计划的所有工作用上述符号从左至右绘制而成的网状图形，称为双代号网络图。用这种网络图表示的计划叫作双代号网络计划。

双代号网络图是由箭线、节点和线路三个要素所组成的，现将其含义和特性分述如下：

1. 箭线

在双代号网络图中，一条箭线表示一项工作。需要注意的是，根据计划编制的粗细不同，工作所代表的内容、范围是不一样的，但任何工作（虚工作除外）都需要占用一定的时间，并消耗一定的资源（如劳动力、材料、机械设备等）。所以，凡是占用一定时间的施工活动，例如基础开挖、混凝土浇筑、混凝土养护等，都可以看成一项工作。

除表示工作的实箭线外，还有一种虚箭线。它表示一项虚工作，没有工作名称，不占用时间，也不消耗资源，其主要作用是在网络图中解决工作之间的连接或断开关系问题。另外，箭线的长短并不表示工作持续时间的长短。箭线的方向表示施工过程的进行方向，绘图时应保持自左向右的总方向。

2. 节点

网络图中表示工作开始、结束或连接关系的圆圈称为节点。节点仅为前后诸工作的交接之点，只是一个"瞬间"，其既不消耗时间，也不消耗资源。

网络图的第一个节点称为起点节点，它表示一项计划（或工程）的开始；最后一个节点称为终点节点，它表示一项计划（或工程）的结束；其他节点称为中间节点。任何一个中间节点都既是其前面各项工作的结束节点，又是其后面各项工作的开始节点。因此，中间节点可反映施工的形象进度。

节点编号的顺序是，从起点节点开始，依次向终点节点进行。编号的原则是，每一条箭线的箭头节点编号必须大于箭尾节点编号，且所有节点的编号不能重复出现。

3.线路

在网络图中，顺箭线方向从起点节点到终点节点所经过的一系列由箭线和节点组成的可通路径称为线路。一个网络图可能只有一条线路，也可能有多条线路，各条线路上所有工作持续时间的总和称为该条线路的计算工期。其中，工期最长的线路称为关键线路（即主要矛盾线），其余线路则称为非关键线路。位于关键线路上的工作称为关键工作，位于非关键线路上的工作则称为非关键工作。关键工作完成的快慢直接影响整个计划的总工期。关键工作在网络图上通常用粗箭线、双箭线或红色箭线表示。当然，在一个网络图上，有可能出现多条关键线路，它们的计算工期是相等的。

在网络图中，关键工作的比重不宜过大，这样才有助于工地指挥者集中力量抓主要矛盾。

关键线路与非关键线路、关键工作与非关键工作，在一定条件之下是可以相互转化的。例如，当采取了一定的技术组织措施，缩短了关键线路上有关工作的作业时间，或使其他非关键线路上有关工作的作业时间延长时，就可能出现这种情况。

（1）绘制双代号网络图的基本规则

①网络图必须正确地反映各工序的逻辑关系。在绘制网络图之前，要确定施工的顺序，明确各工作之间的衔接关系，根据施工先后次序逐步把代表各工作的箭线连接起来，绘制成网络图。

②一个网络图只允许有一个起点节点和一个终点节点，即除网络的起点和终点外，不得再出现没有外向箭线的节点，也不得再出现没有内向箭线的节点。如果一个网络图中出现多个起点或多个终点，则此时可将没有内向箭线的节点全部并为一个节点，把没有外向箭线的节点也全部并为一个节点。

③网络图中不允许出现循环线路。在网络图中从某一节点出发，沿某条线路前进，最后又回到此节点，出现循环现象，就是循环线路。

④网络图中不允许出现代号相同的箭线。网络图中每一条箭线都各有一个开始节点和结束节点的代号，号码不能完全重复。一项工作只能有唯一的代号。

⑤网络图中严禁出现没有箭尾节点的箭线和没有箭头节点的箭线。

⑥网络图中严禁出现双向箭头或无箭头的线段。因为网络图是一种单向图，施工活动是沿着箭头指引的方向去逐项完成的。因此，一条箭线只能有一个箭头，且不可能出现无箭头的线段。

⑦绘制网络图时，尽量避免箭线交叉。当交叉不可避免时，可以采用过桥法或断线法表示。

⑧如果要表明某工作完成一定程度后，后道工序要插入，可采用分段画法，不得从箭线中引出另一条箭线。

（2）双代号网络图绘制示例

双代号网络图绘制步骤如下：

①根据已知的紧前工作，确定出紧后工作，并自左至右先画紧前工作，后画紧后工作。

②若没有相同的紧后工作或只有相同的紧后工作，则肯定没有虚箭线；如果既有相同的紧后工作，又有不同的紧后工作，则肯定有虚箭线。

③到相同的紧后工作用虚箭线，到不同的紧后工作则无虚箭线。

（3）双代号网络图时间参数计算

网络图时间参数计算的目的是确定各节点的最早可能开始时间和最迟必须开始时间，各工作的最早可能开始时间和最早可能完成时间、最迟必须开始时间和最迟必须完成时间，以及各工作的总时差和自由时差，以便确定整个计划的完成日期、关键工作和关键线路，从而为网络计划的执行、调整和优化提供科学的数据。时间参数的计算可采用不同的方法，如图上作业法、表上作业法和电算法等。这里主要介绍图上作业法。

（二）单代号网络图

1. 单代号网络图的表示方法

单代号网络图也是由许多节点和箭线组成的，但节点和箭线的意义与双代号有所不同。单代号网络图的一个节点代表一项工作，而箭线仅表示各项工作之间的逻辑关系。因此，箭线既不占用时间，也不消耗资源。用这种表示方法，把一项计划的所有施工过程按其先后顺序和逻辑关系从左至右绘制成的网状图形，叫作单代号网络图。用这种网络图表示的计划叫单代号网络计划。

与双代号网络图相比，单代号网络图具有这些优点：工作之间逻辑关系更为明确，容易表达，且没有虚工作；网络图绘制简单，便于检查、修改。因此，国内单代号网络图得到越来越广泛的应用，而国外单代号网络图早已取代双代号网络图。

2. 单代号网络图的绘制规则

同双代号网络图一样，绘制单代号网络图也必须遵循一定的规则，这些基本规则具体如下：

①网络图必须按照已定的逻辑关系绘制。

②不允许出现循环线路。

③工作代号不允许重复，一个代号只能代表唯一的工作。

④当有多项开始工作或多项结束工作时，应当在网络图两端分别增加一虚拟的起点节点和终点节点。

⑤严禁出现双向箭头或无箭头的线段。

⑥严禁出现没有箭尾节点或箭头节点的箭线。

3. 单代号网络计划的时间参数计算

（1）计算工作的最早开始时间和最早完成时间

工作 i 的最早开始时间 T_i^{ES} 应从网络图的起点节点开始，顺着箭线方向依次逐个计算。起点节点的最早开始时间 T_i^{ES} 如无规定，即其值等于零，也就是

$$T_i^{ES} = 0$$

（5-3）

其他工作的最早开始时间等于该工作的紧前工作的最早完成时间的最大值，即

$$T_i^{ES} = \max\left\{T_h^{EF}\right\} = \max\left\{T_h^{ES} + D_h\right\}$$

（5-4）

式（5-4）中，T_h^{EF}——工作 i 的紧前工作 h 的最早完成时间；T_h^{EF}——工作 i 的紧前工作 h 的最早开始时间；D_h——工作 i 的紧前工作 h 的工作持续时间。

工作的最早完成时间 T_i^{EF} 等于工作的最早开始时间加该工作持续时间，即

$$T_i^{EF} = T_i^{ES} + D_i$$

（5-5）

（2）网络计划工期 T_c 的计算

计算工期的公式为

$$T_c \quad T_n^{EF}$$

（5-6）

式（5-6）中，T_n^{EF} 表示终点节点 n 的最早完成时间。

（3）相邻两项工作之间的时间间隔的计算

工作 i 到工作 j 之间的时间间隔 $T_{i,j}^{LAG}$ 是工作 j 的最早开始时间与工作 i 的最早完成时间的差值，其大小按式（5-7）计算：

$$T_{i,j}^{LAG} = T_j^{ES} - T_i^{EF}$$

（5-7）

（4）工作最迟开始时间和工作最迟完成时间的计算

工作的最迟完成时间应从网络图的终点节点开始，逆着箭线方向依次逐项计算。终点节点所代表的工作 n 的最迟完成时间 T_n^{LF}，应该按网络计划的计划工期 T_p，或计算工期 T_c 确定，即

$$T_n^{LF} = T_p \text{ 或 } T_n^{LF} = T_c$$

（5-8）

工作的最迟完成时间等于该工作的紧后工作的最迟开始时间最小值，即

$$T_i^{LF} = \min\left\{T_j^{LS}\right\} = \min\left\{T_j^{LF} - D_j\right\}$$

$$（5-9）$$

式（5-9）中，T_j^{LS} 表示工作 i 的紧后工作 j 的最迟开始时间；T_i^{LF} 表示工作 i 的紧后工作 j 的最迟完成时间；D_j 表示工作 i 的紧后工作 j 的持续时间。

工作的最迟开始时间等于该工作的最迟完成时间减去工作持续时间，即

$$T_i^{LS} = T_i^{LF} - D_i$$

$$（5-10）$$

（5）工作总时差的计算

工作总时差应从网络图的终点节点开始，逆着箭线方向依次逐项计算。

终点节点所代表的工作 n 的总时差 F_n^T 为零，即

$$F_n^T = 0$$

$$（5-11）$$

其他工作的总时差等于该工作与其紧后工作之间的时间间隔加上该紧后工作的总时差所得之和的最小值，即水利工程与施工管理

$$F_i^T = \min\left\{T_{i,j}^{LAG} + F_j^T\right\}$$

$$（5-12）$$

式子（5-12）中，F_j^T 表示工作 i 的紧后工作 j 的总时差。

当已知各项工作的最迟完成时间或最迟开始时间时，工作的总时差也可按式（5-13）计算：

$$F_i^T = T_i^{LS} - T_i^{ES} = T_i^{LF} - T_i^{EF}$$

$$（5-13）$$

（6）工作自由时差的计算

工作的自由时差等于该工作与其紧后工作之间的时间间隔的最小值或者等于其紧后工作最早开始时间的最小值减去本工作的最早完成时间，即

$$F_i^F = \min\left\{T_j^{ES} - T_i^{EF}\right\} = \min\left\{T_j^{ES} - T_i^{ES} - D_i\right\}$$

$$（5-14）$$

寻找关键线路的方法有以下几种：

①凡是 T_i^{ES} 与 T_i^{LS} 守相等（或 T_i^{EF} 与 T_i^{LF} 相等）的工作都是关键工作，把这些关键工作连接起来形成自始至终的线路就是关键线路。

② $T_{i,j}^{LAG}$=0，并且由始点至终点能连通的线路，就是关键线路。由终点向始点找比较方便，因为在非关键线路上也存在 $T_{i,j}^{LAG}$=0 的情况。

③工作总时差为零的关键工作连成的自始至终线路，就是关键线路。

第二节 水利工程成本管理

随着市场经济的不断发展，水利工程施工行业间的竞争也日趋激烈，施工企业的利润空间越来越小，这就要求施工企业不断提高项目管理水平。其中，抓好成本管理和成本控制，优化资源配置，最大限度地挖掘企业潜力，为企业在水利工程行业中低成本竞争制胜的关键所在。

随着市场经济体制的逐步完善和国企改革的深入，强化企业管理，提高科学管理水平则是水利施工企业转换经营机制、实现扭亏为盈的重要途径之一。但是水利施工企业由于进入市场比较晚，同国内外其他行业相比，成本管理还较为滞后。因此，有必要以成本管理控制理论为依据，提出了水利施工企业加强项目成本管理的措施。

一、施工成本管理的任务与措施

（一）施工成本管理的任务

施工成本是指在建设工程项目的施工过程中所发生的全部生产费用的总和，包括消耗的原材料、辅助材料、构配件等费用，周转材料的摊销费或租赁费，施工机械的使用费或租赁费，支付给生产工人的工资、资金、工资性质的津贴等，以及进行施工组织与管理所发生的全部费用支出。建设工程项目施工成本由直接成本和间接成本组成。

直接成本是指施工过程中耗费的构成工程实体或有助于工程实体形成的各项费用支出，是可以直接计入工程对象的费用，包括人工费、材料费、施工机械使用费和施工措施费等。

间接成本是指为施工准备、组织和管理施工生产的全部费用的支出，是非直接使用也无法直接计入工程对象，但是为进行工程施工所必须发生的费用，包括管理人员工资、办公费、差旅费等。

施工成本管理就是要在保证工期和质量满足要求的情况下，采取相应管理措施（包括组织措施、经济措施、技术措施和合同措施），把成本控制在计划范围之内，并进一步寻求最大程度的成本节约。

1. 施工成本预测

施工成本预测是根据成本信息和施工项目的具体情况，运用一定的专门方法，对未来的成本水平及其可能发展趋势做出科学的估计，其是在工程施工以前对成本进行的估算。通过成本预测，在满足业主和本企业要求的前提下，选择成本低、效益好的最佳方案，可以加强成本控制，克服盲目性，提高预见性。

2.施工成本计划

施工成本计划是以货币形式编制施工项目的计划期内的生产费用、成本水平、成本降低率，以及为降低成本所采取的主要措施和规划的书面方案。它是建立施工项目成本管理责任制，开展成本控制和核算的基础，也是该项目降低成本指导性文件，是设立目标成本的依据。可以说，施工成本计划是目标成本的形式之一。

3.施工成本控制

施工成本控制是指在施工过程中，加强对影响施工成本的各种因素的管理，并采取各种有效的措施，将施工中实际发生的各种消耗和支出严格控制在成本计划范围内，随时揭示并及时反馈，严格审查各项费用是否符合标准，计算实际成本和计划成本之间的差异并进行分析，进而采取多种措施，消除施工中的损失浪费现象。

建设工程项目施工成本控制应贯穿于项目从投标阶段开始直至竣工验收的全过程，它是企业实施全面成本管理的重要环节。施工成本控制可分为事先控制、事中控制（过程控制）和事后控制三部分。在项目的施工过程当中，需按动态控制原理对实际施工成本的发生过程进行有效控制。

4.施工成本核算

施工成本核算包括两个基本环节：一是按照规定的成本开支范围对施工费用进行归集和分配，计算出施工费用的实际发生额；二是根据成本核算对象，采用适当的方法，计算出该施工项目的总成本和单位成本。施工成本管理需要正确及时地核算施工过程中发生的各项费用，计算施工项目的实际成本。施工项目成本核算所提供的各种成本信息，是成本预测、成本计划、成本控制、成本分析和成本考核等各个环节的依据。

5.施工成本分析

施工成本分析是在施工成本核算的基础之上，对成本的形成过程和影响成本升降的因素进行分析，以寻求进一步降低成本的途径，包括对有利偏差的挖掘和对不利偏差的纠正。施工成本分析贯穿于施工成本管理的全过程，是在成本的形成过程中，主要利用施工项目的成本核算资料（成本信息），与目标成本、预算成本以及类似的施工项目的实际成本等进行比较，了解成本的变动情况，同时也要分析主要技术经济指标对成本的影响，系统地研究成本变动的因素，检查成本计划的合理性，并通过成本分析，深入揭示成本变动规律，寻找降低施工项目成本的途径，以便有效地进行成本控制。成本偏差的控制，分析是关键，纠偏是核心，要针对分析得出偏差发生的原因并且采取切实措施，加以纠正。

成本偏差分为局部成本偏差和累计成本偏差两方面。局部成本偏差包括项目的月度（或周、天等）核算成本偏差、专业核算成本偏差以及分部分项作业成本偏差等；累计成本偏差是指已完工程在某一时间点上的实际总成本与相应的计划总成本的差异。分析成本偏差的原因，应采取定性和定量相结合的方法。

6. 施工成本考核

施工成本考核是指在施工项目完成后，对施工项目成本形成中的各责任方，按施工项目成本目标责任制的有关规定，将成本的实际指标与计划、定额、预算进行对比和考核，评定施工项目成本计划的完成情况和各责任方的业绩，并且以此给予相应的奖励和处罚。通过成本考核，做到有奖有惩，赏罚分明，才能有效调动每一位员工在各自的施工岗位上努力实现目标的积极性，为降低施工项目成本和增加企业积累，做出自己的贡献。

施工成本管理的每一个环节都是相互联系和相互作用的。成本预测是成本决策的前提，成本计划是成本决策所确定目标的具体化。成本计划控制则是对成本计划的实施进行控制和监督，保证决策的成本目标的实现，而成本核算又是对成本计划是否实现的最后检验，它所提供的成本信息又为下一个施工项目的成本预测和决策提供基础资料。成本考核是实现成本目标责任制和决策目标的重要手段。

（二）施工成本管理的措施

为了取得施工成本管理的理想成效，应当从多方面采取措施实施管理，通常可将这些措施归纳为组织措施、技术措施、经济措施和合同措施。

1. 组织措施是从施工成本管理的组织方面采取的措施。施工成本控制是全员的活动，如实行项目经理责任制，落实施工成本管理的组织机构和人员，明确各级施工成本管理人员的任务和职能分工、权利和责任。施工成本管理不仅是专业成本管理人员的工作，各级项目管理人员也都负有成本控制责任。

组织措施也是编制施工成本控制工作计划、确定合理详细的工作流程。要做好施工采购规划，通过生产要素的优化配置，有效控制实际成本；加强施工定额管理和任务单管理，控制活劳动和物化劳动的消耗；加强施工调度，避免因施工计划不周和盲目调度造成窝工损失、机械利用率降低、物料积压等，从而使施工成本增加；成本控制工作只有建立在科学管理的基础之上，具备合理的管理体制，完善的规章制度，稳定的作业秩序，完整准确的信息传递，才可取得成效。组织措施是其他各类措施的前提和保证，而且一般不需要增加相关费用，运用得当即可以取得良好的效果。

2. 技术措施不仅对解决施工成本管理过程中的技术问题是不可缺少的，而且对纠正施工成本管理目标偏差也有相当重要的作用。运用技术纠偏措施的关键有两方面，一是要能提出多个不同的技术方案，二是要对不同的技术方案进行技术经济分析。

施工过程中降低成本的技术措施，包括进行技术经济分析，确定最佳的施工方案。结合施工方法，进行材料使用的比选，在满足功能要求的前提下，通过迭代、改变配合比、使用添加剂等方法降低材料消耗的费用。确定最合适的施工机械、设备的使用方案。结合项目的施工组织设计及自然地理条件，降低材料的库存成本和运输成本。运用先进的施工技术、新材料、新开发机械设备。在实践当中，也要避免仅从技术角度选定方案而忽略对其经济效果的分析论证。

3. 经济措施是最易为人们所接受和采取的措施。管理人员应编制资金使用计划，确定、分解施工成本管理目标。对施工成本管理目标进行风险分析，并制定防范性对策。

对各项支出，应认真做好资金的使用计划，并在施工中严格控制各项开支。及时准确地记录、收集、整理、核算实际发生的成本。对于各种变更，要及时做好增减账，及时落实业主签证，及时结算工资款。通过偏差分析和未完工工程预测，可发现一些将引起未完工程施工成本增加的潜在问题，对于这些问题，应当以主动控制为出发点，及时采取预防措施。由此可见，经济措施的运用绝不仅仅是财务人员的事情。

4.采取合同措施控制施工成本，应贯穿整个合同周期，包括从合同谈判开始到合同终止的全过程。首先，选用合适的合同结构，对各种合同结构模式进行分析、比较，在合同谈判时，要争取选用适合于工程规模、性质和特点的合同结构模式。其次，在合同条款中应仔细考虑影响成本和效益的一切因素，特别是潜在的风险因素。识别和分析会引起成本变动的风险因素的，并采取必要的风险对策，如通过合理的方式，增加承担风险的个体数量，降低损失发生的比例，并最终使这些策略反映在合同的具体条款中。在合同执行期间，合同管理的措施既要密切关注对方合同的执行情况，以寻求合同索赔的机会，同时又要密切关注己方合同履行的情况，以避免被对方索赔。

二、施工成本计划分析

（一）施工成本计划的类型

对于一个施工项目而言，其成本计划的编制是一个不断深化的过程。在这一过程的不同阶段形成的深度和作用不同的成本计划，按其作用可分为以下三类。

1.竞争性成本计划

竞争性成本计划即工程项目投标及签订合同阶段的估算成本计划。这类成本计划是以招标文件中的合同条件、投标者须知、技术规程、设计图纸或者工程量清单等为依据，以有关价格条件说明为基础，结合调研和现场考察获得的情况，根据本企业的工料消耗标准、水平、价格资料和费用指标，对本企业完成招标工程所需要支出的全部费用的估算。在投标报价的过程中，虽也着力考虑降低成本的途径和措施，但总体上较为粗略。

2.指导性成本计划

指导性成本计划即选派项目经理阶段的预算成本计划，是项目经理的责任成本目标。它是以合同标书为依据，按照企业的预算定额标准制订设计预算成本计划，一般情况下只是确定责任总成本指标。

3.实施性成本计划

实施性成本计划即项目施工准备阶段的施工预算成本计划，它以项目实施方案为依据，落实项目经理责任目标为出发点，采用企业的施工定额通过施工预算编制而形成的实施性施工成本计划。

施工预算和施工图预算虽仅一字之差，但区别较大，它们的区别主要有以下几方面：

（1）编制的依据不同

施工预算的编制以施工定额为主要依据，施工图预算的编制以预算定额为主要依据，而施工定额比预算定额划分得更详细、具体，并对其中所包括的内容，如质量要求、施工方法以及所需劳动工日、材料品种、规格型号等均有较详细的规定或要求。

（2）适用的范围不同

施工预算是施工企业内部管理用的一种文件，与建设单位没有直接关系；施工图预算既适用于建设单位，又适用于施工单位。

（3）发挥的作用不同

施工预算是施工企业组织生产、编制施工计划、准备现场材料、签发任务书、

考核功效、进行经济核算的依据，它也是施工企业改善经营管理、降低生产成本和推行内部经营承包责任制的重要手段，而施工图预算则是投标报价的主要依据。

（二）施工成本计划的编制依据

施工成本计划是施工项目成本控制的一个重要环节，是完成降低施工成本任务的指导性文件。如果针对施工项目所编制的成本计划达不到目标成本的要求，就必须组织施工项目管理班子的有关人员重新研究，以寻找降低成本的途径，并且重新进行编制。同时，编制成本计划的过程也是动员全体施工项目管理人员的过程，是挖掘降低成本潜力的过程，是检验施工技术质量管理、工期管理、物资消耗和劳动力消耗管理等是否落实的过程。

编制施工成本计划，首先，需要广泛收集相关的资料并进行整理，以作为施工成本计划编制的依据。在此基础上，根据有关设计文件、工程承包合同、施工组织设计、施工成本预测资料等，按照施工项目应投入的生产要素，结合各种因素的变化和拟采取的各种措施，估算施工项目生产费用支出的总水平，进而提出施工项目的成本计划控制指标，确定目标总成本。其次，目标成本确定后，应当将总目标分解落实到各个机构、班组以及便于进行控制的子项目或工序中。最后，通过综合平衡，编制完成施工成本计划。

施工成本计划的编制依据包括：

①投标报价文件。

②企业定额、施工预算。

③施工组织设计或施工方案。

④人工、材料、机械台班的市场价。

⑤企业颁布的材料指导价、企业内部机械台班价格、劳动力内部挂牌价格。

⑥周转设备内部租赁价格、摊销损耗标准。

⑦已签订的工程合同、分包合同（或估价书）。

⑧结构件外加工计划和合同。

⑨有关财务成本核算制度与财务历史资料。

⑩施工成本预测资料。

⑪拟采取的降低施工成本的措施。

⑫其他相关资料。

（三）施工成本计划的编制方法

施工成本计划的编制方法有以下三种。

1. 按施工成本组成编制

建筑安装工程费用项目由分部分项工程费、措施项目费、其他项目费、规费和税金组成。

施工成本可以按成本构成分解为人工费、材料费、施工机械使用费、措施项目费和企业管理费等等。

2. 按施工项目组成编制

大中型工程项目通常是由若干单项工程构成的，每个单项工程又包含若干单位工程，每个单位工程又包含了若干分部分项工程。因此，应首先把项目总施工成本分解到单项工程和单位工程中，再进一步分解到分部工程和分项工程中。其次就要具体地分配成本，编制分项工程的成本支出计划，从而得到详细的成本计划表。

在编制成本支出计划时，要在项目总的方面考虑总的预备费，也要在主要的分项工程中安排适当的不可预见费，避免在具体编制成本计划时，因为某项内容工程量计算有较大出入，而使原来的成本预算失实。

3. 按施工进度编制

按工程进度编制施工成本计划，通常可利用控制项目进度的网络图进一步扩充而得。在建立网络图时，一方面确定完成各项工作所需花费的时间，另一方面确定完成这一工作的合适的施工成本支出计划。在实践中，将工程项目分解为既能方便地表示时间，又能方便地表示施工成本支出计划的工作是不容易的，通常来说，如果项目分解程度对时间控制合适的话，则可能对施工成本支出计划分解过细，以至于不可能对每项工作都确定其施工成本支出计划，反之亦然。因此在编制网络计划时，应充分考虑进度控制对项目划分的要求。同时，还要考虑确定施工成本支出计划对项目划分的要求，做到二者兼顾。通过对施工成本目标按时间进行分解，在网络计划基础之上，可获得项目进度计划的横道图，并在此基础上编制成本计划。其表示方式有两种：一种是在时标网络图上按月编制成本计划，另一种是利用时间—成本累积曲线（S形曲线）表示的成本计划。

以上三种编制施工成本计划的方式并不是相互独立的。在实践中，往往是将这三种方式结合起来使用，从而取得扬长避短的效果。例如，将按项目分解总施工成本与按施工成本构成分解总施工成本两种方式相结合，横向按施工成本构成分解，纵向按项目分解，或相反。这种分解方式有助于检查各分部分项工程施工成本构成是否完整，有无重复计算或漏算，同时还有助于检查各项具体施工成本支出的对象是否明确，且可以从数字上校核分解的结果有无错误。或者还可将按子项目分解的总施工成本计划与按时间分解的总施工成本计划结合起来，一般纵向按项目分解，横向按时间分解。

三、工程变更程序和价款的确定

由于建设工程项目建设的周期长、涉及的关系复杂、受自然条件和客观因素的影响大，所以项目的实际施工情况与招标投标时的情况往往有所偏差，从而出现工程变更。工程变更包括工程量变更、工程项目的变更（如发包人提出增加或者删减原项目内容）、进度计划的变更、施工条件的变更等。如果按照变更的起因划分，变更的种类有很多，如：发包人的变更指令（包括发包人对工程有了新的要求、发包人修改项目计划、发包人消减预算、发包人对项目进度有了新的要求等）；由于设计错误，必须对设计图纸做修改；工程环境变化；由于出现了新的技术和知识，有必要改变原设计、实施方案或者实施计划；法律法规或者政府对建设工程项目有了新的要求等。

（一）工程变更的控制原则

工程变更的控制原则包括以下几方面：

1. 工程变更不论是由业主单位、施工单位还是监理工程师提出，无论是何内容，工程变更指令均需由监理工程师发出，并确定工程变更的价格和条件。

2. 工程变更，要建立严格的审批制度，切实把投资控制在合理的范围内。

3. 对设计进行修改与变更（包括施工单位、业主单位和监理单位对设计的修改意见），应由现场设计单位代表邀请设计单位进行研究。设计变更必须进行工程量及造价增减分析，经设计单位同意，如突破总概算，必须经有关部门审批。严格控制施工中的设计变更，健全设计变更的审批程序，防止任意提高设计标准，改变工程规模，增加工程投资费用。设计变更经监理工程师会签之后交施工单位施工。

4. 在一般的建设工程施工承包合同中均包括工程变更的条款，允许监理工程师向承包单位发布指令，要求对工程的项目、数量或质量工艺进行变更，对原标书的有关部分进行修改。

工程变更也包括监理工程师提出的"新增工程"，即原招标文件和工程量清单中没有包括的工程项目。对于这些新增工程，承包单位也必须按照监理工程师的指令组织施工，工期与单价由监理工程师与承包方协商确定。

5. 由工程变更所引起的工程量的变化，都有可能使项目投资超出原来的预算，因此必须予以严格控制，密切注意其对未完工程投资支出的影响以及对工期的影响。

6. 对于施工条件的变更，往往是指未能预见的现场条件或不利的自然条件，即在施工中实际遇到的现场条件同招标文件中描述的现场条件有本质的差异，使施工单位向业主单位提出施工价款和工期的变化要求，由此引起索赔。

工程变更均会对工程质量、进度、投资产生影响，因此应做好工程变更的审批工作，合理确定变更工程的单价、价款和工期延长的期限，并且由监理工程师下达变更指令。

（二）工程变更程序

工程变更程序主要包括提出工程变更、审查工程变更、编制工程变更文件及下达变更指令。工程变更文件要求包括以下内容：

1.工程变更令。应按固定的格式填写，说明变更的理由、变更概况、变更估价及对合同价款的影响。

2.工程量清单。填写工程变更前、后的工程量、单价和金额，并且对未在合同中进行规定的方法予以说明。

3.新的设计图纸及有关的技术标准。

4.涉及变更的其他有关文件或资料。

（三）工程变更价款的确定

对于工程变更的项目，一种是不需确定新的单价，仍按原投标单价计付；另一种是需变更为新的单价，这主要表现为两种情况：变更项目及数量超过合同规定的范围；虽属原工程量清单的项目，但其数量超过规定范围。变更的单价及价款应由合同双方协商决定。

合同价款的变更价格是在双方协商的时间内，由承包单位提出变更价格，报监理工程师批准后调整合同价款和竣工日期。审核承包单位提出的变更价款是否合理，可以参考以下原则：

1.合同中有适用于变更工程的价格，按合同已有的价格计算变更合同价款。

2.合同中只有类似变更情况的价格，可以此为基础，确定变更价格，变更合同价款。

3.合同中没有适用和类似的价格，由承包单位提出适当的变更价格，监理工程师批准执行。批准变更价格，应与承包单位达成一致，否则应通过工程造价管理部门裁定。

经双方协商同意的工程变更，应有书面材料，并由双方正式委托的代表签字；涉及设计变更的，还必须有设计部门的代表签字，以此作为以后进行工程价款结算的依据。

四、建筑安装工程费用的结算

（一）建筑安装工程费用的主要结算方式

建筑安装工程费用的结算可以根据不同情况采取多种方式。

1.按月结算

先预付部分工程款，在施工过程中按月结算工程进度款，竣工之后进行竣工结算。

2.竣工后一次结算

建设项目或单项工程全部建筑安装工程建设期在12个月之内，或者工程承包合同价值在100万元以下的，可以采取工程价款每月月中预支，竣工后一次结算的方式。

3.分段结算

当年开工，当年不能竣工的单项工程或单位工程按照工程进度，划分不同阶段进行结算。分段结算可以按月预支工程款。

4.结算双方约定的其他结算方式

实行竣工后一次结算和分段结算的工程，当年结算的工程款应与分年度的工作量一致，年终不另行清算。

（二）工程预付款

工程预付款是建设工程施工合同订立后由发包人按照合同约定，在正式开工之前预先支付给承包人的工程款。它是施工准备和所需要材料、结构件等流动资金的主要来源，国内又习惯称之为预付备料款。工程预付款的具体事宜由发包、承包双方根据建设行政主管部门的规定，结合工程款、建设工期和包工包料情况在合同中进行约定。在《建设工程施工合同（示范文本）》中，对有关工程预付款做如此约定：实行工程预付款的，双方应当在专用条款内约定发包人向承包人预付工程款的时间和数额，开工后按约定的时间和比例逐次扣回。预付时间应不迟于约定的开工日期前 7 天。如果发包人不按约定预付，则承包人可在约定预付时间 7 天后向发包人发出要求预付的通知，发包人收到通知后仍不能按要求预付，承包人可在发出通知后 7 天停止施工，发包人应从约定应付之日起向承包人支付应付款的贷款利息，并承担违约责任。

工程预付款额度，各地区、各部门的规定不完全相同，主要是保证施工所需材料和构件的正常储备。一般根据施工工期、建安工作量、主要材料和构件费用占建安工作量的比例以及材料储备周期等因素经测算来确定。发包人应根据工程的特点、工期长短、市场行情、供求规律等因素，于招标时在合同条件中约定工程预付款的百分比。

工程预付款的扣回，扣款的方法有两种：从未施工工程尚需的主要材料以及构件的价值相当于工程预付款数额时起扣；从每次结算工程价款中，按材料比重扣抵工程价款，竣工前全部扣清，基本公式如下：

$$T = P - M / N$$

（5-15）

式（5-15）中，T 表示起扣点，工程预付款开始扣回时的累计完成工作量金额；M 表示工程预付款限额；N 表示主要材料的占比重；P 表示工程价款总额。

（三）工程进度款

1. 工程进度款的计算

工程进度款的计算，主要涉及两个方面：一是工程量的计量；二是单价的计算方法。单价的计算方法，主要由发包人和承包人事先约定的工程价格的计价方法决定。目前，我国工程价格的计价方法可以分为工料单价和综合单价两种方法。二者在选择时，既可采取可调价格的方式，即工程价格在实施期间可随价格变化而调整，也可采取固定价格的方式，即工程价格在实施期间不因价格变化而调整，在工程价格中已考虑价格风险因素并在合同中明确了固定价格所包括的内容和范围。

2. 工程进度款的支付

《建设工程施工合同（示范文本）》关于工程款的支付也作出了相应的约定：在确认计量结果后 14 天内，发包人应向承包人支付工程款（进度款）。发包人超过约定的支付时间不支付工程款，则承包人可向发包人发出要求付款的通知，如果发包人接到承包人通知后仍不能按要求付款，可与承包人协商签订延期付款协议，经承包人同意之后可延期支付。协议应明确延期支付的时间和从计量结果确认后第 15 天起计算应付款的贷款利息。发包人不按合同约定支付工程款，双方又未达成延期付款协议，导致施工无法进行的，承包人可停止施工，并由发包人承担违约责任。

（四）竣工结算

工程竣工验收报告经发包人认可后 28 天内，承包人向发包人递交竣工结算报告及完整的结算资料，双方按照协议书约定的合同价款及专用条款约定的合同价款调整内容，进行工程竣工结算。专业监理工程师审核承包人报送的竣工结算报表；总监理工程师审定竣工结算报表；与发包人、承包人协商一致后，签发竣工结算文件与最终的工程款支付证书。

发包人于收到承包人递交的竣工结算报告及结算资料后 28 天内进行核实，并给予确认或者提出修改意见。发包人确认竣工结算报告后通知经办银行向承包人支付竣工结算价款。承包人于收到竣工结算价款后 14 天内将竣工工程交付发包人。

发包人收到竣工结算报告及结算资料后 28 天内无正当理由不支付工程竣工结算价款，则从第 29 天起按承包人同期向银行贷款利率支付拖欠工程价款的利息，并承担违约责任。

发包人收到竣工结算报告及结算资料后 28 天内无正当理由不支付工程竣工结算价款，承包人可以催告发包人支付结算价款。发包人在收到竣工结算报告及结算资料后 56 天内仍不支付的，承包人可以与发包人协议将该工程折价，也可以由承包人申请人民法院将该工程依法拍卖，承包人就该工程折价或者拍卖的价款优先受偿。

工程竣工验收报告经发包人认可后 28 天内，承包人未能向发包人递交竣工结算报告及完整的结算资料，造成工程竣工结算不能正常进行或工程竣工结算价款不能及时支付，发包人要求交付工程的，承包人应当交付；发包人不要求交付工程的，承包人该承担保管责任。

五、施工成本控制分析

（一）施工成本控制的依据

施工成本控制的依据包括以下内容。

1. 工程承包合同

施工成本控制要以工程承包合同为依据，围绕降低工程成本这个目标，从预算收入和实际成本两方面，努力挖掘增收节支潜力，以求获得最大经济效益。

2. 施工成本计划分析

施工成本计划是根据施工项目的具体情况制订的施工成本控制方案，既包括预定的具体成本控制目标，又包括实现控制目标的措施和规划，是施工成本控制的指导性文件。

3. 进度报告

进度报告提供了每一时刻的工程实际完成量、工程施工成本实际支付情况等重要信息。施工成本控制工作正是通过实际情况与施工成本计划相比较，找出二者之间差别，分析偏差产生的原因，从而采取措施改进以后的工作。此外，进度报告水利工程与施工管理还有助于管理者及时发现工程实施中存在的隐患，并在事态还未造成重大损失之前采取有效措施，尽量避免损失。

4. 工程变更

在项目的实施过程中，由于各方面的原因，工程变更是很难避免的。工程变更一般包括设计变更、进度计划变更、施工条件变更、技术规范与标准变更、施工次序变更、工程数量变更等。一旦出现变更，工程量、工期、成本都必将发生变化，从而使得施工成本控制工作变得更加复杂和困难。因此，施工成本管理人员应当通过对变更要求当中各类数据的计算、分析，随时掌握变更情况，包括已发生工程量、将要发生工程量、工期是否拖延、支付情况等重要信息，判断变更以及变更可能带来的索赔额度等等。

除上述几种施工成本控制工作的主要依据外，有关施工组织设计、分包合同等也都是施工成本控制的依据。

（二）施工成本控制的步骤

在确定了施工成本计划之后，必须定期进行施工成本计划值与实际值的比较，当实际值偏离计划值时，分析产生偏差的原因，采取适当的纠偏措施，以确保施工成本控制目标得以实现。其步骤如下。

1. 比较

按照某种确定的方式将施工成本的计划值和实际值逐项进行比较，以确定施工成本是否超支。

2. 分析

在比较的基础上，对比较的结果进行分析，以确定偏差的严重性及偏差产生的原因。这一步是施工成本控制工作的核心，其主要目的在于找出产生偏差的原因，从而采取有针对性的措施，避免或减少相同问题再次发生或减少由此造成的损失。

3. 预测

根据项目实施情况估算整个项目完成时的施工成本。预测的目的在于为决策提供支持。

4. 纠偏

当工程项目的实际施工成本出现了偏差，应当根据工程的具体情况、偏差分析和预测的结果，采用适当的措施，以期达到使施工成本偏差尽可能小的目的。纠偏是施工成本控制中最具实质性的一步。只有通过纠偏，才可能最终达到有效控制施工成本的目的。

5. 检查

检查是指对工程的进展进行跟踪和检查，及时了解工程进展状况以及纠偏措施的执行情况和效果，为今后的工作积累经验。

（三）施工成本控制的方法

施工阶段是控制建设工程项目成本发生的主要阶段，其通过确定成本目标并按计划成本进行施工、资源配置，对施工现场发生的各种成本费用进行有效控制，其具体的控制方法如下：

1. 人工费的控制

人工费的控制实行"量价分离"的方法，将作业用工及零星用工按定额工日的一定比例综合确定用工的数量与单价，通过劳务合同进行控制。

2. 材料费的控制

材料费控制同样按照"量价分离"的原则，主要控制材料用量和材料价格。

（1）材料用量的控制

在保证符合设计要求和质量标准的前提下，合理使用材料，通过定额管理、计量管理等手段有效控制材料物资的消耗，具体的方法如下：

①定额控制。对于有消耗定额的材料，以消耗定额为依据，实行限额发料制度。在规定限额内分期分批领用，超过限额领用的材料，必须先查明原因，经过一定审批手续方可领料。

②指标控制。对于没有消耗定额的材料，则实行计划管理和按指标控制的办法。

根据以往项目的实际耗用情况，结合具体施工项目的内容和要求，制定领用材料的指标，据以控制发料。超过指标的材料，必须经过一定的审批手续方可领用。

③计量控制。准确做好材料物资的收发计量检查和投料计量检查。

④包干控制。在材料使用过程当中，对部分小型及零星材料（如钢钉、钢丝等）根据工程量计算出所需材料量，将其折算成费用，由作业者包干控制。

（2）材料价格的控制

材料价格主要由材料采购部门控制。由于材料价格由买价、运杂费、运输中的合理损耗等所组成，因此控制材料价格，主要是通过掌握市场信息，应用招标和询价等方式控制材料、设备的采购价格。

施工项目的材料物资，包括构成工程实体的主要材料和结构件，以及有助于工程实体形成的周转使用材料和低值易耗品。从价值角度来看，材料物资的价值，占建筑安装工程造价的60%～70%，其重要程度自然不言而喻。由于材料物资的供应渠道和管理方式各不相同，所以控制的内容和所采取的控制方法也有所不同。

3. 施工机械使用费的控制

合理选择施工机械设备并合理使用施工机械设备对成本控制具有十分重要的意义，尤其是高层建筑施工。根据某些工程实例统计，高层建筑地面以上部分的总费用中，垂直运输机械费用占 6% ～ 10%。由于不同的起重机械有不同的用途和特点，所以在选择起重运输机械时，应根据工程特点和施工条件确定采取何种起重运输机械的组合方式。在确定采用何种组合方式时，既应满足施工的需要，又要考虑到费用的高低和综合经济效益。

施工机械使用费主要由台班数量和台班单价两方面决定，为有效控制施工机械使用费的支出，可从以下几个方面进行：

①合理安排施工生产，加强设备租赁计划管理，减少由安排不当引起的设备闲置。

②加强机械设备的调度工作，尽量避免窝工，提高现场设备的利用率。

③加强现场设备的维修保养，避免因不正确使用而造成机械设备停置。

④做好机上人员与辅助生产人员的协调与配合，提高施工机械台班的产量。

4. 施工分包费用的控制

分包工程价格的高低，必然会对项目经理部的施工项目成本产生一定影响。因此，施工项目成本控制的重要工作之一是对分包价格的控制。项目经理部应在确定施工方案的初期就确定需要分包的工程范围。确定分包范围的因素主要是施工项目的专业性和项目规模。对分包费用的控制，主要是要做好分包工程的询价、订立平等互利的分包合同、建立稳定的分包关系网络、加强施工验收和分包结算等工作。

六、施工成本分析步骤

（一）施工成本分析的依据

施工成本分析，就是根据会计核算、业务核算和统计核算提供的资料，对施工成本的形成过程和影响成本升降的因素进行分析，以寻求进一步降低成本的途径。此外，通过成本分析，可从账簿、报表反映的成本现象看清成本的实质，从而增强项目成本的透明度和可控性，为加强成本控制，实现项目成本目标创造条件。

1. 会计核算

会计核算主要是价值核算。会计是对一定单位的经济业务进行计量、记录、分析和检查，做出预测，参与决策，实行监督，旨在实现最优经济效益的一种管理活动。它通过设置账户、进行复式记账、填制和审核凭证、登记账簿、计算成本、清查财产和编制会计报表等一系列有组织、有系统的方法，来记录企业的一切生产经营活动，然后据以提出一些用货币来反映的各种综合性经济指标的数据。资产、负债、所有者权益、营业收入、成本、利润等会计六要素指标，主要是通过会计来核算。由于会计记录具有连续性、系统性、综合性等特点，所以它是施工成本分析重要依据。

2. 业务核算

业务核算是各业务部门根据业务工作的需要而建立的核算制度，它包括原始记录和计算登记表，如单位工程及分部分项工程进度登记，质量登记，工效、定额计算登记，物资消耗定额记录，测试记录等。业务核算的范围比会计、统计核算要广泛，会计和统计核算一般是对已经发生的经济活动进行核算，而业务核算不但可以对已经发生的，而且可以对尚未发生或正在发生的经济活动进行核算，看是否可以做，是否有经济效益。它的特点是对个别的经济业务进行单项核算。例如各种技术措施、新工艺等项目，可以核算已经完成的项目是否达到原定的目的、取得预期的效果，也可以对准备采取措施的项目进行核算和审查，看是否有效果，值不值得采纳。业务核算的目的在于，迅速取得资料，在经济活动当中及时采取措施进行调整。

3. 统计核算

统计核算是利用会计核算资料和业务核算资料，把企业生产经营活动客观现状的大量数据，按统计方法加以系统整理，表明其规律性。它的计量尺度比会计宽，可以用货币计算，也可以用实物或劳动量计量。它主要采取全面调查和抽样调查等特有方法，不仅能提供绝对数指标，还能提供相对数和平均数指标，可计算当前的实际水平，确定变动速度，还可以预测发展的趋势。

（二）施工成本分析的方法

1. 基本方法

施工成本分析的基本方法包括比较法、因素分析法、差额计算法和比率法等。

（1）比较法

比较法，又称指标对比分析法，就是通过技术经济指标的对比，检查目标的实现情况，分析产生差异的原因，进而挖掘内部潜力的方法。这种方法具有通俗易懂、简单易行、便于掌握的特点，因而得到了广泛应用，但在应用时必须注意各技术经济指标的可比性。比较法的应用，通常有下列形式：

①将实际指标与目标指标进行对比。以此检查目标实现情况，分析影响目标实现的积极因素和消极因素，以便及时采取措施，保证成本目标的实现。在进行实际指标与目标指标对比时，还应注意目标本身有无问题。若目标本身出现问题，则应调整目标，重新正确评价实际工作的成绩。

②将本期实际指标与上期实际指标进行对比。通过这种对比，可以看出各项技术经济指标的变动情况，反映施工管理水平的提高程度。

③与本行业平均水平、先进水平进行对比。通过这种对比，可以反映本项目的技术管理和经济管理与行业的平均水平和先进水平的差距，进而采取措施赶超先进水平。

（2）因素分析法

因素分析法又称连环置换法，这种方法可用来分析各种因素对成本的影响程度。在进行分析时，先要假定众多因素中的一个因素发生了变化，而其他因素则不变，然后逐个替换，分别比较其计算结果，以确定各个因素的变化对成本的影响程度。因素分析法的计算步骤如下：

①确定分析对象，并且计算出实际与目标数的差异。

②确定该指标是由哪几个因素组成的，并按其相互关系进行排序（排序规则是先实物量，后价值量；先绝对值，后相对值）。

③以目标数为基础，将各因素的目标数相乘，作为分析替代基数。

④将各个因素的实际数按照上面的排列顺序进行替换计算，并将替换后的实际数保留下来。

⑤将每次替换计算所得的结果，与前一次的计算结果相比较，两者的差异即为该因素对成本的影响程度。

⑥各个因素的影响程度之和，应与分析对象的总差异相等。

（3）差额计算法

差额计算法是因素分析法的一种简化形式，它利用各个因素的目标值与实际值的差额来计算其对成本的影响程度。

（4）比率法

比率法是指用两个以上的指标的比例进行分析的方法。它的基本特点是，先把对比分析的数值变成相对数，再观察其相互之间的关系。常用的比率法分为以下几种：

①相关比率法。由于项目经济活动的各个方面是相互联系、相互依存，又相互影响的，因而可以将两个性质不同而又相关的指标加以对比，求出比率，并以此来考察经营成果的好坏。例如，产值和工资是两个不同的概念，但它们的关系又是投入与产出的关系。在一般情况下，都希望以最少的工资支出完成最大的产值。因此，用产值工资率指标来考核人工费的支出水平，就很能说明问题。

②构成比率法，又称比重分析法或者结构对比分析法。通过构成比率，可以考察成本总量的构成情况及各成本项目占成本总量的比重，同时可以看出量、本、利的比例关系（即预算成本、实际成本和降低成本的比例关系），从而为寻求降低成本的途径指明方向。

③动态比率。动态比率法，就是将同类指标不同时期的数值进行对比，求出比率，以分析该项指标的发展方向和发展速度。动态比率的计算，通常采用基期指数和环比指数两种方法。

2. 综合成本的分析方法

所谓综合成本，是指涉及多种生产要素，并受多种因素影响的成本费用，如分部分项工程成本、月（季）度成本、年度成本、竣工成本等。由于这些成本都是随着项目施工的进展而逐步形成的，与生产经营有着密切的关系，所以做好上述成本的分析工作，无疑将促进项目的生产经营管理，提高项目的经济效益。

（1）分部分项工程成本分析

分部分项工程成本分析是施工项目成本分析的基础。分部分项工程成本分析的对象为已完成分部分项工程。分析的方法是，进行预算成本、目标成本和实际成本的"三算"对比，分别计算实际偏差和目标偏差，分析偏差产生的原因，为今后的分部分项工程成本寻求节约途径。

　　分部分项工程成本分析的资料来源是，预算成本来自投标报价成本，目标成本来自施工预算，实际成本来自施工任务单的实际工程量、实耗人工及限额领料单的实耗材料。

　　由于施工项目包括很多分部分项工程，所以不可能也没有必要对每一个分部分项工程都进行成本分析。特别是一些工程量小、成本费用少的零星工程。但是，对于主要分部分项工程则必须进行成本分析，而且要做到从开工到竣工进行系统的成本分析。这是一项很有意义的工作，因为通过主要分部分项工程成本的系统分析，可以基本了解项目成本形成的全过程，为竣工成本分析和今后的项目成本管理提供一份宝贵的参考资料。

　　（2）月（季）度成本分析

　　月（季）度成本分析，是施工项目定期的、经常性的中间成本分析。对于具有一次性特点的施工项目来说，有着特别重要的意义。因为通过月（季）度成本分析，可以及时发现问题，以便按照成本目标指定的方向进行监督和控制，保证项目成本目标的实现。月（季）度成本分析的依据是当月（季）的成本报表。分析的方法，通常有以下几个方面：

　　①通过实际成本与预算成本的对比，分析当月（季）的成本降低水平；通过累计实际成本与累计预算成本的对比，分析累计的成本降低水平，预测实现项目成本目标的前景。

　　②通过实际成本与目标成本的对比，分析目标成本的落实情况，以及目标管理中的问题和不足，进而采取措施，加强成本管理，保证成本目标的实现。

　　③通过对各成本项目的成本分析，可以了解成本总量的构成比例和成本管理的薄弱环节。例如，在成本分析中，发现人工费、机械费和间接费等项目大幅度超支，就应该对这些费用的收支配比关系进行认真研究，并采取对应的增收节支措施，防止再超支。如果是属于规定的"政策性"亏损，则应从控制支出着手，将超支额压缩到最低限度。

　　④通过主要技术经济指标的实际与目标对比，分析产量、工期、质量、"三材"节约率、机械利用率等对成本的影响。

　　⑤通过对技术组织措施执行效果的分析，寻求更加有效的节约途径。

　　⑥分析其他有利条件和不利条件对成本的影响。

　　（3）年度成本分析

　　企业成本要求一年结算一次，不得将本年成本转入下一年度。而项目成本则以项目的寿命周期为结算期，要求从开工到竣工到保修期结束连续计算，最后结算出成本总量及其盈亏。由于项目的施工周期一般较长，除进行月（季）度成本核算和分析外，还要进行年度成本的核算和分析。这不仅是为了满足企业汇编年度成本报表的需要，也是项目成本管理的需要。因为通过年度成本的综合分析，可以总结一年来成本管理的成绩和不足，为今后的成本管理提供经验和教训，从而可对项目成本进行更有效管理。

　　年度成本分析的依据是年度成本报表。年度成本分析的内容，除了月（季）度成本分析的六个方面以外，还包含针对下一年度的施工进展情况制定的切实可行的成本管理措施，以保证施工项目成本目标得以实现。

　　（4）竣工成本的综合分析

　　凡是有几个单位工程并且是单独进行成本核算（即成本核算对象）的施工项目，其竣工成本分析都应以各单位工程竣工成本分析资料为基础,再加上项目经理部的经营效益(如资金调度、对外分包等所产生的效益)进行综合分析。如果施工项目只有一个成本核算对象(单位工程),就以该成本核算对象的竣工成本资料作为成本分析的依据。

单位工程竣工成本分析,应当包括以下三方面内容:

①竣工成本分析。

②主要资源节超对比分析。

③主要技术节约措施及经济效果分析。

七、施工成本控制的特点、重要性及措施

(一)水利工程成本控制的特点

我国的水利工程建设管理体制自实行改革以来,在建立以项目法人制、招标投标制和建设监理制为中心的建设管理体制上,成本控制是水利工程项目管理的核心。水利工程施工承包合同中的成本可分为两部分:施工成本(具体包括直接费、其他直接费和现场经费)和经营管理费用(具体包括企业管理费、财务费和其他费用),其中施工成本一般占合同总价的70%以上。但是水利工程大多施工周期长,投资规模大,技术条件复杂,产品单件性鲜明,因此不可能建立和其他制造业一样的标准成本控制系统,而且水利工程项目管理机构是临时组成的,施工人员中民工较多,施工区域地理条件和气候条件一般又不利,这让对施工成本进行有效控制变得更加困难。

(二)加强水利工程成本控制的重要性

企业为了实现利润最大化,必须使产品成本合理化、最小化、最佳化,因此加强成本管理和成本控制是企业提高盈利水平的重要途径,也是企业管理的关键工作之一。加强水利工程施工管理也必须在成本管理、资金管理、质量管理等薄弱环节上狠下功夫,加大整改力度,加快改革的步伐,促进改革的成功,从而提高企业的管理水平和经济效益。水利工程施工项目成本控制作为水利工程施工企业管理的基点、效益的主体、信誉的窗口,只有强化对其的管理,加强企业管理各项基础工作,才能加快水利工程施工企业由生产经营型管理向技术密集型管理、国际化管理转变的进程。而强化项目管理,形成以成本管理为中心的运营机制,提高企业的经济效益和社会效益,加强成本管理是关键。

(三)加强水利工程成本控制的措施

1.增强市场竞争意识

水利工程项目具有投资大、工期长、施工环境复杂、质量要求高等特点,工程在施工中同时受地质、地形、施工环境、施工方法、施工组织管理、材料与设备、人员与素质等不确定因素的影响。我国正式实行企业改革后,主客观条件均要求水利工程施工企业推广应用实物量分析法编制投标文件。

实物量分析法有别于定额法。定额法根据施工工艺套用定额，体现的是以行业水平为代表的社会平均水平，而实物量分析法则从项目整体角度出发，全面反映工程的规模、进度、资源配置对成本的影响，比较接近于实际成本，这里的"成本"即指个别企业成本，即在特定时期，特定企业为完成特定工程所消耗的物化劳动和活化劳动价值的货币反映。

2. 加强过程控制

承建一个水利工程项目，就必须从人、财、物的有效组合和使用全过程上狠下功夫。例如，对施工组织机构的设立和人员、机械设备的配备，在满足施工需要的前提下，机构要精简直接，人员要精干高效，设备要完善先进。同时对材料消耗、配件更换及施工工序的控制都要按规范化、制度化、科学化的方法进行，这样既可以避免或减少不可预见因素对施工的干扰，也可以降低自身生产经营状况对工程成本的影响，从而有效控制成本，提高效益。过程控制要全员参与、全过程控制。

3. 建立明确的责权利相结合的机制

责权利相结合的成本管理机制，应遵循民主集中制的原则和标准化、规范化的原则加以建立。施工项目经理部包括了项目经理、项目部全体管理人员及施工作业人员，应在这些人员之间建立一个以项目经理为中心的管理体制，让每个人的职责分工明确，赋予相应的权利，并在此基础上建立健全一套物质奖励、精神奖励和经济惩罚相结合的激励与约束机制，使项目部每个人都各司其职，爱岗敬业。

4. 控制质量成本

质量成本是反映项目组织为保证和提高产品质量而支出的一切费用，以及因未达到质量标准而产生的一切损失费用之和。在质量成本控制方面，要求项目内的施工、质量人员把好质量关，做到"少返工、不重做"。例如在混凝土的浇捣过程中经常会发生跑模、漏浆，以及由于振捣不到位而产生的蜂窝、麻面等现象，而一旦出现这种现象，就不得不在日后的施工过程中进行修补，这样不仅会浪费材料，而且会浪费人力，更重要的是影响外观，会对企业产生不良的社会影响。但是要注意产品质量并非越高越好，超过合理水平时则属于质量过剩。

5. 控制技术成本

首先是要制订技术先进、经济合理的施工方案，以达到缩短工期、提高质量、保证安全、降低成本的目的。施工方案的主要内容是施工方法的确定、施工机具的选择、施工顺序的安排和流水施工作业的组织。科学合理的施工方案是项目成功的根本保证，更是降低成本的关键所在。其次是在施工组织中努力寻求各种降低消耗、提高工效的新工艺、新技术、新设备和新材料，并在工程项目的施工过程中加以应用，也可以由技术人员与操作员工一起对一些传统的工艺流程和施工方法进行改革与创新，这将对降耗增效起到十分有效积极作用。

6. 注重开源增收

上述所讲的是控制成本的常见措施，而为了增收、降低成本，一个很重要的措施就是开源增收措施。水利工程开源增收的一个方面即是要合理利用承包合同中的有利条款。承包合同是项目实施的最重要依据，是规范业主和施工企业行为的准则，但在通常情况下更多体现了业主的利益。合同的基本原则是平等和公正，汉语语义有多重性和复杂性的特点，这就造成了部分合同条款可有多重理解，个别条款甚至有利于施工企业，这就为成本控制人员有效利用合同条款创造了条件。在合同条款基础之上进行的变更索赔，依据充分，索赔成功的可能性也比较大。建筑招标投标制度的实行，使施工企业中标项目的利润已经很小，个别情况下甚至没有利润，因而项目实施过程中能否依据合同条款进行有效的变更和索赔，也就成为了项目能否盈利的关键。

加强成本管理将是水利施工企业进入成本竞争时代的竞争武器，也是成本发展战略的基础。同时，施工项目成本控制是一个系统工程，其不仅需要突出重点，对工程项目的人工费、材料费、施工设备、周转材料租赁费等实行重点控制，而且需要对项目的质量、工期和安全等在施工全过程中进行全面控制，只有这样才能取得良好的经济效果。

第六章 水利工程项目质量管理

第一节 质量管理概述

一、质量管理

（一）质量与施工质量的概念

一组固有特性满足要求的程度。该定义可理解为质量不但是指产品的质量，也包括某项活动或过程的工作质量，还包括质量管理活动体系运行的质量。质量的关注点是一组固有特性，而不是赋予的特性。质量是满足要求的程度，要求是指明示的、隐含的或必须履行的需要和期望。质量要求是动态的、发展的和相对的。

施工质量是指建设工程项目施工活动及其产品的质量，即通过施工使工程满足业主（顾客）需要并符合国家法律、法规，技术规范标准，设计文件及合同规定要求，包括在安全、使用功能、耐久性、环境保护等方面所有明示和隐含需要的能力的特性综合。其质量特性主要体现在由施工形成的建筑工程的适用性、安全性、耐久性、可靠性、经济性及与环境的协调性等等六个方面。

（二）质量管理与施工质量管理的概念

在质量方面指挥和控制组织的协调的活动。和质量有关的活动，通常包括质量方针和质量目标的建立、质量策划、质量控制、质量保证和质量改进等。因此，质量管理就是确定和建立质量方针、质量目标及职责，并在质量管理体系中通过质量策划、质量控制、质量保证和质量改进等手段来实施和实现全部质量管理职能的所有活动。

施工质量管理是指工程项目在施工安装和施工验收阶段，指挥和控制工程施工组织关于质量的相互协调的活动，使工程项目施工围绕着使产品质量满足不断更新的质量要求，而开展的策划、组织、计划、实施、检查、监督和审核等所有管理活动的总和。它是工程项目施工各级职能部门领导的职责，而工程项目施工的最高领导即施工项目经理应负全责。施工项目经理必须调动与施工质量有关的所有人员的积极性，共同做好本职工作，才能完成施工质量管理的任务。

（三）质量控制与施工质量控制的概念

质量控制是质量管理的一部分，是致力于满足质量要求的一系列相关活动。施工质量控制是在明确的质量方针指导下，通过对施工方案和资源配置的计划、实施、检查和处置，进行施工质量目标的事前控制、事中控制和事后控制的系统过程。

（四）质量管理与质量控制的关系

质量控制的内容包括采取的作业技术和活动，也就是包括专业技术和管理技术两方面。作业技术是直接产生产品或服务质量的前提条件。在现代社会化大生产的条件下，还必须通过科学的管理来组织和协调作业技术活动的过程，以充分发挥其质量形成能力，实现预期的质量目标。

质量管理是指确立质量方针及实施质量方针的全部职能以及工作内容，并对其工作效果进行评价和改进的一系列工作。

质量控制与质量管理的区别在于：质量控制的目的性更强，是在明确的质量目标下通过行动方案和资源配置的计划、实施、检查和监督来实现预期目标的过程。

二、质量管理的特点

质量管理的特点是由工程项目质量特点决定的，而项目质量特点又变换为项目的工程特点和生产特点。

（一）工程项目的工程特点和施工生产的特点

1. 施工的一次性

工程项目施工是不可逆的，若施工出现质量问题，就不可能完全回到原始状态，严重的可能导致工程报废。工程项目一般都投资巨大，一旦发生施工质量事故，就会造成重大的经济损失。因此，工程项目施工都应一次成功，不可以失败。

2. 工程的固定性和施工生产的流动性

每一个工程项目都固定在指定地点的土地上，工程项目施工全部完成后，由施工单位就地移交给使用单位。工程的固定性特点决定了工程项目对地基的特殊要求，施工采用的地基处理方案对工程质量产生直接影响。相对于工程的固定性特点，施工生产则表现出流动性的特点，表现为各种生产要素既在同一工程上流动，又在不同工程项目之间的流动。

由此，形成了施工生产管理方式的特殊性。

3. 产品的单件性

每一个工程项目都要和周围环境相结合。由于周围环境以及地基情况的不同，只能单独设计生产；不能像一般工业产品那样，同一类型可以批量生产。建筑产品即使采用标准图纸生产，也会由于建设地点、时间的不同及施工组织的方法不同，施工质量管理的要求也会有差异，因此工程项目的运作和施工不能标准化。

4. 工程体形庞大

工程项目是由大量的工程材料、制品和设备构成的实体，体积庞大，无论是房屋建筑或是铁路、桥梁、码头等土木工程，都会占有很大的外部空间。一般只能露天进行施工生产，施工质量受气候和环境的影响较大。

5. 生产的预约性

施工产品不像一般的工业产品那样先生产后交易，只能是在施工现场根据预定的条件进行生产，即先交易后生产。因此，选择设计、施工单位，通过投标、竞标、定约、成交，就成为建筑业物质生产的一种特有的方式。业主事先对这项工程产品的工期、造价和质量提出要求，并在生产过程中对工程质量进行必要的监督控制。

（二）质量控制的特点

1. 控制因素多

工程项目的施工质量受到多种因素的影响。这些因素包括设计、材料、机械、地质、水文、气象、施工工艺、操作方法、技术措施、管理制度、社会环境等。因此，要保证工程项目的施工质量，必须对全部这些影响因素进行有效控制。

2. 控制难度大

由于建筑产品生产的单件性和流动性，不具有一般工业产品生产常有的固定生产流水线、规范化的生产工艺、完善的检测技术、成套的生产设备和稳定的生产环境，不能进行标准化施工，施工质量容易产生波动；而且施工场面大、人员多、工序多、关系复杂、作业环境差，都加大了质量控制难度。

3. 过程控制要求高

工程项目在施工过程中，由于工序衔接多、中间交接多、隐蔽工程多，施工质量具有一定的过程性和隐蔽性。在施工质量控制工作中，必须加强对施工过程的质量检查，及时发现和整改存在的质量问题，避免事后从表面进行检查。过程结束之后的检查难以发现在过程中产生的质量隐患。

4. 终检局限大

工程项目建成以后不能像一般工业产品那样，依靠终检来判断产品的质量和控制产品的质量；也不可能像工业产品那样将其拆卸或解体检查内在质量，或更换不合格的零部件。所以，工程项目的终检（竣工验收）存在一定的局限性。所以，工程项目的施工质量控制

应强调过程控制，边施工边检查边整改，及时做好检查，认真记录。

工程项目的质量总目标是业主建设意图通过项目策划提出来的，其中项目策划包括项目的定义及项目的建设规模、系统构成、使用功能和价值、规格档次标准等的定位策划和目标决策等。工程项目的质量控制必须围绕着致力于满足业主要求的质量总目标而展开，具体的内容应包括勘察设计、招标投标、施工安装、竣工验收等阶段。

三、影响施工质量的因素

施工质量的影响因素主要有"人（Man）、材料（Material）、机械（Machine）、方法（Meth-odl）及环境（Environment）"等五大方面，即4M1E。

（一）人的因素

这里讲的"人"，泛指与工程有关的单位、组织及个人，包括建设单位，勘察设计单位，施工承包单位，监理及咨询服务单位，政府主管及工程质量监督、监测单位，策划者、设计者，作业者、管理者等。人的因素影响主要是指上述人员个人的质量意识及质量活动能力对施工质量形成造成的影响。我国实行的执业资格注册制度和管理及作业人员持证上岗制度等，从本质上说，就是对从事施工活动的人的素质和能力进行必要的控制。在施工质量管理中，人的因素起决定性的作用。因此，施工质量控制应以控制人的因素为基本出发点。作为控制对象，人的工作应避免失误；作为控制动力，应充分调动人的积极性，发挥人的主导作用。必须有效控制参与施工的人员素质，不断提高人的质量活动能力，才能保证施工质量。

（二）材料的因素

材料包括工程材料和施工用料，又包括原材料、半成品、成品、构配件等。各类材料是工程施工的物质条件，材料质量是工程质量的基础，材料质量不符合要求，工程质量就不可能达到标准。所以，加强对材料的质量控制，是保证工程质量重要基础。

（三）机械的因素

机械设备包括工程设备、施工机械和各类施工器具。工程设备是指组成工程实体的工艺设备和各类机具，如各类生产设备、装置和辅助配套的电梯、泵机，以及通风空调、消防环保设备等，它们是工程项目的重要组成部分，其质量的优劣直接影响到工程使用功能的发挥。施工机械设备是指施工过程中使用的各类机具设备，包括运输设备、吊装设备、操作工具、测量仪器、计量器具以及施工安全设施等。施工机械设备是所有施工方案和工法得以实施的重要物质基础，合理选择与正确使用施工机械设备是保证施工质量的重要措施。

第二节 质量管理体系

一、质量保证体系

（一）质量保证体系的概念

质量保证体系是为使人们确信某产品或某项服务能满足给定的质量要求所必需的全部有计划、有系统的活动。在工程项目建设中，完善的质量保证体系可以满足用户的质量要求。质量保证体系通过对那些影响设计的或是使用规范性的要素进行连续评价，并对建筑、安装、检验等工作进行检查，以取得用户的信任，并提供证据。因此，质量保证体系是企业内部的一种管理手段，在合同环境当中，质量保证体系是施工单位取得建设单位信任的手段。

（二）质量保证体系的内容

工程项目的施工质量保证体系就是以控制和保证施工产品质量为目标，从施工准备、施工生产到竣工投产的全过程，运用系统的概念和方法，在全体人员的参与下，建立一套严密、协调、高效全方位的管理体系，从而使工程项目施工质量管理制度化、标准化。其内容主要包括如下几个方面。

1. 项目施工质量目标

项目施工质量保证体系，必须有明确的质量目标，并符合项目质量总目标的要求；要以工程承包合同为基本依据，逐级分解目标以形成在合同环境下的项目施工质量保证体系的各级质量目标。项目施工质量目标的分解主要从两个角度展开：从时间角度展开，实施全过程的控制；从空间角度展开，实现全方位和全员的质量目标管理。

2. 项目施工质量计划

项目施工质量保证体系应有可行的质量计划。质量计划应根据企业的质量手册和项目质量目标来编制。工程项目施工质量计划可以按内容分为施工质量工作计划与施工质量成本计划。

施工质量工作计划主要包括以下几个方面：质量目标的具体描述和定量描述整个项目施工质量形成的各工作环节的责任和权限；采用的特定程序、方法和工作指导书；重要工序（工作）的试验、检验、验证和审核大纲；质量计划修订程序；为达到质量目标所采取的其他措施。

施工质量成本计划是规定最佳质量成本水平的费用计划，为开展质量成本管理的基准。

质量成本可分为运行质量成本和外部质量保证成本。运行质量成本是指为运行质量体系达到和保持规定的质量水平所支付的费用，包括预防成本、鉴定成本、内部损失成本和外部损失成本。外部质量保证成本是指依据合同要求向顾客提供所需要的客观证据所支付的费用，包括特殊的和附加的质量保证措施、程序、数据、证实试验和评定费用。

二、施工企业质量管理体系

（一）质量管理原则

1.以顾客为关注焦点

组织（从事一定范围生产经营活动的企业）依存于顾客。因此，组织应当理解顾客当前和未来的需求，满足顾客要求并争取超越顾客期望。

2.领导作用

领导者建立组织统一的宗旨及方向，他们应当创造并保持使员工能充分参与实现组织目标的内部环境，他们对于质量管理来说起着决定性的作用。

3.全员参与的原则

各级人员是组织之本，只有他们充分参与，才能令他们为组织带来收益。组织的质量管理有利于各级人员的全员参与，组织应对员工进行质量意识等各方面的教育，激发他们的工作积极性和责任感，为其能力、知识、经验的提高提供机会，发挥创造精神，给予必要的物质和精神奖励，使全员积极参与，为达到让顾客满意的目标而奋斗。

4.过程方法

任何使用资源进行生产活动与将输入转化为输出的一组相关联的活动都可视为过程，将相关的资源和活动作为过程进行管理，可以更高效地得到期望的结果。一般在过程的输入端、过程的不同位置及输出端都存在着可进行测量、检查的机会和控制点，对这些控制点实行测量、检测和管理，便能控制过程有效实施。

5.管理的系统方法

将相互关联的过程作为系统加以识别、理解和管理，有助于组织提高实现目标的有效性和效率。不同企业应根据自己的特点，建立资源管理、过程实现、测量分析改进等方面的关系，并加以控制，即采用过程网络的方法建立质量管理体系，实施系统管理。质量管理体系的建立一般包括确定顾客期望；建立质量目标和方针；确定实现目标的过程和职责；确定必须提供的资源；规定测量过程有效性的方法；实施测量确定过程的有效性，确定防止不合格并清除产生原因的措施，建立和应用持续改进质量管理体系的过程。

6.持续改进

持续改进总体业绩应当是组织的一个永恒的目标，其作用在于增强企业满足质量要求的能力，包括产品质量、过程及体系的有效性和效率的提高。持续改进是增强满足质

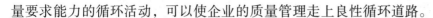

量要求能力的循环活动，可以使企业的质量管理走上良性循环道路。

7. 基于事实的决策方法

有效的决策应建立在数据和信息分析的基础上，数据和信息分析是事实的高度提炼。以事实为依据做出决策，可以防止决策失误，因此企业领导应重视数据信息的收集、汇总和分析，以便为决策提供依据。

8. 与供方互利的关系

组织与供方建立相互依存的、互利的关系可以增强双方创造价值的能力。供方提供的产品是企业提供产品的一个组成部分。能否处理好与供方的关系，影响到组织能否持续稳定地向顾客提供满意的产品。因此，对供方不能只讲控制不讲合作互利，特别是对关键供方，更要建立互利互惠的合作关系，这对双方均是十分重要的。

（二）企业质量管理体系文件构成

1. GB/T 19000—2000 质量管理体系标准中的规定

要求企业重视质量体系文件的编制和使用，编制和使用质量体系文件本身就是一项具有动态管理要求的活动。质量体系的建立、健全要从编制完善的体系文件开始，质量体系的运行、审核与改进都要按照文件的规定进行，质量管理实施的结果也要形成文件，作为产品质量符合质量体系要求、质量体系有效的证据。

2. 质量管理文件的组成内容

质量管理文件包括形成文件的质量方针和质量目标、质量手册、质量管理标准所要求的各种生产、工作和管理的程序性文件，以及质量管理标准所要求的质量记录。

（1）质量方针和质量目标

一般以较为简洁的文字来表述，应反映用户及社会对工程质量的要求及企业相应的质量水平和服务承诺。

（2）质量手册

质量手册是规定企业组织建立质量管理体系的文件，对企业质量体系做了系统、完整和概要的描述，作为企业质量管理体系的纲领性文件、具有指令性，系统性、协调性、先进性、可行性和可检查性的特点。其内容一般有以下方面：企业的质量方针，质量目标，组织结构及质量职责，体系要素或者基本控制程序，质量手册的评审、修改和控制的管理办法。

（3）程序文件

质量管理体系程序文件是质量手册的支持性文件，是企业各职能部门落实质量手册要求而规定的细则。企业为落实质量管理工作而建立的各项管理标准、规章制度等都属于程序文件的范畴。一般企业都应制定的通用性管理程序为：文件控制程序、质量记录管理程序、内部审核程序不合格品控制程序、纠正措施控制程序、预防措施控制程序。

涉及产品质量形成过程各环节控制的程序文件不做统一规定，可视企业质量控制的需要而制定。为确保过程的有效运行和控制，在程序文件的指导之下，尚可按管理需要编制相关文件，如作业指导书、操作手册、具体工程的质量计划等。

（4）质量记录

质量记录是产品质量水平和企业质量管理体系中各项质量活动进行及结果的客观反映。对质量体系程序文件所规定的运行过程及控制测量检查的内容应如实记录，用以证明产品质量达到合同要求及质量保证满足程度。

质量记录以规定的形式和程序进行，并有实施、验证、审核等人员的签署意见，应完整地反映质量活动实施、验证和评审的情况并记载关键活动的过程参数，具有可追溯性的特点。

第三节　质量控制与竣工验收

一、质量控制

（一）施工阶段质量控制的目标

①施工质量控制的总目标。贯彻执行建设工程质量法规和强制性标准，实现了工程项目预期的使用功能和质量标准。

②建设施工单位的质量控制目标。正确配置施工生产要素和采用科学管理的方法是建设工程参与各方的共同责任。通过施工全过程的全面质量监督管理，协调和决策，保证竣工项目达到投资决策所确定的质量标准。

③设计单位在施工阶段的质量控制目标。通过对施工质量的验收签证、设计变更控制及纠正施工中所发现的设计问题、采纳变更设计的合理化建议等，保证竣工项目的各项施工结果与设计文件（包括变更文件）所规定的标准相一致。

④施工单位的质量控制目标。通过施工全过程的全面质量自控，保证交付满足施工合同及设计文件所规定的质量标准（含工程质量创优要求）的建设工程产品。

⑤监理单位在施工阶段的质量控制的目标。通过审核施工质量文件、报告报表以及现场旁站检查、平行检测、施工指令、结算支付控制等手段的应用，监控施工承包单位的质量活动行为，协调施工关系，正确履行工程质量的监督责任，以保证工程质量达到施工合同和设计文件所规定的质量标准。

（二）质量控制的基本内容和方法

1. 质量控制的基本环节

质量控制应贯彻全面全过程质量管理的思想，运用动态控制原理，进行质量的事前质量控制、事中质量控制与事后质量控制。

（1）事前质量控制

事前质量控制即在正式施工前进行的事前主动质量控制，通过编制施工质量计划，明确质量目标，制订施工方案，设置质量管理点，落实质量责任，分析可能导致质量目标偏离的各种影响因素，针对这些影响因素制定有效的预防措施，防患于未然。

（2）事中质量控制

事中质量控制指在施工质量形成过程中，对影响施工质量的各种因素进行全面的动态控制。事中控制首先是对质量活动的行为约束，其次是对质量活动过程和结果的监督控制。

事中质量控制的关键是坚持质量标准，控制的重点是工序质量、工作质量及质量控制点。

（3）事后质量控制

事后质量控制也称事后质量把关，以使不合格的工序或最终产品（包括单位工程或整个工程项目）不流入下道工序、不进入市场。事后质量控制包括对质量活动结果的评价、认定和对质量偏差的纠正。控制的重点是发现施工质量方面的缺陷，并通过分析提出施工质量改进的措施，保持质量处于受控状态。

以上三大环节不是互相孤立和截然分开的，它们共同构成有机的系统过程，实质上也就是质量管理 PDCA 循环的具体化，在每一次滚动循环中不断提高，达到质量管理和质量控制的持续改进。

2.质量控制的依据

（1）共同性依据

共同性依据指适用于施工阶段且与质量管理有关的通用的、具有普遍指导意义和必须遵守的基本条件。主要包括工程建设合同；设计文件、设计交底及图纸会审记录，设计修改和技术变更等；国家和政府有关部门颁布的与质量管理有关的法律和法规性文件，如《建筑法》《招标投标法》与《质量管理条例》等。

（2）专门技术法规性依据

专门技术法规性依据指针对不同的行业、不同质量控制对象制定的专门技术法规文件，包括规范、规程、标准、规定等，如工程建设项目质量检验评定标准，有关建筑材料、半成品和构配件的质量方面的专门技术法规性文件，有关材料验收、包装和标志等方面的技术标准和规定，施工工艺质量等方面的技术法规性文件，有关新工艺、新技术、新材料、新设备的质量规定和鉴定意见等等。

3.质量控制的基本内容和方法

（1）质量文件审核

审核有关技术文件、报告或报表，是项目经理对工程质量进行全面管理的重要手段。这些文件包括施工单位的技术资质证明文件和质量保证体系文件，施工组织设计和施工方案及技术措施，有关材料和半成品及构配件的质量检验报告，有关应用新技术、新工艺、新材料的现场试验报告和鉴定报告，反映工序质量动态的统计资料或者控制图表，设计变更和图纸修改文件，有关工程质量事故的处理方案，相关方面在现场签署的有关技术签证和文件等。

（2）现场质量检查

现场质量检查的内容如下：

①开工前的检查，主要检查是否具备开工条件，开工之后是否能够保持连续正常施工，能否保证工程质量。

②工序交接检查，对于重要的工序或对工程质量有重大影响的工序，应严格执行"三检"制度，即自检、互检、专检。未经监理工程师（或建设单位技术负责人）检查认可，不得进行下道工序施工。

③隐蔽工程的检查，施工中凡是隐蔽工程必须检查认证后方可进行隐蔽掩盖。

④停工后复工的检查，因客观因素停工或处理质量事故等停工复工时，经检查认可后方能复工。

⑤分项、分部工程完工后的检查，应经检查认可，并且签署验收记录后，才能进行下一工程项目的施工。

⑥成品保护的检查，检查成品有无保护措施以及保护措施是否有效可靠。现场质量检查的方法主要有目测法、实测法和试验法等。

二、施工准备的质量控制

（一）施工质量控制的准备工作

1. 工程项目划分

一个建设工程从施工准备开始到竣工交付使用，要经过若干工序、工种的配合施工。施工质量的优劣取决于各个施工工序、工种的管理水平和操作质量。所以，为了便于控制、检查、评定和监督每个工序和工种的工作质量，就要把整个工程逐级划分为单位工程、分部工程、分项工程和检验批，并分级进行编号，据此来进行质量控制和检查验收，这是进行施工质量控制的一项重要基础工作。

2. 技术准备的质量控制

技术准备是指在正式开展施工作业活动前进行的技术准备工作。这类工作内容繁多，主要在室内进行。例如，熟悉施工图纸，进行详细的设计交底和图纸审查；进行工程项目划分和编号；细化施工技术方案和施工人员，机具的配置方案，编制施工作业技术指导书，绘制各种施工详图（如测量放线图、大样图及配筋、配板、配线图表等），进行必要的技术交底和技术培训。技术准备的质量控制，包括对上述技术准备工作成果的复核审查，检查这些成果是否符合相关技术规范、规程的要求和对施工质量的保证程度；制订施工质量控制计划，设置质量控制点，明确关键部质量管理点等。

（二）现场施工准备的质量控制

1. 工程定位和标高基准的控制

工程测量放线是建设工程产品由设计转化为实物的第一步。施工测量质量的好坏，直接决定工程的定位和标高是否正确，并且制约施工过程有关工序的质量。因此，施工单位必须对建设单位提供的原始坐标点、基准线和水准点等测量控制点进行复核，并将复测结果上报监理工程师审核，批准后施工单位才能建立施工测量控制网，进行工程定位及标高基准的控制。

2. 施工平面布置的控制

建设单位应按照合同约定并考虑施工单位施工的需要，事先划定并提供施工用地和现场临时设施用地的范围。施工单位要合理科学地规划使用施工场地，保证施工现场的道路畅通、材料的合理堆放、良好的防洪排水能力、充分的给水和供电设施，以及正确的机械设备的安装布置。应制定施工场地质量管理制度，并且做好施工现场的质量检查记录。

（三）材料的质量控制

建设工程采用的主要材料、半成品、成品、建筑构配件等（统称"材料"）均应进行现场验收。凡涉及工程安全及使用功能的有关材料，应按各专业工程质量验收规范规定进行复验，并应经监理工程师（建设单位技术负责人）检查认可。为了保证工程质量，施工单位应从以下几个方面把好原材料的质量控制关。

1. 采购订货关

施工单位应制订合理的材料采购供应计划，在广泛掌握市场材料信息的基础之上，优选材料的生产单位或者销售总代理单位（简称"材料供货商"），建立严格的合格供应方资格审查制度，确保采购订货的质量。

①材料供货商对下列材料必须提供《生产许可证》：钢筋混凝土用热轧带肋钢筋、冷轧带肋钢筋、预应力混凝土用钢材（钢丝、钢棒和钢绞线）、建筑防水卷材、水泥、建筑外窗、建筑幕墙、建筑钢管脚手架扣件、人造板、铜及铜合金管材、混凝土输水管、电力电缆等材料产品。

②材料供货商对下列材料必须提供《建材备案证明》：水泥、商品混凝土、商品砂浆、混凝土掺合料、混凝土外加剂、烧结砖、砌块、建筑用砂、建筑用石、排水管、给水管、电工套管、防水涂料，建筑门窗、建筑涂料、饰面石材、木制板材、沥青混凝土、三渣混合料等材料产品。

③材料供货商要对外墙外保温、外墙内保温材料实施建筑节能材料备案登记。

④材料供货商要对下列产品实施强制性产品认证（简称 CCC，或 3C 认证）：建筑安全玻璃（包括钢化玻璃、夹层玻璃、中空玻璃）、瓷质砖、混凝土防冻剂、溶剂型木器涂料、电线电缆、断路器、漏电保护器、低压成套开关设备等产品。

⑤除上述材料或产品之外，材料供货商对其他材料或产品必须提供出厂合格证或质量证明书。

2. 进场检验关

施工单位必须进行下列材料的抽样检验或试验，合格后才能使用：

①水泥物理力学性能检验。同一生产厂、同一等级、同一品种、同一批号且连续进场的水泥，袋装不超过 200t 为一检验批，散装不超过 500t 为一检验批，每批抽样不少于一次。取样应在同一批水泥的不同部位等量采集，取样点不少于 20 个，并且应具有代表性，且总质量不少于 12kg。

②钢筋（含焊接与机械连接）力学性能检验。同一牌号、同一炉罐号、同一规格、同一等级、同一交货状态的钢筋，每批不大于 60t。从每批钢筋中抽取 5% 进行外观检查。力学性能试验从每批钢筋中任选两根钢筋，每根取两个试样分别进行拉伸试验（包括屈服点抗拉强度和伸长率）和冷弯试验。钢筋闪光对焊、电弧焊、电渣压力焊、钢筋气压焊，在同一台班内，由同一焊工完成的 300 个同级别、同直径钢筋焊接接头应作为一批；封闭环式箍筋闪光对焊接头，以 600 个同牌号、同规格的接头作为一批，只做拉伸试验。

③砂、石常规检验。购货单位应按同产地、同规格分批验收。用火车、货船或汽车运输的，以 400m³ 或 600t 为一验收批，用马车运输的，以 200m³ 或 300t 为一验收批。

④混凝土、砂浆强度检验。每拌制 100 盘且不超过 100m³ 的同配合比的混凝土取样不得少于一次。当一次连续浇筑超过 1000m³ 时，同配合比混凝土每 200m³ 取样不得少于一次。

同条件养护试件的留置组数，应根据实际需要确定。同一强度等级的同条件养护试件，其留置数量应根据混凝土工程量和重要性确定，为 3 ~ 10 组。

⑤混凝土外加剂检验。混凝土外加剂是由混凝土生产厂根据产量和生产设备条件，将产品分批编号，掺量大于 1%（含 1%）同品种的外加剂每一编号 100 t，掺量小于 1% 的外加剂每一编号为 50 t，同一编号的产品必须是混合均匀的。其检验费由生产厂自行负责。建设单位只负责施工单位自拌的混凝土外加剂的检测费用，但现场不允许自拌大量的混凝土。

⑥沥青、沥青混合料检验。沥青卷材和沥青：同一品种、牌号、规格的卷材，抽验数量为 1000 卷抽取 5 卷；500 ~ 1000 卷抽取 4 卷；100 ~ 499 卷抽取 3 卷；小于 100 卷抽取 2 卷。同一批出厂、同一规格标号的沥青以 20t 为一个取样单位。

⑦防水涂料检验。同一规格、品种、牌号防水涂料，每 10t 为一批，不足 10 t 者按一批进行抽检。

三、水利工程项目验收管理规定

（一）验收的分类

1. 按验收主持单位性质不同分

水利工程建设项目验收，按验收主持单位性质不同分为法人验收及政府验收两类。法人验收是指在项目建设过程中由项目法人组织进行的验收。法人验收是政府验收的基础。

政府验收是指由有关人民政府、水行政主管部门或其他有关部门组织进行的验收。

政府验收包括专项验收、阶段验收和竣工验收。

2. 按工程建设的不同阶段分

按工程建设的不同阶段将工程的验收分为阶段验收和交工验收。

阶段验收包括工程导（截）流、水库下闸蓄水、引（调）排水工程通水、首（末）台机组启动等关键阶段进行的验收。

另外还有专项验收，按照国家有关规定，环境保护、水土保持、移民安置以及工程档案等在工程竣工验收前要组织专项验收。经过有关部门同意，专项验收可以与竣工验收一并进行。

（二）验收依据

水利工程建设项目验收的依据如下：

①国家有关法律、法规、规章和技术标准。

②有关主管部门的规定。

③经批准的工程立项文件、初步设计文件、调整概算文件。

④经批准的设计文件及相应的工程变更文件。

⑤施工图纸及主要设备技术说明书等。

⑥法人验收还应当以施工合同为验收依据。

（三）验收组织

①验收主持单位应当成立验收委员会（验收工作组）进行验收，验收结论应当经三分之二以上验收委员会（验收工作组）成员同意。

验收委员会（验收工作组）成员应在验收鉴定书上签字。验收委员会（验收工作组）成员对验收结论持有异议的，应当将保留意见在验收鉴定书上明确记载并签字。

②验收中发现的问题，其处理原则由验收委员会（验收工作组）协商确定。主任委员（组长）对争议问题有裁决权。但是，半数以上验收委员会（验收工作组）成员不同意裁决意见的，法人验收应当报请验收监督管理机关决定，政府验收应当报请竣工验收主持单位决定。

③验收委员会（验收工作组）对工程验收不予通过的，应当明确不予通过的理由并提出整改意见。有关单位应当及时组织处理有关问题，完成整改，并按照程序重新申请验收。

④项目法人以及其他参建单位应当提交真实、完整的验收资料，并且对提交的资料负责。

（四）法人验收

1. 工程建设完成分部工程、单位工程、单项合同工程，或者中间机组启动前，应当组织法人验收。项目法人可以根据工程建设的需要增设法人验收的环节。

2.项目法人应当在开工报告批准后60个工作日内,制订法人验收工作计划,报法人验收监督管理机关和竣工验收主持单位备案。

3.施工单位在完成相应工程后,应向项目法人提出验收申请。项目法人经检查认为建设项目具备相应的验收条件的,应当及时组织验收。

4.法人验收由项目法人主持。验收工作组由项目法人、设计、施工、监理等单位的代表组成;必要时可以邀请工程运行管理单位等参建单位以外的代表及专家参加。

项目法人可以委托监理单位主持分部工程验收,有关委托权限应当在监理合同或者委托书中明确。

5.分部工程验收的质量结论应当报该项目的质量监督机构核备;未经核备的,项目法人不可得组织下一阶段的验收。

单位工程以及大型枢纽主要建筑物的分部工程验收的质量结论应当报该项目的质量监督机构核定;未经核定的,项目法人不得通过法人验收;核定不合格的,项目法人应当重新组织验收。质量监督机构应当自收到核定材料之日起20个工作日内完成核定。

6.项目法人应当自法人验收通过之日起30个工作日内,制作法人验收鉴定书,发送参加验收单位并报送法人验收监督管理机关备案。法人验收鉴定书是政府验收的备查资料。

7.单位工程投入使用验收和单项合同工程完工验收通过后,项目法人应当与施工单位办理有关工程的交接手续。

工程保修期从通过单项合同工程完工验收之日算起,保修期限按合同约定执行。

(五)政府验收

1.验收主持单位

(1)阶段验收、竣工验收由竣工验收主持单位主持。竣工验收主持单位可以根据工作需要委托其他单位主持阶段验收。专项验收依照国家有关规定执行。

国家重点水利工程建设项目,竣工验收主持单位依照国家有关规定确定。

(2)除前款规定以外,国家确定的重要江河、湖泊建设的流域控制性工程、流域重大骨干工程建设项目,竣工验收主持单位为水利部。

除前两款规定之外的其他水利工程建设项目,竣工验收主持单位按照以下原则确定:

①水利部或者流域管理机构负责初步设计审批的中央项目,竣工验收主持单位为水利部或者流域管理机构;

②水利部负责初步设计审批的地方项目,以中央投资为主的,竣工验收主持单位为水利部或者流域管理机构,以地方投资为主的,竣工验收主持单位为省级人民政府(或者其委托的单位)或者省级人民政府水行政主管部门(或者其委托的单位);

③地方负责初步设计审批的项目,竣工验收主持单位为省级人民政府水行政主管部门(或者其委托的单位)。

竣工验收主持单位为水利部或者流域管理机构的,可以根据工程的实际情况,与省级人民政府或者有关部门共同主持。

竣工验收主持单位应当在工程开工报告的批准文件中明确。

2. 专项验收

（1）枢纽工程导（截）流、水库下闸蓄水等阶段验收之前，涉及移民安置的，应当完成相应的移民安置专项验收。

工程竣工验收前，应当按照国家有关规定，进行环境保护、水土保持、移民安置以及工程档案等专项验收。经商有关部门同意，专项验收可以和竣工验收一并进行。

（2）项目法人应当自收到专项验收成果文件之日起 10 个工作日内，将专项验收成果文件报送竣工验收主持单位备案。

专项验收成果文件是阶段验收或者竣工验收成果文件的组成部分。

3. 阶段验收

（1）工程建设进入枢纽工程导（截）流、水库下闸蓄水、引（调）排水工程通水、首（末）台机组启动等关键阶段，应当组织进行阶段验收。竣工验收主持单位根据工程建设的实际需要，可以增设阶段验收的环节。

（2）阶段验收的验收委员会由验收主持单位、该项目的质量监督机构和安全监督机构、运行管理单位的代表以及有关专家组成；必要时，应当邀请项目所在地的地方人民政府以及有关部门参加。工程参建单位是被验收单位，应当派代表参加阶段验收工作。

（3）大型水利工程在进行阶段验收前，可以根据需要进行技术预验收。技术预验收参照有关竣工技术预验收的规定进行。

（4）水库下闸蓄水验收前，项目法人应当按照有关规定完成蓄水安全鉴定。

（5）验收主持单位应当自阶段验收通过之日起 30 个工作日内，制作阶段验收鉴定书，发送参加验收的单位并报送竣工验收主持单位备案。

阶段验收鉴定书是竣工验收备查资料。

4. 竣工验收

（1）竣工验收应当在工程建设项目全部完成并满足一定运行条件后 1 年之内进行。

不能按期进行竣工验收的，经竣工验收主持单位同意，可以适当延长期限，但最长不得超过 6 个月。逾期仍不能进行竣工验收的，项目法人应当向竣工验收主持单位作出专题报告。

（2）竣工财务决算应当由竣工验收主持单位组织审查和审计。竣工财务决算审计通过 15 日后，方可进行竣工验收。

（3）工程具备竣工验收条件的，项目法人应当提出竣工验收申请，经法人验收监督管理机关审查后报竣工验收主持单位。竣工验收主持单位应当自收到竣工验收申请之日起 20 个工作日内决定是否同意进行竣工验收。

（4）竣工验收原则上按照经批准的初步设计所确定的标准和内容进行。

项目有总体初步设计又有单项工程初步设计的，原则上按照总体初步设计的标准和内容进行，也可以先进行单项工程竣工验收，最后按照总体初步设计进行总体竣工验收。

项目有总体可行性研究但没有总体初步设计而有单项工程初步设计的，原则上按照单项工程初步设计的标准和内容进行竣工验收。

建设周期长或者因故无法继续实施的项目，对已经完成的部分工程可以按单项工程或者分期进行竣工验收。

（5）竣工验收分为竣工技术预验收和竣工验收两个阶段。

（6）大型水利工程在竣工技术预验收前，项目法人应当按照有关规定对工程建设情况进行竣工验收技术鉴定。中型水利工程在竣工技术预验收前，竣工验收主持单位可以根据需要决定是否进行竣工验收技术鉴定。

（7）竣工技术预验收由竣工验收主持单位以及有关专家组成的技术预验收专家组负责。

工程参建单位的代表应当参加技术预验收，汇报并解答有关问题。

（8）竣工验收的验收委员会由竣工验收主持单位、有关水行政主管部门和流域管理机构、有关地方人民政府和部门、该项目的质量监督机构和安全监督机构、工程运行管理单位的代表以及有关专家组成。工程投资方代表可以参加竣工验收委员会。

（9）竣工验收主持单位可以根据竣工验收的需要，委托具有相应资质的工程质量检测机构对工程质量进行检测。

（10）项目法人全面负责竣工验收前的各项准备工作，设计、施工、监理等工程参建单位应当做好有关验收准备和配合工作，派代表出席竣工验收会议，负责解答验收委员会提出的问题，并作为被验收单位在竣工验收鉴定书上签字。

（11）竣工验收主持单位应当自竣工验收通过之日起30个工作日内，制作竣工验收鉴定书，并发送有关单位。

竣工验收鉴定书是项目法人完成工程建设任务凭据。

5. 验收遗留问题处理与工程移交

（1）项目法人和其他有关单位应当按照竣工验收鉴定书的要求妥善处理竣工验收遗留问题和完成尾工。

验收遗留问题处理完毕和尾工完成并通过验收之后，项目法人应当将处理情况和验收成果报送竣工验收主持单位。

（2）工程通过竣工验收、验收遗留问题处理完毕和尾工完成并通过验收的，竣工验收主持单位向项目法人颁发工程竣工证书。

工程竣工证书格式由水利部统一制定。

（3）项目法人与工程运行管理单位不同的，工程通过竣工验收之后，应当及时办理移交手续。

工程移交后，项目法人以及其他参建单位应当按照法律法规的规定和合同约定，承担后续的相关质量责任。项目法人已经撤销的，由撤销该项目法人的部门承接相关的责任。

（六）验收监督

1. 水利部负责全国水利工程建设项目验收的监督管理工作。

水利部所属流域管理机构按照水利部授权，负责流域之内水利工程建设项目验收的监督管理工作。

县级以上地方人民政府水行政主管部门，按照规定权限负责本行政区域内水利工程建设项目验收的监督管理工作。

2. 法人验收监督管理机关对项目的法人验收工作实施监督管理。

由水行政主管部门或者流域管理机构组建项目法人的，该水行政主管部门或者流域管理机构是本项目的法人验收监督管理机关；由地方人民政府组建项目法人的，该地方人民政府水行政主管部门是本项目的法人验收监督管理机关。

（七）罚则

1. 违反相关规定，项目法人不按时限要求组织法人验收或不具备验收条件而组织法人验收的，由法人验收监督管理机关责令改正。

2. 项目法人以及其他参建单位提交验收资料不真实导致验收结论有误的，由提交不真实验收资料的单位承担责任。竣工验收主持单位收回验收鉴定书，对责任单位予以通报批评；造成严重后果的，依照有关法律法规处罚。

3. 参加验收的专家在验收工作中玩忽职守、徇私舞弊的，由验收监督管理机关予以通报批评；情节严重的，取消其参加验收的资格；构成犯罪的，依法追究其刑事责任。

4. 国家机关工作人员在验收工作中玩忽职守、滥用职权、徇私舞弊，尚不构成犯罪的，依法给予行政处分；构成犯罪的，依法追究刑事责任。

四、水利工程项目验收

（一）总体要求

1. 使用范围

《水利水电建设工程验收规程》适用于由中央、地方财政全部投资或者部分投资建设的大中型水利水电建设工程（含1、2、3级堤防工程）的验收，其他水利水电建设工程的验收可参照执行。

2. 验收主持单位

水利水电建设工程验收按验收主持单位可分为法人验收和政府验收。法人验收应包括分部工程验收、单位工程验收、水电站（泵站）中间机组启动验收、合同工程完工验收等；政府验收应包括阶段验收、专项验收、竣工验收等。验收主持单位可根据工程建设需要增设验收的类别和具体要求。

政府验收应由验收主持单位组织成立的验收委员会负责；法人验收应由项目法人组织成立的验收工作组负责。验收委员会（工作组）是由有关单位代表和有关专家组成。

3.验收依据

工程验收应以下列文件为主要依据：

（1）国家现行有关的法律、法规、规章和技术标准；

（2）有关主管部门的规定；

（3）经批准的工程立项文件、初步设计文件、调整概算文件；

（4）经批准的设计文件及相应工程变更文件；

（5）施工图纸及主要设备技术说明书等；

（6）法人验收还应以施工合同为依据。

4.验收的主要内容

工程验收应包括以下主要内容：

（1）检查工程是否按照批准的设计进行建设；

（2）检查已完工程在设计、施工、设备制造安装等方面的质量及相关资料的收集、整理和归档情况；

（3）检查工程是否具备运行或进行下一阶段建设的条件；

（4）检查工程投资控制和资金使用情况；

（5）对验收遗留问题提出处理意见；

（6）对工程建设做出评价和结论。

5.验收的成果

验收的成果性文件是验收鉴定书，验收委员会（工作组）成员应在验收鉴定书上签字。

对验收结论有异议的，应将保留意见在验收鉴定书上明确记载并且签字。

6.其他

（1）工程项目中需要移交非水利行业管理的工程，验收工作宜同时参照相关行业主管部门的有关规定。

（2）当工程具备验收条件时，应及时组织验收。未经验收或验收不合格的工程不得交付使用或进行后续工程施工。验收工作应相互衔接，不应重复进行。

（3）工程验收应在施工质量检验与评定的基础上，对工程质量提出明确结论意见。

（4）验收资料制备由项目法人统一组织，有关单位应按要求及时完成并提交。项目法人应对提交的验收资料进行完整性、规范性检查。

（5）验收资料分为应提供的资料和需备查的资料。有关单位应保证其提交资料的真实性并承担相应责任。

（6）工程验收的图纸、资料和成果性文件应按竣工验收资料要求制备。除图纸外，验收资料的规格宜为国际标准 A4（210mm × 297mm）。文件正本应加盖单位印章且不得采用复印件。

（7）水利水电建设工程的验收除应遵守本规程外，还应当符合国家现行有关标准的规定。

（二）工程验收监督管理

水利部负责全国水利工程建设项目验收的监督管理工作。水利部所属流域管理机构按照水利部授权，负责流域内水利工程建设项目验收的监督管理工作。县级以上地方人民政府水行政主管部门按照规定权限负责本行政区域内水利工程建设项目验收监督管理工作。

法人验收监督管理机关应对工程的法人验收工作实施监督管理。

由水行政主管部门或者流域管理机构组建项目法人的，该水行政主管部门或者流域管理机构是本工程的法人验收监督管理机关；由地方人民政府组建项目法人的，该地方人民政府水行政主管部门是本工程的法人验收监督管理机关。

工程验收监督管理的方式应包括现场检查、参加验收活动、对验收工作计划与验收成果性文件进行备案等。

水行政主管部门、流域管理机构以及法人验收监督管理机关可根据工作需要到工程现场检查工程建设情况、验收工作开展情况，以及对接到的举报进行调查处理等。

当发现工程验收不符合有关规定时，验收监督管理机关应及时要求验收主持单位予以纠正，必要时可要求暂停验收或重新验收，并且同时报告竣工验收主持单位。

法人验收监督管理机关应对收到的验收备案文件进行检查，不符合有关规定的备案文件应要求有关单位进行修改、补充和完善。

项目法人应在开工报告批准后 60 个工作日内，制订法人验收工作计划，报法人验收监督管理机关备案。当工程建设计划进行调整时，法人验收工作计划也应相应地进行调整并重新备案。

法人验收过程中发现的技术性问题原则上应按合同约定进行处理。合同约定不明确的，按国家或行业技术标准规定处理。当国家或行业技术标准暂无规定时，由法人验收监督管理机关负责协调解决。

（三）分部工程验收

1. 验收组织

分部工程验收应由项目法人（或委托监理单位）主持。验收工作组由项目法人、勘测、设计、监理、施工、主要设备制造（供应）商等单位代表组成。运行管理单位可根据具体情况决定是否参加。

质量监督机构宜派代表列席大型枢纽工程主要建筑物的分部工程验收会议。

大型工程分部工程验收工作组成员应具有中级及其以上技术职称或相应执业资格；其他工程的验收工作组成员应具有相应的专业知识或者执业资格。参加分部工程验收的每个单位代表人数不宜超过 2 名。

分部工程具备验收条件时，施工单位应向项目法人提交验收申请报告。项目法人应在收到验收申请报告之日起 10 个工作日内决定是否同意进行验收。

2. 验收条件

分部工程验收应具备以下条件：

（1）所有单元工程已完成；

（2）已完成单元工程施工质量经评定全部合格，有关质量缺陷已经处理完毕或有监理机构批准的处理意见；

（3）合同约定的其他条件。

3. 验收程序

分部工程验收应按以下程序进行：

（1）听取施工单位工程建设和单元工程质量评定情况的汇报；

（2）现场检查工程完成情况和工程质量；

（3）检查单元工程质量评定及相关档案资料；

（4）讨论并通过分部工程验收鉴定书。

项目法人应在分部工程验收通过之日后 10 个工作日内，把验收质量结论和相关资料报质量监督机构核备。大型枢纽工程主要建筑物分部工程的验收质量结论应报质量监督机构核定。

质量监督机构应在收到验收质量结论之日后 20 个工作日内，将核备（定）意见书面反馈给项目法人。

分部工程验收鉴定书正本数量可按参加验收单位、质量和安全监督机构各一份以及归档所需要的份数确定。自验收鉴定书通过之日起 30 个工作日内，由项目法人发送有关单位，并报送法人验收监督管理机关备案。

（四）单位工程验收

1. 验收组织

单位工程验收应由项目法人主持。验收工作组由项目法人、勘测、设计、监理、施工、主要设备制造（供应）商、运行管理等单位的代表组成。必要时可邀请上述单位以外的专家参加。

单位工程验收工作组成员应具有中级及其以上技术职称或相应执业资格，每个单位代表人数不宜超过 3 名。

单位工程完工并具备验收条件时，施工单位能向项目法人提出验收申请报告。项目法人应在收到验收申请报告之日起 10 个工作日内决定是否同意进行验收。

项目法人组织单位工程验收时，应提前 10 个工作日通知质量和安全监督机构。主要建筑物单位工程验收应通知法人验收监督管理机关。法人验收监督管理机关可视情况决定是否列席验收会议，质量和安全监督机构应派员列席验收会议。

2. 验收条件

单位工程验收应具备以下条件：

（1）所有分部工程已完建并验收合格；

（2）分部工程验收遗留问题已处理完毕并通过验收，未处理的遗留问题不影响单位工程质量评定并且有处理意见；

（3）合同约定的其他条件。

3. 验收的主要内容

单位工程验收应包括以下主要内容：

（1）检查工程是否按批准的设计内容完成；

（2）评定工程施工质量等级；

（3）检查分部工程验收遗留问题处理情况及相关记录；

（4）对验收中发现的问题提出处理意见。

4. 验收程序

单位工程验收应按以下程序进行：

（1）听取工程参建单位工程建设有关情况的汇报；

（2）现场检查工程完成情况和工程质量；

（3）检查分部工程验收有关文件及相关档案资料；

（4）讨论并通过单位工程验收鉴定书。

5. 单位工程提前投入使用验收

需要提前投入使用的单位工程应进行单位工程投入使用验收。单位工程投入使用验收由项目法人主持，根据工程具体情况，经竣工验收主持单位同意，单位工程投入使用验收也可由竣工验收主持单位或其委托的单位主持。

单位工程投入使用验收除满足基本条件之外，还应该满足以下条件：

工程投入使用后，不影响其他工程正常施工，且其他工程施工不影响该单位工程安全运行；已经初步具备运行管理条件，需移交运行管理单位的，项目法人与运行管理单位已签订提前使用协议书。

单位工程投入使用验收还应对工程是否具备安全运行条件进行检查。

项目法人应在单位工程验收通过之日起 10 个工作日内，将验收质量结论和相关资料报质量监督机构核定。质量监督机构应在收到验收质量结论之日起 20 个工作日内，将核定意见反馈给项目法人。

（五）合同工程完工验收

合同工程完成后，应进行合同工程完工验收。当合同工程仅包含一个单位工程（分部工程）时，宜将单位工程（分部工程）验收和合同工程完工验收一并进行，但应同时满足相应的验收条件。

1. 验收组织

合同工程完工验收应由项目法人主持。验收工作组由项目法人以及与合同工程有关的勘测、设计、监理、施工、主要设备制造（供应）商等单位的代表组成。

合同工程具备验收条件时，施工单位应向项目法人提出验收申请报告。项目法人应在收到验收申请报告之日起 20 个工作日之内决定是否同意进行验收。

2. 验收条件

合同工程完工验收应具备以下条件：

（1）合同范围内的工程项目已按合同约定完成；

（2）工程已按规定进行了有关验收；

（3）观测仪器和设备已测得初始值及施工期各项观测值；

（4）工程质量缺陷已按要求进行处理；

（5）工程完工结算已完成；

（6）施工现场已经进行清理；

（7）需移交项目法人的档案资料已按要求整理完毕；

（8）合同约定的其他条件。

（六）阶段验收

1. 一般规定

阶段验收应包括枢纽工程导（截）流验收、水库下闸蓄水验收、引（调）排水工程通水验收、水电站（泵站）首（末）台机组启动验收、部分工程投入使用验收以及竣工验收主持单位根据工程建设需要增加其他验收。

（1）阶段验收组织

阶段验收应由竣工验收主持单位或其委托的单位主持。阶段验收委员会由验收主持单位、质量和安全监督机构、运行管理单位的代表以及有关专家组成；必要时，可邀请地方人民政府以及有关部门参加。

工程参建单位应派代表参加阶段验收，并作为被验收单位在验收鉴定书上签字。

（2）阶段验收内容。

阶段验收应包括以下主要内容：

检查已完工程的形象面貌和工程质量；

检查在建工程的建设情况；

检查后续工程的计划安排和主要技术措施落实情况，以及是否具备施工条件；

检查拟投入使用工程是否具备运行条件；

检查历次验收遗留问题处理情况；

鉴定已完工程施工质量；

对验收中发现的问题提出处理意见；

讨论并通过阶段验收鉴定书。

阶段验收的工作程序可参照竣工验收的规定进行。

2. 枢纽工程导（截）流验收

枢纽工程导（截）流前，应当进行导（截）流验收。

（1）导（截）流验收条件如下：

导流工程已基本完成，具备过流条件，投入使用（包括采取措施后）不影响其他未完工程继续施工；

满足截流要求的水下隐蔽工程已完成；

截流设计已获批准，截流方案已编制完成，并且做好各项准备工作；

工程度汛方案已经有管辖权的防汛指挥部门批准，相关措施已落实；

截流后壅高水位以下的移民搬迁安置和库底清理已完成并通过验收；

有航运功能的河道，碍航问题已得到解决。

（2）导（截）流验收应包括以下主要内容：

检查已完水下工程、隐蔽工程、导（截）流工程是否满足导（截）流要求；

检查建设征地、移民搬迁安置和库底清理完成情况；

审查导（截）流方案，检查导（截）流措施和准备工作落实情况；

检查为解决碍航等问题而采取的工程措施落实情况；

鉴定与截流有关已完工程施工质量；

对验收中发现的问题提出处理意见；

讨论并通过阶段验收鉴定书；

工程分期导（截）流时，应分期进行导（截）流验收。

3. 水库下闸蓄水验收

水库下闸蓄水前，应进行下闸蓄水验收。

（1）下闸蓄水验收应具备以下条件：

挡水建筑物的形象面貌满足蓄水位的要求；

蓄水淹没范围内的移民搬迁安置和库底清理已完成并通过验收；

蓄水后需要投入人使用的泄水建筑物已基本完成，具备过流条件；

有关观测仪器、设备已按设计要求安装和调试，并已测得初始值及施工期观测值；

蓄水后未完工程的建设计划和施工措施已落实；

蓄水安全鉴定报告已提交；

蓄水后可能影响工程安全运行的问题已处理，有关重大技术问题已有结论；

蓄水计划、导流洞封堵方案等已编制完成，并且已做好各项准备工作；

年度度汛方案（包括调度运用方案）已经有管辖权的防汛指挥部门批准，相关措施已落实。

（2）下闸蓄水验收应包括以下主要内容：

检查已完工程是否满足蓄水要求；

检查建设征地、移民搬迁安置和库区清理完成情况；

检查近坝库岸处理情况；

检查蓄水准备工作落实情况；

鉴定与蓄水有关已完工程施工质量；

对验收中发现的问题提出处理意见；

讨论并通过阶段验收鉴定书。

4. 引（调）排水工程通水验收

引（调）排水工程通水前，应进行通水验收。

（1）通水验收应具备以下条件：

引（调）排水建筑物的形象面貌满足通水的要求；

通水后未完工程的建设计划和施工措施已落实；

引（调）排水位以下的移民搬迁安置和障碍物清理已完成并且通过验收；

引（调）排水的调度运用方案已编制完成；

度汛方案已得到有管辖权的防汛指挥部门的批准，相关措施已落实。

（2）通水验收应包括以下主要内容：

检查已完工程是否满足通水的要求；

检查建设征地、移民搬迁安置和清障完成情况；

检查通水准备工作落实情况；

鉴定与通水有关的工程施工质量；

对验收中发现的问题提出处理意见；

讨论并通过阶段验收鉴定书。

5. 水电站（泵站）机组启动验收

水电站（泵站）每台机组投入运行前，应进行机组启动验收。

（1）主持单位。首（末）台机组启动验收应由竣工验收主持单位或者其委托单位组织的机组启动验收委员会负责；中间机组启动验收应由项目法人组织的机组启动验收工作组负责。验收委员会（工作组）应有所在地区电力部门的代表参加。根据机组规模情况，竣工验收

主持单位也可以委托项目法人主持首（末）台机组启动验收。

（2）机组试运行。机组启动验收之前，项目法人应组织成立机组启动试运行工作组开展机组启动试运行工作。首（末）台机组启动试运行前，项目法人应将试运行工作安排报验收主持单位备案，必要时，验收主持单位可以派专家到现场收集有关资料，指导项目法人进行机组启动试运行工作。

机组启动试运行工作组应主要进行以下工作：

审查批准施工单位编制的机组启动试运行试验文件和机组启动试运行操作规程等；

检查机组及相应附属设备安装、调试、试验以及分部试运行情况，决定是否进行充水试验和空载试运行；

检查机组充水试验和空载试运行情况；

检查机组带主变压器与高压配电装置试验及并列及负荷试验情况，决定是否进行机组带负荷连续运行；

检查机组带负荷连续运行情况；

审查施工单位编写的机组带负荷连续运行情况报告。

（3）机组带负荷连续运行应符合以下要求：

水电站机组带额定负荷连续运行时间为 72h；泵站机组带额定负荷连续运行时间为 24h 或 7d 内累计运行时间为 48h，包括机组无故障停机次数不可少于 3 次。

受水位或水量限制无法满足上述要求时，经过项目法人组织论证并提出专门报告报验收主持单位批准后，可适当降低机组启动运行负荷以及减少连续运行的时间。

（七）专项验收

工程竣工验收前，应按有关规定进行专项验收。专项验收主持单位应按国家和相关行业的有关规定确定。

项目法人应按国家和相关行业主管部门的规定，向有关部门提出专项验收申请报告，并做好有关准备和配合工作。

专项验收应具备的条件、验收主要内容、验收程序以及验收成果性文件的具体要求等应执行国家及相关行业主管部门的有关规定。

专项验收成果性文件应是工程竣工验收成果性文件组成部分。项目法人提交竣工验收申请报告时，应附相关专项验收成果性文件复印件。

（八）竣工验收

1. 总要求

竣工验收应在工程建设项目全部完成并满足一定运行条件后 1 年内进行。不能按期进行竣工验收的，经竣工验收主持单位同意，可适当延长期限，但最长不得超过 6 个月。一定运行条件是指泵站工程经过一个排水或抽水期；河道疏浚工程完成后；其他工程经过 6 个月（经过一个汛期）至 12 个月。

工程具备验收条件时，项目法人应向竣工验收主持单位提出竣工验收申请报告。竣工验收申请报告应经法人验收监督管理机关审查后报竣工验收主持单位，竣工验收主持单位应自收到申请报告后 20 个工作日内决定是否同意进行竣工验收。工程未能按期进行竣工验收的，项目法人应提前 30 个工作日向竣工验收主持单位提出延期竣工验收专题申请报告。申请报告应包括延期竣工验收的主要原因及计划延长时间等内容。

项目法人编制完成竣工财务决算后，应报送竣工验收主持单位财务部门进行审查和审计部门进行竣工审计。审计部门应出具竣工审计意见。项目法人应对审计意见中提出的问题进行整改并提交整改报告。

竣工验收分为竣工技术预验收及竣工验收两个阶段。

大型水利工程在竣工技术预验收前，应按照有关规定进行竣工验收技术鉴定。中型水利工程，竣工验收主持单位可以根据需要决定是否进行竣工验收技术鉴定。

竣工验收应具备以下条件：

工程已按批准设计全部完成；

工程重大设计变更已经有审批权的单位批准；

各单位工程能正常运行；

历次验收所发现的问题已基本处理完毕；

各专项验收已通过；

工程投资已全部到位；

竣工财务决算已通过竣工审计，审计意见中提出的问题已整改并且提交了整改报告；

运行管理单位已明确，管理养护经费已基本落实；

质量和安全监督工作报告已提交，工程质量达到合格标准；

竣工验收资料已准备就绪。

工程有少量建设内容未完成，但不影响工程正常运行，且能符合财务有关规定，项目法人已对尾工做出安排的，经竣工验收主持单位同意，可以进行竣工验收。

竣工验收应按以下程序进行：

项目法人组织进行竣工验收自查；

项目法人提交竣工验收申请报告；

竣工验收主持单位批复竣工验收申请报告；

进行竣工技术预验收；

召开竣工验收会议；

印发竣工验收鉴定书。

2. 竣工验收自查

申请竣工验收前，项目法人应组织竣工验收自查。自查工作由项目法人主持，勘测、设计、监理、施工、主要设备制造（供应）商及运行管理等单位的代表参加。

竣工验收自查应包括以下主要内容：

检查有关单位的工作报告；

检查工程建设情况，评定工程项目施工质量等级；

检查历次验收、专项验收的遗留问题和工程初期运行所发现问题的处理情况；

确定工程尾工内容及其完成期限和责任单位；

对竣工验收前应完成的工作做出安排；

讨论并通过竣工验收自查工作报告。

项目法人组织工程竣工验收自查前，应提前 10 个工作日通知质量和安全监督机构，同时向法人验收监督管理机关报告。质量与安全监督机构应派员列席自查工作会议。

项目法人应在完成竣工验收自查工作之日起 10 个工作日内，将自查的工程项目质量结论和相关资料报质量监督机构核备。

参加竣工验收自查的人员应在自查工作报告上签字。项目法人应自竣工验收自查工作报告通过之日起 30 个工作日内，将自查报告报法人验收监督管理机关。

3. 工程质量抽样检测

根据竣工验收的需要，竣工验收主持单位可以委托具有相应资质的工程质量检测单位对工程质量进行抽样检测。项目法人应与工程质量检测单位签订工程质量检测合同。检测所需费用由项目法人列支，质量不合格工程所发生的检测费用由责任单位承担。

工程质量检测单位不得与参与工程建设的项目法人、设计、监理、施工、设备制造（供应）商等单位隶属同一经营实体。

根据竣工验收主持单位的要求和项目的具体情况，项目法人应当负责提出工程质量抽样检测的项目、内容和数量，经质量监督机构审核后报竣工验收主持单位核定。

工程质量检测单位应按照有关技术标准对工程进行质量检测，按合同要求及时提出质量检测报告，并对检测结论负责。项目法人应自收到检测报告10个工作日内将检测报告报竣工验收主持单位。

对抽样检测中发现的质量问题，项目法人应及时组织有关单位研究处理。在影响工程安全运行以及使用功能的质量问题未处理完毕前，不得进行竣工验收。

4.竣工技术预验收

竣工技术预验收应由竣工验收主持单位组织的专家组负责。技术预验收专家组成员应具有高级技术职称或相应执业资格，2/3以上成员应来自工程非参建单位。工程参建单位的代表应参加技术预验收，负责回答专家组提出的问题。

竣工技术预验收专家组可下设专业工作组，并且在各专业工作组检查意见的基础上形成竣工技术预验收工作报告。

竣工技术预验收应包括以下主要内容：

检查工程是否按批准的设计完成；

检查工程是否存在质量隐患和影响工程安全运行的问题；

检查历次验收、专项验收的遗留问题和工程初期运行中所发现问题的处理情况；

对工程重大技术问题做出评价；

检查工程尾工安排情况；

鉴定工程施工质量；

检查工程投资、财务情况；

对验收中发现的问题提出处理意见。

竣工技术预验收应按以下程序进行：

现场检查工程建设情况并查阅有关工程建设资料；

听取项目法人、设计、监理、施工、质量及安全监督机构、运行管理等单位的工作报告；

听取竣工验收技术鉴定报告和工程质量抽样检测报告；

专业工作组讨论并形成各专业工作组意见；

讨论并通过竣工技术预验收工作报告；

讨论并形成竣工验收鉴定书初稿。

竣工技术预验收工作报告应是竣工验收鉴定书的附件。

5.竣工验收

竣工验收委员会可设主任委员1名、副主任委员及委员若干名，主任委员应由验收主持单位代表担任。竣工验收委员会由竣工验收主持单位、有关地方人民政府和部门、有关水行政主管部门和流域管理机构、质量和安全监督机构、运行管理单位的代表以及有关专家组成。工程投资方代表可参加竣工验收委员会。

项目法人、勘测、设计、监理、施工和主要设备制造（供应）商等单位应派代表参加竣工验收，负责解答验收委员会提出的问题，并作为被验收单位代表在验收鉴定书上签字。

竣工验收会议应该包括以下主要内容和程序：

①现场检查工程建设情况及查阅有关资料。

②召开大会：

宣布验收委员会组成人员名单；

观看工程建设声像资料；

听取工程建设管理工作报告；

听取竣工技术预验收工作报告；

听取验收委员会确定的其他报告；

讨论并通过竣工验收鉴定书；

验收委员会委员和被验收单位代表在竣工验收鉴定书上签字。

工程项目质量达到合格以上等级的，竣工验收的质量结论意见为合格。

（九）工程移交及遗留问题处理

1. 工程交接

通过合同工程完工验收或投入使用验收后，项目法人与施工单位应在 30 个工作日内组织专人负责工程的交接工作，交接过程应有完整的文字记录并且有双方交接负责人签字。

项目法人与施工单位应在施工合同或验收鉴定书约定的时间内完成工程及其档案资料的交接工作。

工程办理具体交接手续的同时，施工单位应向项目法人递交工程质量保修书。保修书的内容应符合合同约定的条件。

工程质量保修期从工程通过合同工程完工验收之后开始计算，但合同另有约定的除外。

在施工单位递交了工程质量保证书、完成施工场地清理以及提交有关竣工资料后，项目法人应在 30 个工作日内向施工单位颁发合同工程完工证书。

2. 工程移交

工程通过投入使用验收后，项目法人应及时将工程移交运行管理单位管理，并与其签订工程提前启用协议。

在竣工验收鉴定书印发后 60 个工作日内，项目法人与运行管理单位应完成工程移交手续。

工程移交应包括工程实体、其他固定资产和工程档案资料等，应当按照初步设计等有关批准文件进行逐项清点，并办理移交手续。

办理工程移交，应有完整的文字记录与双方法定代表人签字。

3.验收遗留问题及尾工处理

有关验收成果性文件应对验收遗留问题有明确的记载；影响工程正常运行的，不得作为验收遗留问题处理。

验收遗留问题和尾工的处理由项目法人负责。项目法人应按照竣工验收鉴定书、合同约定等要求，督促有关责任单位完成处理工作。

验收遗留问题和尾工处理完成后，有关单位应组织验收，并形成验收成果性文件。

项目法人应参加验收并负责将验收成果性文件报竣工验收主持单位。

工程竣工验收后，应由项目法人负责处理的验收遗留问题，项目法人已经撤销的，由组建或批准组建项目法人的单位或其指定的单位处理完成。

4.工程竣工证书颁发

工程质量保修期满后 30 个工作日内，项目法人应向施工单位颁发工程质量保修责任终止证书，但保修责任范围内的质量缺陷未处理完成的除外。

工程质量保修期满以及验收遗留问题和尾工处理完成后，项目法人应向工程竣工验收主持单位申请领取竣工证书。申请报告应包括以下内容：

工程移交情况；

工程运行管理情况；

验收遗留问题和尾工处理情况；

工程质量保修期有关情况。

竣工验收主持单位应自收到项目法人申请报告后 30 个工作日内决定是否颁发工程竣工证书。

颁发竣工证书应符合以下条件：

竣工验收鉴定书已印发；

工程遗留问题和尾工处理已完成并且通过验收；

工程已全面移交运行管理单位管理。

工程竣工证书是项目法人全面完成工程项目建设管理任务的证书，也是工程参建单位完成相应工程建设任务的最终证明文件。

工程竣工证书数量按正本 3 份和副本若干份颁发，正本由项目法人、运行管理单位和档案部门保存，副本由工程主要参建单位保存。

五、水利工程项目质量评定

（一）总则

1.目的

为加强水利水电工程建设质量管理、保证工程施工质量、统一施工质量检验和评定方法，使施工质量检验与评定工作标准化、规范化，特制定《水利水电工程施工质量检验与评定规程》。

2. 使用范围

该规程适用于大、中型水利水电工程以及符合下列条件的小型水利水电工程施工质量检验与评定。其他小型工程可参照执行。

坝高 30m 以上的水利枢纽工程；

4 级以上的堤防工程；

总装机 10MW 以上的水电站；

小（Ⅰ）型水闸工程；

4 级堤防工程指防洪标准（重现期）< 30 年、≥ 20 年的堤防工程。

小（Ⅰ）型水闸工程规定分类：

（1）灌溉、排水渠系中的小（Ⅰ）型水闸指过水流量 5 ~ 20m/s 的水闸；

（2）4 级堤防（挡潮堤）工程上的水闸；

（3）平原地区小（Ⅰ）型水闸工程指最大过闸流量为 20 ~ 100m³/s 水闸枢纽工程。

3. 评定分级

水利水电工程施工质量等级分为"合格""优良"两级。

项目法人（含建设单位、代建机构，下同）、监理单位（含监理机构，下同）、勘测单位、设计单位、施工单位等工程参建单位及工程质量检测单位等，应按国家和行业有关规定，建立健全工程质量管理体系，做好工程建设质量管理工作。

工程建筑物属于契约型商品范畴，其质量的形成与参建各方关系密切。按国家及水利行业有关规定，主要参建方的质量管理体系应当符合以下要求：

（1）项目法人质量检查体系：

项目法人应建立健全质量检查体系；

项目法人应有专职抓工程质量的技术负责人；

有专职质量检查机构及人员；

有一般的质量检测手段，当条件不具备时，应委托有资质的工程质量检测单位为其进行抽检；

建立健全工程质量管理各项规章制度、比如总工程师岗位责任制、质量管理分工负责制、技术文件编制、审核、上报制，以及工程质量管理例会制、工程质量月报制、工程质量事故报告制等。

（2）监理机构质量控制体系：

监理机构应建立健全质量控制体系；

总监理工程师、监理工程师、监理员及其他工作人员的组成（人员素质及数量）应符合合同规定，并满足所承担监理任务的要求。总监、监理工程师及监理员应持证上岗；

建立健全质量管理制度，如岗位责任制、技术文件审核审批制度、原材料和中间产品及工程设备检验制度、工程质量检验制度、质量缺陷备案及检查处理制度、监理例会制、紧急情况报告制度、工作报告制度、工程验收制度等等；

　　工程规模较大时，应按合同规定建立工地试验室，无条件时，可就近委托有资质的检测机构或试验室进行复核检测；

　　编制工程建设监理规划及单位工程建设监理细则，并在第一次工地会议上向参建各方进行监理工作交底。

　　（3）施工单位质量保证体系：

　　施工单位应建立健全质量保证体系；

　　项目经理部的组织机构应符合承建项目要求；

　　项目经理应持证上岗，技术负责人应具有相应专业技术资质；

　　现场应设置专职质检机构，其人员（素质及数量）配置符合承建工程需要，质检员应持证上岗；

　　现场应设置符合要求的试验室，无条件设立工地试验室的，经项目法人同意后，施工单位应就近委托有资质的检测机构或试验室进行自检项目的试验工作；

　　建立健全质量管理规章制度，如工程质量岗位责任制度、质量管理制度、原材料及中间产品设备质量检验制度、施工质量自检制度、工序及单元工程验收制度、工程质量等级自评制度、质量缺陷检查及处理制度、质量事故及重大质量问题责任追究制度等。

　　（4）设计单位服务质量保证体系：

　　建立设计单位设计质量及现场服务质量保证体系；

　　大、中型工程设计单位应按合同规定在施工现场设立设计代表机构或派驻设计代表，现场设计人员的资格和专业配备应满足工程需要；

　　建立健全相关质量保证制度，如设计机构责任制度、设计文件及图纸签发批准制度、单项设计技术交底制度、现场设计通知和设计变更的审核签发制度等。

　　（5）质量检测机构：

　　凡接受委托进行质量检测的机构，需要经省级以上质量技术监督部门计量认证合格，且在其业务范围内承担检测任务，检测人员必须持证上岗；

　　水行政主管部门及其委托的工程质量监督机构对水利水电工程施工质量检验与评定工作进行监督；

　　水利水电工程施工质量检验与评定，除应符合本规程要求之外，尚需符合国家及行业现行有关标准的规定。

（二）项目划分

1. 项目名称

　　水利水电工程质量检验与评定应进行项目划分。项目按级划分为单位工程、分部工程、单元（工序）工程三级。

　　工程中永久性房屋（管理设施用房）、专用公路、专用铁路等工程项目，可按相关行业标准划分和确定项目名称。

2.项目划分原则

水利水电工程项目划分应结合工程结构特点、施工部署及施工合同要求进行，划分结果应有利于保证施工质量以及施工质量管理。

（1）单位工程项目的划分应按以下原则确定：

①枢纽工程，一般以每座独立的建筑物为一个单位工程。当工程规模大时，可将一个建筑物中具有独立施工条件的一部分划分为一个单位工程。

②堤防工程，按招标标段或工程结构划分单位工程。规模较大的交叉联结建筑物及管理设施以每座独立的建筑物为一个单位工程。

③引水（渠道）工程，按招标标段或工程结构划分单位工程。大、中型引水（渠道）建筑物以每座独立的建筑物为一个单位工程。

④除险加固工程，按招标标段或加固内容，并结合工程量划分单位工程。

（2）分部工程项目的划分应按下列原则确定：

①枢纽工程，土建部分按设计的主要组成部分划分。金属结构及启闭机安装工程和机电设备安装工程按组合功能划分。

②堤防工程，按长度或功能划分。

③引水（渠道）工程中的河（渠）道按施工部署或者长度划分。大、中型建筑物按工程结构主要组成部分划分。

④除险加固工程，按加固内容或部位划分。

同一单位工程中，各个分部工程的工程量（或投资）不宜相差太大，每个单位工程中的分部工程数目，不宜少于 5 个。

（3）单元工程项目的划分应按下列原则确定：

①按《水利水电工程单元工程施工质量验收评定标准》（SL631 ~ 637—2012）的规定对工程进行项目划分。

②河（渠）道开挖、填筑及衬砌单元工程划分界限宜设在变形缝或结构缝处，长度一般不大于100m。同一分部工程中各单元工程的工程量（或投资）不应相差太大。

③《水利水电工程单元工程施工质量验收评定标准》中未涉及的单元工程可依据工程结构、施工部署或质量考核要求，按层、块、段进行划分。

3.项目划分程序

（1）由项目法人组织监理、设计及施工等单位进行工程项目划分，并确定主要单位工程、主要分部工程、重要隐蔽单元工程和关键部位单元工程。项目法人在主体工程开工前应将项目划分表及说明书报相应工程质量监督机构确认。

（2）工程质量监督机构收到项目划分书面报告后，应在14个工作日内对项目划分进行确认，并将确认结果书面通知项目法人。

（3）工程实施过程中，需对单位工程、主要分部工程、重要隐蔽单元工程和关键部位单元工程的项目划分进行调整时，项目法人应当重新报送工程质量监督机构确认。

（三）施工质量检验

1. 基本规定

（1）承担工程检测业务的检测机构应具有水行政主管部门颁发的资质证书。其设备和人员的配备应与所承担的任务相适应，有健全管理制度。关于检测机构的资质和业务管理参见《水利工程质量检测管理规定》。

（2）工程施工质量检验中使用的计量器具、试验仪器仪表及设备应定期进行检定，并具备有效的检定证书。国家规定需强制检定的计量器具应经县级以上计量行政部门认定的计量检定机构或其授权设置的计量检定机构进行检定。

计量器具是指能用以直接和间接测出被测对象量值的装置、仪器、仪表、量具和用于统一量值的标准物质，包括计量基准、计量标准和工作计量器具。

《中华人民共和国计量法》第九条规定，县级以上人民政府计量行政部门对社会公用计量标准器具，部门和企业、事业单位使用的最高计量标准器具，以及用于贸易结算、安全防护、医疗卫生、环境监测方面的列入强制检定目录的工作计量器具，实行强制检定，如直尺、钢卷尺、温度计、天平、砝码、台秤、压力表等（详见《中华人民共和国强制检定的工作计量器具明细目录》），未按照规定申请检定或者检定不合格的，不得使用。

对非强制性检定的计量器具，按《中华人民共和国计量法实施细则》的规定，使用单位应当制定具体的检定办法和规章制度，自行定期检定或者送其他计量检定机构检定，县级以上人民政府计量行政部门应当进行监督检查。为了保证试验仪器、仪表以及设备的试验数据的准确性，同样应按照有关规定进行定期检定。

（3）检测人员应熟悉检测业务，了解被检测对象性质和所用仪器设备性能，经考核合格后，持证上岗。参与中间产品及混凝土（砂浆）试件质量资料复核的人员应具有工程师以上工程系列技术职称，并且从事过相关试验工作。

检测人员主要指从事水利水电工程施工质量检验的项目法人、监理单位、设计单位、质量检测机构的检测人员及施工单位的专职质检人员。检测人员的素质（职业道德及业务水平）直接影响着检测数据的真实性、可靠性，因此，需对检测人员素质提出要求。鉴于进行中间产品资料复核的人员应具有较高的技术水平和较丰富的实践经验，因此规定应具有工程师及以上工程系列技术职称，并且从事过相关试验工作。

（4）工程质量检验项目和数量应符合《水利水电工程单元工程施工质量验收评定标准》的规定。

（5）工程质量检验方法，应符合《水利水电工程单元工程施工质量验收评定标准》和国家及行业现行技术标准的有关规定。

（6）工程质量检验数据应真实可靠，检验记录及签证应完整齐全。

（7）工程项目中如遇《水利水电工程单元工程施工质量验收评定标准》中尚未涉及的项目质量评定标准时，其质量标准及评定表格，由项目法人组织监理、设计及施工单位按水利部有关规定进行编制和报批。

本条为新增条款。对《水利水电工程单元工程施工质量验收评定标准》中未涉及的单元工程进行项目划分的同时，项目法人应组织监理、设计与施工单位，根据未涉及的单元工程的技术要求（如新技术、新工艺的技术规范、设计要求和设备生产厂商的技术说明书等）制定施工、安装的质量评定标准，并按照水利部颁发的《水利水电工程施工质量评定表》的统一格式（表头、表身、表尾）制定相应的质量评定表格。按水利部办建管〔2002〕182号文规定，上述单元工程的质量评定标准和表格，地方项目须经省级水行政主管部门或其委托的工程质量监督机构批准；流域机构主管的中央项目须经流域机构或其委托的水利部水利工程质量监督总站流域分站批准，并报水利部水利工程质量监督总站备案；部直管工程须经水利部水利工程质量监督总站批准。

（8）工程中永久性房屋、专用公路、专用铁路等项目的施工质量检验与评定可按相应行业标准执行。

本条为新增条款。水利水电工程种类繁多、内容丰富，工程项目所涉及的有房屋建筑、交通、铁路、通信等行业方面的建筑物。其设计、施工标准及质量检验标准也有别于水利工程。为保证工程施工质量，应依据这些行业有关的质量检验评定标准执行。

（9）项目法人、监理、设计、施工和工程质量监督等单位根据工程建设需要，可委托具有相应资质等级的水利工程质量检测单位进行工程质量检测。施工单位自检性质的委托检测项目及数量，应按《水利水电工程单元工程施工质量验收评定标准》以及施工合同约定执行。对已建工程质量有重大分歧时，应由项目法人委托第三方具有相应资质等级的质量检测单位进行检测，检测数量视需要确定，检测费用由责任方承担。

本条为新增条款。推行第三方检测是确保质量检测工作的科学性、准确性和公正性，根据《水利工程质量检测管理规定》有关内容，做出本条规定。

（10）堤防工程竣工验收前，项目法人应当委托具有相应资质等级的质量检测单位进行抽样检测，工程质量抽检项目和数量由工程质量监督机构确定。

凡抽检不合格的工程，必须按有关规定进行处理，不得进行验收。处理完毕后，由项目法人提交处理报告连同质量检测报告一并提交竣工验收委员会。

（11）对涉及工程结构安全的试块、试件及有关材料，应实行见证取样。见证取样资料由施工单位制备，记录应真实齐全，参与见证取样人员应当在相关文件上签字。

本条为新增条款，是按照《建设工程质量管理条例》第三十一条的规定编写，见证取样送检的试样由项目法人确定有相应资质的质量检测单位进行检验。

（12）工程中出现检验不合格的项目时，应按以下规定进行处理：

原材料、中间产品一次抽样检验不合格时，应及时对同一取样批次另取两倍数量进行检验，如仍不合格，则该批次原材料或中间产品应定为不合格，不得使用。

单元（工序）工程质量不合格时，应按合同要求进行处理或返工重做，并经重新检验且合格后方可进行后续工程施工。

混凝土（砂浆）试件抽样检验不合格时，应委托具有相应资质等级的质量检测单位对相应工程部位进行检验。如仍不合格，应由项目法人组织有关单位进行研究，并提出处理意见。

工程完工后的质量抽检不合格，或其他检验不合格的工程，应当按有关规定进行处理，合格后才能进行验收或后续工程施工。

2. 质量检验职责范围

（1）永久性工程（包括主体工程及附属工程）施工质量检验应符合下列规定：

项目法人应对施工单位自检和监理单位抽检过程进行督促检查，对报工程质量监督机构核备、核定的工程质量等级进行认定。

工程质量监督机构应对项目法人、监理、勘测、设计、施工单位以及工程其他参建单位的质量行为和工程实物质量进行监督检查。检查结果应按有关规定及时公布，并书面通知有关单位。

永久性工程施工质量检验是工程质量检验的主体与重点，施工单位必须按照《单元工程评定标准》进行全面检验并且将实测结果如实填写在《水利水电工程施工质量评定表》中。

施工单位应坚持三检制。一般情况下，由班组自检、施工队复检、项目经理部专职质检机构终检。

跟踪检测指在承包人进行试样检测前，监理机构对其检测人员、仪器设备以及拟订的检测程序和方法进行审核；在承包人对试样进行检测时，实施全过程的监督，确认其程序、方法的有效性以及检测结果的可信性，并对该结果进行确认。跟踪检测的检测数量，混凝土试样不应少于承包人检测数量的7%，土方试样不应少于承包人检测数量的10%。

平行检测指监理机构在承包人对试样自行检测的同时，独立抽样进行的检测，核验承包人的检测结果。平行检测的检测数量，混凝土试样不应少于承包人检测数量的3%，重要部位每种标号的混凝土最少取样1组；土方试样不应少于承包人检测数量的5%；重要部位至少取样3组。

监理机构对工程质量的抽检属于复核性质，其检验数量以能达到核验工程质量为准，以主要检查、检测项目作为复测重点，一般项目也应复测。据调查，紫坪铺水利枢纽工程、尼尔基水利枢纽工程等建设项目，监理机构抽样检测数量均大于施工单位自检数量的10%。同时，监理机构应有独立的抽检资料，主要指原材料、中间产品和混凝土（砂浆）试件的平行检测资料及对各工序的现场抽检记录。

施工过程中，监理机构应监督施工单位规范填写施工质量评定表。

项目法人对工程施工质量有相应的检查职责，主要是按照合同对施工单位自检和监理机构抽检的过程进行督促检查。

质量监督机构对参建各方的质量体系的建立及其质量行为的监督检查和对工程实物质量的抽查主要有以下几个方面：

对项目法人质量行为的监督检查，主要是对其开展的施工质量管理工作抽查，监督检查贯穿整个工程建设期间；

对监理单位质量行为的监督检查，主要是对其开展的施工质量控制工作的抽查，重点是对施工现场监理工作的监督检查；

对施工单位质量行为的监督检查，主要是对其施工过程中质量行为的监督检查，重点是质量保证体系落实情况、主要工序、主要检查检测项目、重要隐蔽工程和工程关键部位等施工质量的抽查；

对设计单位质量行为的监督检查，主要是对其服务保证体系的落实情况及设计的现场服务工作进行监督检查；

对其他参建单位质量行为的监督检查，主要是对其参建资质和质量体系的建立健全情况、关键岗位人员的持证上岗情况和质量检验资料的真实完整性进行抽查；

对工程实物质量的监督检查包括原材料、中间产品及工程实体质量的监督检查，视具体情况，委托有资质的水利行业质量检测单位进行随机抽检与定向质量检查工作。

（2）临时工程质量检验及评定标准，应由项目法人组织监理、设计及施工等单位根据工程特点，参照《水利水电工程单元工程施工质量验收评定标准》和其他相关标准确定，并报相应的工程质量监督机构核备。

临时工程（如围堰、导流隧洞、导流明渠等）质量直接影响着主体工程质量、进度与投资，应予以重视，不同工程对临时工程质量要求也不同，故无法做统一规定，因此，条文规定由项目法人、监理、设计以及施工单位根据工程特点，参照《水利水电工程单元工程施工质量验收评定标准》的要求研究决定，并报相应的工程质量监督机构核备，同时，也应按照本章有关规定对其进行质量检验和评定。

3. 质量检验内容

（1）质量检验包括施工准备检查，原材料与中间产品质量检验，水工金属结构、启闭机及机电产品质量检查，单元（工序）工程质量检验，质量事故检查和质量缺陷备案，工程外观质量检验等。

水工金属结构产品指由有生产许可证的工厂（或者工地加工厂）制造的压力钢管、拦污栅、闸门等；"机电产品"指由厂家生产的水轮发电机组及其辅助设备、电气设备、变电设备等。

（2）主体工程开工前，施工单位应组织人员进行施工准备检查，并经项目法人或监理单位确认合格且履行相关手续后，才能进行主体工程施工。

施工准备检查的主要内容分为以下几个方面：

①质量保证体系落实情况，主要管理和技术人员的数量及资格是否与施工合同文件一致，规章制度的制定及关键岗位施工人员到位情况；

②进场施工设备的数量和规格、性能是否符合施工合同要求；

③进场原材料、构配件的质量、规格、性能是否符合有关技术标准和合同技术条款的要求，原材料的储存量是否满足工程开工后的需求；

④工地试验室的建立情况是否满足工程开工后的需要；

⑤测量基准点的复核和施工测量控制网的布设情况；

⑥砂石料系统、混凝土拌和系统以及场内道路、供水、供电、供风、供油及其他施

工辅助设施的准备情况;

⑦附属工程及大型临时设施,防冻、降温措施,养护、保护措施,防自然灾害预案等准备情况;

⑧是否制订了完善的施工安全、环境保护措施计划;

⑨施工组织设计的编制和要求进行的施工工艺参数试验结果是否经过监理单位的确认;

⑩施工图及技术交底工作进行情况;

⑪其他施工准备工作。

与原规程相应条文比较,主要是增加了履行相关手续的要求。实际操作当中,一般是施工准备的各项工作应经项目法人和监理机构现场确认,由监理机构根据确认情况签发开工许可证。

(3)施工单位应按《水利水电工程单元工程施工质量验收评定标准》及有关技术标准对水泥、钢材等原材料与中间产品质量进行检验,并报监理单位复核。不合格产品,不得使用。

本条是强制性条文。与原规程相比,主要是增加了监理复核的规定,这也是《监理规范》所要求的。

(4)水工金属结构、启闭机及机电产品进场后,有关单位应按照有关合同进行交货检查和验收。安装前,施工单位应检查产品是否有出厂合格证、设备安装说明书及有关技术文件,对在运输和存放过程中发生的变形、受潮、损坏等问题应做好记录,并妥善处理。无出厂合格证或不符合质量标准的产品不得用于工程中。

本条是强制性条文,与原规程相比,主要是增加了进场后交货验收的规定。

水工金属结构、启闭机及机电产品的质量状况直接影响了安装后的工程质量是否合格,因此,上述产品进场后应进行交货验收。条文中列出了交货验收的主要内容及质量要求。

交货验收办法应按有关合同条款进行。

(5)施工单位应按《水利水电工程单元工程施工质量验收评定标准》检验工序及单元工程质量,做好书面记录,在自检合格后,填写《水利水电工程施工质量评定表》报监理单位复核。监理单位根据抽检资料核定单元(工序)工程质量等级。发现不合格单元(工序)工程,应要求施工单位及时进行处理,合格后才能进行后续工程施工。

对施工中的质量缺陷应书面记录备案,进行必要统计分析,并在相应单元(工序)工程质量评定表"评定意见"栏内注明。

本条是强制性条文。原规程中,发现不合格单元(工序)工程,规定按设计要求及时进行处理。本次修订删去"按设计要求",是由于如果不合格的原因是施工单位未按照施工技术标准或合同要求施工的,应按相应施工技术标准或合同要求进行返工等处理。

(6)施工单位应及时将原材料、中间产品及单元(工序)工程质量检验结果报监理单位复核,并按月将施工质量情况报监理单位,由监理单位汇总分析后报项目法人和工程质量监督机构。

（7）单位工程完工后，项目法人应组织监理、设计、施工及工程运行管理等单位组成工程外观质量评定组，现场进行工程外观质量检验评定，并将评定结论报工程质量监督机构核定。参加工程外观质量评定的人员应具有工程师以上技术职称或者相应执业资格。评定组人数应不少于5人，大型工程不宜少于7人。

工程外观质量是水利水电工程质量的重要组成部分，在单位工程完工后，应进行外观质量检验与评定，由项目法人组织外观质量检验所需仪器、工具和测量人员等实施，并主持外观质量检验评定工作。本规定规定了参加外观质量评定组的单位及最少人数，目的是保证外观质量检验评定结论的公正客观。外观质量检验评定的项目、评定标准、评定办法及评定结果由项目法人及时报送工程质量监督机构进行核定。

4. 质量事故检查和质量缺陷备案检查

与原规程条文相比，主要是在《水利工程质量事故处理暂行规定》（水利部令第9号）出台后，明确事故分类及相应的处理原则。另外，增加了质量缺陷备案检查的相关规定。

（1）根据《水利工程质量事故处理暂行规定》，水利水电工程质量事故分为一般质量事故、较大质量事故、重大质量事故与特大质量事故四类。

（2）质量事故发生后，有关单位应按"三不放过"原则，调查事故原因、研究处理措施、查明事故责任者，并根据《水利工程质量事故处理暂行规定》做好事故处理工作。

"三不放过"原则是指事故原因不查清不放过，主要事故责任者和职工未受到教育不放过，补救和防范措施不落实不放过。

按照《水利工程质量事故处理暂行规定》的要求，质量事故发生后，事故单位要严格保护现场，采取有效措施抢救人员和财产，防止事故扩大。项目法人应及时按照管理权限向上级主管部门报告。

质量事故的调查应按照管理权限组织调查组进行调查，查明事故原因，提出处理意见，提交事故调查报告。

一般质量事故由项目法人组织设计、施工、监理等单位进行调查，调查结果报项目主管部门核备。

较大质量事故由项目主管部门组织调查组进行调查，调查结果报上级主管部门批准并且报省级水行政主管部门核备。

重大质量事故由省级以上水行政主管部门组织调查组进行调查，调查结果报水利部核备。

特大质量事故由水利部组织调查。

质量事故的处理按以下规定执行：

①一般质量事故由项目法人负责组织有关单位制订处理方案并实施，报上级主管部门备案。

②较大质量事故由项目法人负责组织有关单位制订处理方案，经过上级主管部门审定后实施，报省级水行政主管部门或流域机构备案。

③重大质量事故由项目法人负责组织有关单位提出处理方案，征得事故调查组意见

后，报省级水行政主管部门或流域机构审定后实施。

④特大质量事故由项目法人负责组织有关单位提出处理方案，征得事故调查组意见后，报省级水行政主管部门或流域机构审定后实施，并报水利部备案。

事故处理需要进行设计变更的，需原设计单位或者有资质的单位提出设计变更方案。需要进行重大设计变更的，必须经原设计审批部门审定后实施。

（3）在施工过程中，由于特殊原因导致工程个别部位或局部发生达不到技术标准和设计要求（但不影响使用），且未能及时进行处理的工程质量缺陷问题（质量评定仍定为合格），应以工程质量缺陷备案形式进行记录备案。

（4）质量缺陷备案表由监理单位组织填写，内容应真实、准确、完整。各工程参建单位代表应在质量缺陷备案表上签字，若有不同意见应明确记载。质量缺陷备案表应及时报工程质量监督机构备案。质量缺陷备案资料按竣工验收的标准制备。工程竣工验收时，项目法人应向竣工验收委员会汇报并提交历次质量缺陷备案资料。

（5）工程质量事故处理后，应当由项目法人委托具有相应资质等级的工程质量检测单位检测后，按照处理方案确定的质量标准，重新进行工程质量评定。

质量事故处理完成后的检验、评定和验收，对保证质量事故发生部位在今后能按设计工况正常运行十分重要，按照《水利工程质量事故处理暂行规定》的要求，质量事故处理情况应按照管理权限经过质量评定与验收，方可投入使用或进入下一阶段施工。为保证处理质量，规定由项目法人委托有相应资质质量检测机构进行检验。

（四）施工质量评定

本章修订变动较大，主要是质量等级上的规定，明确优良标准为创优而设置，不做验收标准，并另设一节编写条文。

1. 合格标准

（1）合格标准是工程验收标准。不合格工程必须进行处理且达到合格标准后，才能进行后续工程的施工或验收。水利水电工程施工质量等级评定的主要依据如下：

国家及相关行业技术标准；

《单元工程评定标准》；

经批准的设计文件、施工图纸、金属结构设计图样和技术条件、设计修改通知书厂家提供的设备安装说明书及有关技术文件；

工程承发包合同中约定的技术标准；

工程施工期及试运行期的试验和观测分析成果；

评定依据增加施工期的试验和观测分析成果；

技术标准、设计文件、图纸、质检资料、合同文件等是工程施工质量评定的依据。试运行期的观测资料可综合反映工程建设质量，是评定工程施工质量的重要依据。

（2）单元（工序）工程施工质量合格标准应按照《单元工程评定标准》或合同约定的合

格标准执行。当达不到合格标准时，应及时处理。处理后的质量等级应按下列规定重新确定：

全部返工重做的，可重新评定质量等级。

经加固补强并经设计和监理单位鉴定能达到设计要求时，其质量评为合格。

处理后的工程部分质量指标仍达不到设计要求时，经设计复核，项目法人及监理单位确认能满足安全和使用功能要求，可不再进行处理；或经加固补强后，改变了外形尺寸或造成工程永久性缺陷的，经项目法人、监理及设计单位确认能基本满足设计要求，其质量可定为合格，但应按规定进行质量缺陷备案。

明确原规程第 2 款由谁进行鉴定，是由设计和监理单位进行鉴定。此外，与原规程相比，增加了质量缺陷备案的规定。

条文中"处理后部分质量指标达不到设计要求"指单元工程中不影响工程结构安全和使用功能的一般项目质量未达到设计要求。

（3）分部工程施工质量同时满足下列标准时，其质量评为合格：

所含单元工程的质量全部合格。质量事故及质量缺陷已按要求处理，并经检验原材料、中间产品及混凝土（砂浆）试件质量全部合格，金属结构及启闭机制造质量合格，机电产品质量合格。

（4）单位工程施工质量同时满足下列标准时，其质量评为合格：

所含分部工程质量全部合格；

质量事故已按要求进行处理；

工程外观质量得分率达到 70% 以上；

单位工程施工质量检验与评定资料基本齐全；

工程施工期及试运行期，单位工程观测资料分析结果符合国家和行业技术标准以及合同约定的标准要求。

外观质量得分率 = 实际得分 / 应该得分 × 100%（小数点后保留一位）。

条文中"外观质量得分率达到 70% 以上"含外观质量得分率 70%。

施工质量检验与评定资料基本齐全是指单位工程的质量检验与评定资料的类别或者数量不够完善，但已有资料仍能反映其结构安全和使用功能符合实际要求者。对达不到"基本齐全"要求的单位工程，尚不具备单位工程质量合格等级的条件。

（5）工程项目施工质量同时满足下列标准时，其质量评为合格：

单位工程质量全部合格；

工程施工期及试运行期，各单位工程观测资料分析结果都符合国家和行业技术标准以及合同约定的标准要求。

2. 优良标准

（1）优良等级是为工程项目质量创优而设置。

其评定标准为推荐性标准，是为鼓励工程项目质量创优或执行合同约定而设置。

（2）单元工程施工质量优良标准应按照《单元工程评定标准》以及合同约定的优良标准执行。全部返工重做的单元工程，经检验达到优良标准时，可评为优良等级。

（3）分部工程施工质量同时满足下列标准时，其质量评为优良：

所含单元工程质量全部合格，其中 70% 以上达到优良等级，重要隐蔽单元工程和关键部位单元工程质量优良率达 90% 以上，且没有发生过质量事故。

中间产品质量全部合格，混凝土（砂浆）试件质量达到优良等级（当试件组数小于30 时，试件质量合格）。原材料质量、金属结构及启闭机制造质量合格，机电产品质量合格。

在原条文基础上做了如下修改：

①明确了主要分部工程的优良标准和一般分部工程优良标准相同；

②将单元工程优良率由 50% 以上改为 70% 以上，重要隐蔽单元工程和关键部位单元工程优良率由全部优良改为优良率达 90% 以上；

③将混凝土拌和质量优良改为混凝土试块质量优良。当 n ＜ 30 时，试块质量合格，同时又满足第 1 款优良标准时，分部工程施工质量评定为优良。

条文中的"50% 以上""70% 以上""90% 以上"含 50%、70%、90%（以下条文相同）。

（4）单位工程施工质量同时满足下列标准时，其质量评为优良：

所含分部工程质量全部合格，其中 70% 以上达到优良等级，主要分部工程质量全部优良，且施工中未发生过较大质量事故。

质量事故已按要求进行处理。

外观质量得分率达到 85% 以上。

单位工程施工质量检验与评定资料齐全。

工程施工期及试运行期，单位工程观测资料分析结果符合国家和行业技术标准以及合同约定的标准要求。

（5）工程项目施工质量同时满足下列标准时，其质量评为优良：

单位工程质量全部合格，其中 70% 以上单位工程质量达到优良等级，并且主要单位工程质量全部优良。

工程施工期及试运行期，各单位工程观测资料分析结果均符合国家和行业技术标准以及合同约定的标准要求。

在原条文基础上将单位工程优良率由 50% 以上改为 70% 以上，并增加了工程施工期及试运行期各单位工程观测资料分析结果均符合国家和行业技术标准以及合同约定的标准要求的条款。

3. 质量评定工作的组织与管理。

（1）单元（工序）工程质量在施工单位自评合格之后，由监理单位复核，监理工程师核定质量等级并签证认可。

按照《建设工程质量管理条例》和《水利工程质量管理规定》，施工质量由承建该工程的施工单位负责，因此规定单元工程质量由施工单位质检部门组织评定、监理单位复核，具体做法如下：单元（工序）工程在施工单位自检合格填写《水利水电工程施工质量评定表》终检人员签字后，由监理工程师复核评定。

（2）重要隐蔽单元工程及关键部位单元工程质量经施工单位自评合格、监理单位抽检后，由项目法人（或委托监理）、监理、设计、施工、工程运行管理（施工阶段已经有时）等单位组成联合小组，共同检查核定其质量等级并填写签证表，报工程质量监督机构核备。

（3）分部工程质量，在施工单位自评合格后，由监理单位复核、项目法人认定。分部工程验收的质量结论由项目法人报工程质量监督机构核备。大型枢纽工程主要建筑物的分部工程验收的质量结论由项目法人报工程质量监督机构核定。

分部工程施工质量评定增加了项目法人认定的规定。一般分部工程由施工单位质检部门按照分部工程质量评定标准自评，填写分部工程质量评定表，监理单位复核之后交项目法人认定。

分部工程验收后，由项目法人将验收质量结论报工程质量监督机构核备。核备的主要内容如下：检查分部工程质量检验资料的真实性及其等级评定是否准确，如发现问题，应及时通知监理单位重新复核。

大型枢纽主要建筑物的分部工程验收的质量结论，须报工程质量监督机构核定。

（4）单位工程质量，在施工单位自评合格后，由监理单位复核、项目法人认定。单位工程验收的质量结论由项目法人报工程质量监督机构核定。

单位工程施工质量评定增加了项目法人认定的规定。也就是施工单位质检部门按照单位工程质量评定标准自评，并填写单位工程质量评定表，监理单位复核，项目法人认定。单位工程验收的质量结论由项目法人报工程质量监督机构核定。

（5）工程项目质量，在单位工程质量评定合格后，由监理单位进行统计并评定工程项目质量等级，经项目法人认定后，报工程质量监督机构核定。

工程项目施工质量评定，本条修改较多，增加了工程项目质量评定的条件、监理单位和项目法人的责任。工程项目质量评定表由监理单位填写。

（6）阶段验收前，工程质量监督机构应提交工程质量评价意见。

本条为新增条款。阶段验收时，工程项目一般没有全部完成，验收范围内的工程有时构不成完整的分部工程或者单位工程。

（7）工程质量监督机构应按有关规定在工程竣工验收之前提交工程质量监督报告，工程质量监督报告应有工程质量是否合格的明确结论。

六、竣工决算

竣工决算是反映建设项目实际工程造价的技术经济文件，应包括建设项目的投资使用情况和投资效果，以及项目从筹建到竣工验收的全部费用，即建筑工程费、安装工程费、设备费、临时工程费、独立费用、预备费、建设期融资利息和水库淹没处理补偿费及水保、环保费用等。

竣工决算是竣工验收报告的重要组成部分。竣工决算的主要作用包括总结竣工项目设计概算和实际造价的情况、考核水利投资效益，经审定的竣工决算是正确核定新增资产价值、资产移交和投资核销的依据。

竣工决算的时间是项目建设的全过程，包括从筹建到竣工验收的全部时间，其范围是整个建设项目，包括主体工程、附属工程以及建设项目前期费用和相关的全部费用。

竣工决算应由项目法人（或建设单位）编制，项目法人应当组织财务、计划、统计、工程技术和合同管理等专业人员，组成专门机构共同完成此项工作。设计、监理、施工等单位应积极配合，向项目法人提供有关资料。

项目法人一般应在项目完建后规定的期限内完成竣工决算的编制工作，大中型项目的规定期限为 3 个月，小型项目的规定期限为 1 个月。竣工决算是建设项目重要的经济档案，

内容和数据必须真实、可靠，项目法人应对竣工决算的真实性、完整性负责。

编制完成的竣工决算必须按国家《会计档案管理办法》要求整理归档，永久保存。

（一）竣工决算编制的依据

1. 国家有关法律、法规等有关规定。

2. 经批准的设计文件。

3. 主管部门下达的年度投资计划，基本建设支出预算。

4. 经批复的年度财务决算。

5. 项目合同（协议）。

6. 会计核算以及财务管理资料。

7. 其他有关项目管理文件。

（二）竣工决算的编制要求

1. 建设项目应按《水利基本建设项目竣工财务决算编制规程》（SL19—2001）规定的内容、格式编制竣工财务决算。非工程类项目可根据项目实际情况和有关规定适当简化。

2. 项目法人应从项目筹建起，指定专人负责竣工财务决算的编制工作，并应明确财务、计划、工程技术等部门的相应职责。竣工财务决算的编制人员应保持相对稳定。

3. 竣工财务决算应区分大中、小型项目，应按项目规模分别编制。建设项目包括两个或两个以上独立概算的单项工程的，单项工程竣工时，可编制单项工程竣工财务决算。建设项目全部竣工后，应编制该项目的竣工财务总决算。

建设项目是大中型项目而单项工程是小型项目的，应当按大中型项目的编制要求编制单项工程竣工财务决算。

4. 未完工程投资及预留费用可预计纳入竣工财务决算。大中型项目应控制在总概算的 3% 以内，小型项目应控制在 5% 以内。

（三）竣工决算的编制内容

竣工财务决算应包括封面及目录、竣工工程平面示意图及主体工程照片、竣工决算说明书及竣工财务决算报表四部分。

1. 竣工决算说明书

竣工决算说明书是竣工决算的重要文件，是反映竣工项目建设过程、建设成果的书面文件，其主要内容包括以下几个方面：

（1）项目基本情况：主要包括项目建设历史沿革、原因、依据、项目设计、建设过程以及"三项制度"（项目法人责任制、招标投标制、建设监理制）的实施情况。

（2）基本建设支出预算、投资计划与资金到位情况。

（3）概（预）算执行情况。

（4）招（投）标及政府采购情况。

（5）合同（协议）履行情况。

（6）征地补偿和移民安置情况。

（7）预备费动用情况。

（8）未完工程投资以及预留费用情况。

（9）财务管理情况。

（10）其他需说明的事项。

（11）报表说明。

2. 竣工决算报表

竣工决算报表应包括 8 个报表，具体如下：

（1）水利基本建设竣工项目概况表，反映竣工项目主要特性、建设过程和建设成果等基本情况。

（2）水利基本建设项目竣工财务决算表，反映竣工项目的财务收支状况。

（3）水利基本建设竣工项目投资分析表，反映竣工项目建设概（预）算执行情况。

（4）水利基本建设竣工项目未完工程及投资预留费用表，反映预计纳入竣工财务决算的未完工程投资及预留费用的明细情况。

（5）水利基本建设竣工项目成本表，反映了竣工项目建设成本构成情况。

（6）水利基本建设竣工项目交付使用资产表，反映竣工项目向不同资产接收单位交付使用资产情况。

（7）水利基本建设竣工项目待核销基建支出表，反映竣工项目发生的待核销基建支出明细情况。

（8）水利基本建设竣工项目转出投资表，反映竣工项目发生转出投资明细情况。

（四）竣工决算的编制方法

竣工决算的编制拟分三个阶段进行：

1. 准备阶段

建设项目完成后，项目法人必须着手验收项目竣工决算工作，进入验收项目竣工决算准备阶段。这一阶段的重点是做好各项基础工作，主要内容如下：

（1）资金、计划的核实、核对工作。

（2）财产物资、已完工程的清查工作。

（3）合同清理工作。

（4）价款结算、债权债务、包干节余及竣工结余资金分配等清理工作。

（5）竣工年财务决算的编制工作。

（6）有关资料的收集、整理工作。

2. 编制阶段

各项基础资料收集整理后，即进入编制阶段。该阶段的重点工作是三个方面：一是工程造价的比较分析；二是正确分摊待摊费用；三是合理分摊建设成本。

（1）工程造价的比较分析

经批准的概（预）算是考核实际建设工程造价的依据，在分析时，可将决算报表中所提供的实际数据和相关资料与批准的概（预）算指标进行对比，以反映竣工项目总造价和单位工程造价是节约还是超支，并且找出节约或超支的具体内容和原因，总结经验，吸取教训，以利改进。

（2）正确分摊待摊费用

对能够确定由某项资产负担的待摊费用，直接计入该资产成本；不能确定负担对象的待摊费用，应根据项目特点采用合理的方法分摊计入受益的各项资产成本。目前常用的方法有两种：按概算额的比例分摊、按实际数的比例分摊。

（3）合理分摊项目建设成本

一般水利工程均同时具有防洪、发电、灌溉、供水等多种效益，所以，应根据项目实际，合理分摊建设成本，分摊的方法有三种：

①采用受益项目效益比例进行分摊；

②采用占用水量进行分摊；

③采用剩余效益进行分摊。

3. 总结汇编阶段

在竣工决算说明书撰写及九个报表填写之后，即可汇编，加上目录及附图，装订成册，即成为建设项目竣工决算，上报主管部门及验收委员会审批。

第七章 水利工程项目安全与环境管理

第一节 水利工程项目安全管理

一、安全管理基本知识

（一）安全生产管理的概念

1. 安全生产管理的含义

即通过技术管理的各种活动，建立一套安全生产保障体系，将事故预防、应急措施、事故调查和保险补偿四项内容有机地结合在了一起，以达到安全的目的。

2. 安全管理的核心

控制事故、消除隐患、为劳动者创造一个安全文明的工作环境就是安全管理的核心。

（二）安全保障体系的三个方面

1. 事前预防对策体系

建立健全各级各种规章制度：安全生产责任制，保证资金的投入，建立机构配备人员，建设项目"三同时"，危险源管理等。

2. 应急对策体系

组织制定应急预案，建立应急救援队伍，并组织演练。

3. 事后处理对策体系

发生事故后及时报告上级有关部门和启动应急救援预案程序，力争把人员伤亡和财产损失降低到最低程度。同时，还应按照"四不放过"原则进行事故调查和处理。

（三）安全管理的重要意义

大量事故统计显示，80%以上的事故原因都与管理紧密相关，因而改进管理能够预防大多数事故的发生。

"安全第一"喊了很多年了，但很多企业并不是也不可能把安全放在第一位。企业活动都是以经济利益最大化为原则，因而发展生产、提高经济效益永远为它的第一。安全之所以特别受到强调，一是"尊重人权"越来越成为人们的道德理念，二是安全工作对于保障企业正效益、减少负效益有重要作用。如果它与"人权"和"效益"无关，肯定不会被特别重要的地位。

控制事故的重要手段是采用工程技术防范措施，提高本质安全化水平，这在很大程度上能防止人为失误造成的事故，但这会增加经济投入，也受技术水平的限制，因而加强管理是目前情况下重要、必须而且有效的措施。

根据美国心理学家马斯洛的研究，人的需要分为七个层次，排在第一的是生理需要，第二的才是安全。

生理需要包括摄食、饮水、睡眠、求偶等属于人类生存的最基本、最原始的需要，当生理需要获得适当满足之后，即是安全需要。

由于安全需要位于第二层次，所以我们可以看出，当人们的生理需要尚未得到相当满足的条件下，是不会很好地关注安全的。

（四）安全生产管理

1. 国家安全生产方针

安全第一，预防为主，综合治理。

2. 国家安全生产管理体制

政府统一领导，部门依法监管，企业全面负责，社会监督支持，中介提供服务。

3. 国家强调的几项原则

（1）"一把手是安全生产第一责任人"的原则

政府和企业的"一把手"是安全生产的第一责任人；企业主要领导必须对安全生产全面负责，在其任职资格当中必须有安全的内容。

（2）"副职领导谁主管谁负责"的原则

管生产必须管安全；谁主管、谁负责。完善各级安全生产责任制，分级管理，分线负责。

（3）"安全机构只能加强不能削弱"的原则

在转换机制、改革机构过程中，安全生产工作只可加强，不能削弱；要健全安全生产管理机构，并配备素质较高、责任心强的、数量足够的安全生产管理人员。

（4）"保障安全生产所需经费"的原则

企业对于四项安全生产经费应予保障劳保护具费、安全技措费、安全教育费、安全奖励费。用以保护职工健康、治理事故隐患和改善劳动条件。

（5）工程建设项目"三同时"的原则

新建、改建、扩建、技术改造、技术引进和中外合资的建设项目，要坚持安全卫生设施与主体工程同时设计、同时施工、同时投入生产和使用。

（6）安全工作与生产经营"五同时"的原则

安全工作与生产经营任务同时计划、同时部署、同时检查、同时总结、同时评比。

（7）"经常进行安全检查"的原则

安全检查，发现隐患，纠正违章，及时整改。抓好日检查、周评分、月考核、季评价，以及专业检查和节假日安全检查。

（8）"两分两到两包"的原则

安全管理要分级管理、分线负责，纵向到底、横向到边，生产经营指标承包、同时要包安全生产指标。

（9）"进行安全教育、提高安全文化"的原则

企业要注重领导干部任职安全教育，应倡导安全文化，全员接受安全教育。

（10）"安全生产人人有责"的原则

明确安全生产人人有责，人人管安全，安全管人人；安全有人管、经常管、大胆管，安全管到人、管到位、管到底，使安全生产实现"要你安全"至"我要安全"的跨越。

（11）"严肃事故统计与查出"、事故"四不放过"原则

按月上报事故统计报表；发生死亡事故或直接经济损失10万元以上的燃烧爆炸事故要于24h之内上报，并按"四不放过"要求及时查出（事故原因未查清不放过，事故责任者和群众未受到教育不放过，未汲取事故教训并采取防范措施不放过，未进行事故责任追究不放过）；并建立档案。

（五）安全管理的保证措施

1. 法规制度保证

贯彻执行《安全生产法》、国务院有关安全生产的条例和通知、国家和行业安全技术标准，以及结合企业实际的安全生产法律、制度及标准。

2. 科学管理保证

开展安全性评价，建立专群结合的安全管理网络，不断提高安全管理水平。

3. 监督检查保证

坚持三级危险点巡回检查，责任到人，有奖有罚。

4. 技术措施保证—进行危险源评估

实施安全技术改造；采用先进技术，整改事故隐患。

5. 安全教育保证

举办公司管理层安全管理培训班，进行多层次安全教育，提高安全文化素质。

6. 奖励机制保证

开展"安全生产月""百日无事故""安全一千天""安全管理创新奖""安全生产先进个人"等竞赛活动，并进行评比表彰，实行奖励。

（六）加强安全管理保障体系措施

1. 以"一把手"为安全生产第一责任人的"安全生产责任联保体系"。
2. 以"党政工团齐抓共管"为号召的"全面安全管理体系"。
3. 以建设"安全生产标准化"和开展"安全生产竞赛"为主要形式的"全员安全管理体系"。
4. 以开展"安全性评价"为主要内容的"全过程安全管理"。
5. 以"三级危险点巡回检查网络管理"和安全卫生"三同时"为重点的"安全生产监督检查管理体系"。
6. 以实行"安全生产累进奖""重奖重罚"为手段的强激励性"安全生产奖罚体系"。
7. 以广泛宣传"安全文化"为先导的"安全生产宣传教育体系"。
8. 以参加"财产保险与工伤保险"为基础的"事故后经济补偿体系"。

二、我国安全卫生管理体制

我国现行安全卫生管理体制是：企业负责，行业管理、国家监察，群众监督。它体现了"安全第一，预防为主"的安全生产方针，强调了"管生产必须管安全"的原则，明确了生产经营单位和企业在安全生产管理中的职责。"企业负责"即搞好企业安全管理的重要性。

（一）企业负责

就是生产经营单位和企业法人代表为企业安全生产的第一责任人，企业的经营管理者必须为从业人员和职工的生产经营活动提供全面的安全保障，对从业人员和职工在劳动过程中的安全、健康负有领导责任。依照国家法规、标准管好生产经营单位和企业的劳动安全工作，生产经营单位和企业职工必须遵守一切符合国家法规的企业规章制度，否则，一旦发生事故，生产经营单位和企业应当承担法律责任、行政责任或经济责任，事故责任者必须接受法律的制裁，或者行政的、经济的惩处。

企业负责要求生产经营单位和企业安全管理应做到：在一切生产经营管理活动中坚持"安全第一，预防为主"的方针及国家有关安全生产的政策；建立健全企业的职业安全卫生管理体系；坚持安全生产工作的"五同时"原则，即指生产经营单位及企业的生产组织领导者必须在计划、布置、检查、总结和评比生产工作的同时进行计划、布置、检查、总结和评比安全工作的原则。坚持"管生产必须管安全"的原则；给劳动者提供符合国家安全生产要求的工作场所、生产设施，加强对有毒有害、易燃易爆等危险品和特种设备的管理；建立、健全安全生产责任制和其他各项安全生产制度；进行新职工进厂的三级教育、特殊工种安全教育及全员安全教育；制定和执行完善的安全操作规程；按照国家规定，合理配备安全技术和管理干部，负责企业日常安全检查、教育、管理工作；加强隐患整改，对新、改、扩建项目，按"三同时"原则，进行设计、施工和竣工投产验收；对企业发生的事故，坚持按"四不放过"原则进行处理等等。

（二）行业管理

就是行业管理部门按照管生产必须管安全的原则，在组织本行业生产经营工作中加强所属企业的安全管理，根据国家安全生产方针政策、法规、标准，对生产经营单位和企业的安全生产工作进行组织、协调、指导、监督检查，加强对行业所属企业以及归口管理的生产经营单位和企业管理，促使生产经营单位和企业努力改善劳动条件，消除不安全因素，采取有效的预防措施，实现安全生产，保障职工的安全和健康。

（三）国家监察

指国家法规授权设立的监察机构，以国家名义并运用国家权力，对生产经营单位和企业、事业和有关机关履行劳动安全健康职责和执行安全生产法规、政策的情况，依法进行监督检查，对不遵守国家安全生产法律、法规、标准的企业进行纠正和处罚，如下达监察意见通知书，行政处罚意见书，做出限期整改和停产整顿的决定，必要时，可提请当地人民政府或者行业主管部门关闭企业。国家监察是一种带有国家强制性的监督，具有相对的独立性、公正性和权威性。

（四）群众监督

它包括各级工会、社会团体、民主党派、新闻单位等对安全生产工作的监督。其中工会监督是最基本的监督形式，是指工会组织代表职工群众依法对劳动安全法律、法规的贯彻实施情况进行监督，维护职工劳动安全卫生方面的合法权益。针对政府和生产经营单位和企业行政方面存在的忽视劳动安全的问题，提出批评和建议，甚至抗议，以致支持工人拒绝操作，组织职工撤离危害作业现场。对严重损害职工利益的违法行为，向司法机关提出控告。群众监督是安全生产工作不可缺少的重要环节，尤其在社会主义市场经济体制建立过程中，要加大群众监督检查的力度，全心全意依靠职工群众搞好安全生产工作

三、水利工程安全生产管理规定

（一）安全生产管理体制

国务院《关于加强安全生产工作的通知》当中指出：实行"企业负责，行业管理，

国家监察，群众监督"的安全生产管理体制，并且以此为基础建立建设安全管理的组织机构体系。

全面建立"党政同责、一岗双责、齐抓共管"的安全生产责任体系，落实属地监管责任。其次要创新安全生产监管执法机制，建立完善安全生产诚信约束机制。

（二）安全生产基本制度

《安全生产法》明确了我国安全生产的基本法律制度：安全生产责任追究制度；安全生产监督管理制度；生产经营单位安全生产保障制度；事故应急救援和处理制度；从业人员权利义务制度。

《建设工程安全生产管理条例》进一步明确了建设工程安全生产的相关制度：

1. 安全生产责任制度

安全生产责任制度是建筑生产中最基本的安全管理制度，是所有安全规章制度的核心。安全生产责任制度是指将各种不同的安全责任落实到负责有安全管理责任的人员和具体岗位人员身上的一种制度。这一制度是安全第一，预防为主方针的具体体现，是建筑安全生产的基本制度。安全责任制的主要内容包括：

（1）从事建筑活动主体的负责人的责任制

比如，施工单位的法定代表人要对本企业的安全负主要安全责任。

（2）从事建筑活动主体的职能机构或职能处室负责人及其工作人员的安全生产责任制比如，施工单位根据需要设置的安全处室或者专职安全人员要对安全负责。

（3）岗位人员的安全生产责任制

岗位人员必须对安全负责。从事特种作业的安全人员必须进行培训，经过考试合格后方能上岗作业。

2. 群防群治制度

群防群治制度是职工群众进行预防和治理安全的一种制度。这一制度也是"安全第一、预防为主"的具体体现，同时也是群众路线在安全工作中的具体体现，是企业进行民主管理的重要内容。这一制度要求建筑企业职工在施工中应当遵守有关生产的法律、法规和建筑行业安全规章、规程，不得违章作业；对于危及生命安全与身体健康的行为有权提出批评、检举和控告。

3. 安全生产教育培训制度

安全生产教育培训制度是对广大建筑干部职工进行安全教育培训，提高安全意识，增加安全知识和技能的制度。安全生产，人人有责。只有通过对广大职工进行安全教育、培训，才能使广大职工真正认识到安全生产的重要性、必要性，才能使广大职工掌握更多更有效的安全生产的科学技术知识，牢固树立安全第一的思想，自觉遵守各项安全生产和规章制度。分析许多建筑安全事故，一个重要的原因就是有关人员安全意识不强，安全技能不够，这些均是没有搞好安全教育培训工作的后果。

4.安全生产检查制度

安全生产检查制度是上级管理部门或企业自身对安全生产状况进行定期或不定期检查的制度。通过检查可以发现问题，查出隐患，从而采取有效措施，堵塞漏洞，把事故消灭在发生之前，做到防患于未然，是"预防为主"的具体体现。通过检查，还可总结出好的经验加以推广，为了进一步搞好安全工作打下基础。安全检查制度是安全生产的保障。

5.伤亡事故处理报告制度

施工中发生事故时，建筑企业应当采取紧急措施减少人员伤亡和事故损失，并按照国家有关规定及时向有关部门报告的制度。事故处理必须遵循一定的程序，做到三不放过（事故原因不清不放过、事故责任者和群众无受到教育不放过、没有防范措施不放过）。

6.安全责任追究制度

法律责任中，规定建设单位、设计单位、施工单位、监理单位，由于没有履行职责造成人员伤亡和事故损失的，视情节给予相应处理；情节严重的，责令停业整顿，降低资质等级或吊销资质证书；构成犯罪的，依法追究刑事责任。

四、水利工程安全事故处理

（一）总则

1.加强水利工程质量管理，规范水利工程质量事故处理行为

根据《中华人民共和国建筑法》和《中华人民共和国行政处罚法》，制定本规定。

2.凡在中华人民共和国境内进行各类水利工程的质量事故处理时，必须遵守本规定。

本规定所称工程质量事故是指在水利工程建设过程中，由于建设管理、监理、勘测、设计、咨询、施工、材料、设备等原因造成工程质量不符合规程规范和合同规定的质量标准，影响使用寿命和对工程安全运行造成隐患与危害的事件。

3.水利工程质量事故处理

除执行本规定外，还应执行国家有关规定。因质量事故造成人身伤亡的，还应遵从国家和水利部伤亡事故处理的有关规定。

4.发生质量事故

必须坚持"事故原因不查清楚不放过、主要事故责任者和职工未受到教育不放过、补救和防范措施不落实不放过"的原则，认真调查事故原因，研究处理措施，查明事故责任，做好事故处理工作。

5.水利工程质量事故处理实行分级管理的制度

水利部负责全国水利工程质量事故处理管理工作，并负责部属重点工程质量事故处理工作。

各流域机构负责本流域水利工程质量事故处理管理工作，并且负责本流域中央投资

为主的、省（自治区、直辖市）界及国际边界河流上的水利工程质量事故处理工作。

各省、自治区、直辖市水利（水电）厅（局）负责本辖区水利工程质量事故处理管理工作和所属水利工程质量事故处理工作。

6. 工程建设中未执行国家和水利部有关建设程序、质量管理、技术标准的有关规定

有违反国家和水利部项目法人责任制、招标投标制、建设监理制和合理管理制及其他有关规定而发生质量事故的，对有关单位或个人从严从重处罚。

（二）事故分类

1. 工程质量事故按直接经济损失的大小

检查、处理事故对工期的影响时间长短和对工程正确使用的影响，分为一般质量事故、较大质量事故、重大质量事故、特大质量事故。

2. 一般质量事故指对工程造成一定经济损失

经处理后不影响正常使用并不影响使用寿命的事故。较大质量事故是指对工程造成较大经济损失或延误较短工期，经处理之后不影响正常使用但对工程寿命有一定影响的事故。

重大质量事故是指对工程造成重大经济损失或较长时间延误工期，经处理后不影响正常使用但对工程寿命有较大影响的事故。

特大质量事故是指对工程造成特大经济损失或长时间延误工期，经处理后仍对正常使用和工程寿命造成较大影响的事项。

（三）事故报告

1. 发生质量事故后，项目法人必须将事故的简要情况向项目主管部门报告

项目主管部门接事故报告后，按照管理权限向上级水行政主管部门报告。

一般质量事故向项目主管部门报告。

较大质量事故逐级向省级水行政主管部门或者流域机构报告。

重大质量事故逐级向省级水行政主管部门或流域机构报告并抄报水利部。

特大质量事故逐级向水利部和有关部门报告。

2. 事故发生后，事故单位要严格保护现场

采取有效措施抢救人员和财产，防止事故扩大。由于抢救人员、疏导交通等原因需移动现场物件时，应当做出标志、绘制现场简图并作出书面记录，妥善保管现场重要痕迹、物证，并进行拍照或录像。

3. 发生（发现）较大、重大和特大质量事故

事故单位要在48h内向第九条所规定单位写出书面报告；突发性事故，事故单位要在4h之内电话向上述单位报告。

4. 事故报告应当包括以下内容

（1）工程名称、建设规模、建设地点、工期，项目法人、主管部门及负责人电话。

（2）事故发生的时间、地点、工程部位以及相应的参建单位名称。

（3）事故发生的简要经过、伤亡人数和直接经济损失初步估计。

（4）事故发生原因初步分析。

（5）事故发生后采用的措施及事故控制情况。

（6）事故报告单位、负责人及联系方式。

5. 有关单位接到事故报告后，必须采取有效措施

防止事故扩大，并立即按照管理权限向上级部门报告或者组织事故调查。

（四）事故调查

发生质量事故，要按照第十五、十六、十七、十八条规定的管理权限组织调查组进行调查，查明事故原因，提出处理意见，提交事故调查报告。事故调查组成员由主管部门根据需要确定并实行回避制度。

1. 一般事故

由项目法人组织设计、施工、监理等单位进行调查，调查结果报项目主管部门核备。

2. 较大质量事故

由项目主管部门组织调查组进行调查，调查结果报过上级主管部门批准并报省级水行政主管部门核备。

3. 重大质量事故

由省级以上水行政主管部门组织调查组进行调查，调查结果报水利部核备。

4. 特大质量事故

由水利部组织调查，事故调查组的主要任务：

（1）查明事故发生的原因、过程、财产损失情况及对后续工程的影响。

（2）组织专家进行技术鉴定。

（3）查明事故的责任单位和主要责任者应负的责任。

（4）提出工程处理和采取措施的建议。

（5）提出对责任单位和责任者的处理建议。

（6）提交事故调查报告。

调查组有权向事故单位、各有关单位和个人了解事故的有关情况。有关单位和个人必须实事求是地提供有关文件或材料，不得以任何方式阻碍或干扰调查组正常工作。事故调查组提交的调查报告经主持单位同意后，调查工作即告结束。事故调查费用暂由项目法人垫付，待查清责任后，由责任方负担。

（五）工程处理

发生质量事故必须针对事故原因提出工程处理方案，经有关单位审定后实施。

1. 一般事故

由项目法人负责组织有关单位制订处理方案并实施，报上级主管部门备案。

2. 较大质量事故

由项目法人负责组织有关单位制订处理方案，经上级主管部门审定之后实施，报省级水行政主管部门或流域机构备案。

3. 重大质量事故

由项目法人负责组织有关单位提出处理方案，征得事故调查组意见后，报省级水行政主管部门或流域机构审定后实施。

4. 特大质量事故

由项目法人负责组织有关单位提出处理方案，征得事故调查组意见后，报省级水行政主管部门或流域机构审定后实施，并报水利部备案。

事故处理需要进行设计变更的，需原设计单位或者有资质的单位提出设计变更方案。需要进行重大设计变更的，必须经原设计审批部门审定后实施。

事故部位处理完成后，必须按照管理权限经过质量评定与验收后，方可投入使用或进入下一阶段施工。

（六）事故处罚

1. 对工程事故责任人和单位需进行行政处罚的

由县以上水行政主管部门或经授权的流域机构按照第五条规定的权限和《水行政处罚实施办法》进行处罚。特大质量事故和降低或吊销有关设计、施工、监理、咨询等单位资质的处罚，由水利部或水利部会同有关部门进行处罚。

2. 由于项目法人责任酿成质量事故，令其立即整改

造成较大以上质量事故的，进行通报批评、调整项目法人；对有关责任人处以行政处分；构成犯罪的，移送司法机关依法处理。

3. 由于监理单位责任造成质量事故

令其立即整改并可处以罚款，造成较大以上质量事故的，处以罚款、通报批评、停业整顿、降低资质等级直至吊销水利工程监理资质证书；对于主要责任人处以行政处分、取消监理从业资格、收缴监理工程师资格证书、监理岗位证书；构成犯罪的，移送司法机关依法处理。

4. 由于咨询、勘测、设计单位责任造成质量事故

令其立即整改并可处以罚款，造成较大以上质量事故的，处以通报批评、停业整顿、降低资质等级、吊销水利工程勘测、设计资格；对主要责任人处以行政处分、取消水利工程勘测、设计执业资格；构成犯罪的，移送司法机关依法处理。

5. 由于施工单位责任造成质量事故

令其立即自筹资金进行事故处理，并且处以罚款，造成较大以上质量事故的，处以通报批评、停业整顿、降低资质等级直至吊销资质证书；对主要责任人处以行政处分、取消水利工程施工执业资格；构成犯罪的，移送司法机关依法处理。

6. 由于设备、原材料等供应单位责任造成质量事故

对其进行通报批评、罚款；构成犯罪的，移送司法机关依法处理。

7. 对监督不到位或只收费不监督的质量监督单位

处以通报批评、限期整顿、重新组建质量监督机构；对有关责任人处以行政处分、取消质量监督资格；构成犯罪的，移送司法机关依法处理。

8. 对隐情不报或阻碍调查组进行调查工作的单位或个人

由主管部门视情节给予行政处分；构成犯罪的，移送司法机关依法处理。

9. 对不按本规定进行事故的报告、调查和处理

造成事故进一步扩大或贻误处理时机的单位和个人，由上级水行政主管部门给予通报批评，情节严重的，追究其责任人的责任；构成犯罪的，移送司法机关依法处理。

10. 因设备质量引发的质量事故

按照《中华人民共和国产品质量法》规定进行处理。

第二节　水利工程建设环境保护与文明施工

一、概述

（一）环境保护

环境保护涉及的范围广、综合性强，它涉及自然科学和社会科学的许多领域等，还有其独特的研究对象。环境保护方式包括：采取行政、法律、经济、科学技术、民间自发环保组织等等，合理利用自然资源，防止环境的污染和破坏，以求自然环境同人文环境、经济环境共同平衡可持续发展，扩大有用资源的再生产，保证社会的发展。

1. 自然环境

为了防止自然环境的恶化，对山脉，绿水，蓝天，大海，丛林的保护就显得十分重要。这里就涉及了不能私自采矿或者滥伐树木，尽量减少乱排（污水）乱放（污气）、不能过度放牧、不能过度开荒、不能过度开发自然资源、不能过度破坏自然界的生态平衡等等，这个层面属于宏观的，主要依靠各级政府行使自己的职能、进行调控，才能够解决。对自然环境的保护需要人人都做到。

2. 地球生物

包括物种的保全，植物植被的养护，动物的回归，维护生物多样性，转基因合理、慎用，濒临灭绝生物的特殊保护，灭绝物种的恢复，栖息地的扩大，人类与生物的和谐共处，不欺负其他物种，等等。

3. 人类环境

使环境更适合人类工作和劳动的需要。这就涉及人们的衣、食、住、行、玩的方方面面，都要符合科学、卫生、健康、绿色的要求。这个层面属于微观的，既要靠公民的自觉行动，又要依靠政府的政策法规做保证，依靠社区的组织教育来引导，要工学兵商各行各业齐抓共管，才能解决。地球上每一个人都是有权力保护地球，也有权力享有地球上的一切，海洋、高山、森林这些都是自然，也是每一个人应该去爱护的。

作为公民来说，我们对于居住生活环境的保护，就是间接或直接地保护了自然环境；我们破坏了居住生活环境，就会间接或者直接地破坏了自然环境。

作为政府来说，既要着眼于宏观的保护，又要从微观入手，发动群众、教育群众，使环境保护成为公民的自觉行动。

环境问题是中国 21 世纪面临的最严峻挑战之一，保护环境是保证经济长期稳定增长和实现可持续发展的基本国家利益。环境问题解决得好坏关系到中国的国家安全、国际形象、广大人民群众的根本利益，以及全面小康社会的实现。为社会经济发展提供良好的资源环境基础，让所有人都能获得清洁的大气、卫生的饮水和安全的食品，是政府的基本责任与义务。

要顺应人民群众对美好生活环境的期待，大力加强生态文明建设和环境保护。生态环境关系人民福祉，关乎子孙后代和民族未来。要坚持节约资源和保护环境的基本国策，着力推进绿色发展、循环发展、低碳发展。要加快调整经济结构和布局，抓紧完善标准、制度和法规体系，采取切实的防治污染措施，促进生产方式和生活方式的转变，下决心解决好关系群众切身利益的大气、水、土壤等突出环境污染问题，改善环境质量，维护人民健康，用实际行动让人民看到希望。

保护环境是中国长期稳定发展的根本利益和基本目标之一，实现可持续发展依然是中国面临的严峻挑战。政府在人类社会发展进程中同时扮演着保护环境与破坏环境的双重角色，负有不可推卸的环境责任。环境保护是政府必须发挥中心作用重要领域。毫无疑问，导致资源破坏和环境污染的两大重要原因是市场失灵和政府失灵，这两方面原因都同发展和政府有着密切的关系。所以，环境保护在很大程度上依赖于政府，也是国家长期坚持做的一项民生工程。同样意味着城市将成为环境治理的主要推动者，也将是城市环境改善、公共设施建设和项目技术的最大买家群体。

4. 生态环境

（1）物种灭绝

我国是世界上生物多样性最丰富的国家之一，高等植物和野生动物物种均占世界的 10% 左右，基本约有 200 个特有属。然而，环境污染和生态破坏导致了动植物生境的破坏，物种数量急剧减少，有的物种已灭绝。

（2）植被破坏

森林是生态系统的重要支柱。草原面临严重退化、沙化和碱化，加剧了草地水土流失和风沙危害。

（3）土地退化

我国是世界上土地沙漠化较为严重的国家，土地沙漠化急剧发展。同时，由于农业生态系统失调，全国每年因灾害损毁的耕地约 200 万亩。

（二）文明施工

项目文明施工是指保持施工场地整洁、卫生，施工组织科学，施工程序合理的一种施工活动。实现文明施工，不仅要着重做好现场的场容管理工作，而且还要相应做好现场材料、设备、安全、技术、保卫、消防和生活卫生等方面的管理工作。一个工地文明施工水平是该工地乃至所在企业各项管理工作水平的综合体现。

1. 文明施工基本要求

（1）施工现场要建立文明施工责任制，划分区域，明确管理负责人，实行挂牌制，做到现场清洁整齐。

（2）施工现场场地平整，道路坚实畅通，有排水措施，基础、地下管道施工完后要及时回填平整，清除积土。

（3）现场施工临时水电要有专人管理，不得有长流水、长明灯。

（4）施工现场的临时设施，包括生产、办公、生活用房、仓库、料场、临时上下水管道以及照明、动力线路，要严格按施工组织设计确定的施工平面图布置、搭设或埋设整齐。

（5）工人操作地点和周围必须清洁整齐，做到了活完脚下清，工完场地清，丢洒在楼梯、楼板上的杂物和垃圾要及时清除。

（6）要有严格的成品保护措施，严禁损坏污染成品，堵塞管道。

（7）建筑物内清除的垃圾渣土，要通过临时搭设的竖井或利用电梯井或者采取其他措施稳妥下卸，严禁从门窗口向外抛掷。

（8）施工现场不准乱堆垃圾及余物。应在适当地点设置临时堆放点，并定期外运。清运垃圾及流体物品，要采取遮盖防漏措施，运送途中不得遗撒。

（9）根据工程性质和所在地区的不同情况，采取必要的围护和遮挡措施，并保持外观整洁。

（10）针对施工现场情况设置宣传标语和黑板报，并适时更换内容，切实起到表扬先进、促进后进的作用。

（11）施工现场严禁居住家属，严禁居民、家属、小孩在施工现场穿行、玩耍。

（12）施工现场应建立不扰民措施，针对施工特点设置防尘和防噪声设施，夜间施工必须有当地主管部门的批准。

2. 项目文明施工的工作内容

企业应通过培训教育、提高现场人员的文明意识和素质，并通过建设现场文化，使现场成为企业对外宣传的窗口，树立良好的企业形象。项目经理部应当按照文明施工标准，定期进行评定、考核和总结。

文明施工应包括下列工作：

（1）进行现场文化建设。

（2）规范场容，保持作业环境整洁卫生。

（3）创造有序生产的条件。

（4）减少对居民与环境的不利影响。

二、水利工程建设项目环境保护要求

（一）各设计阶段的环境保护要求

1. 环境保护设计必须按国家规定的设计程度进行

执行环境影响报告书（表）的编审制度，执行防治污染及其他公害的设施与主体工程同时设计、同时施工、同时投产的"三同时"制度。

2. 项目建议书阶段

项目建议书中应根据建设项目的性质、规模、建设地区的环境现状等等有关资料，对建设项目建成投产后可能造成的环境影响进行简要说明，其主要内容如下：

（1）所在地区的环境现状；

（2）可能造成的环境影响分析；

（3）当地环保部门的意见和要求；

（4）存在的问题。

3. 可行性研究（设计任务书）阶段

按《建设项目环境保护管理办法》的规定，需编制环境影响报告书或者填报环境影响报告表的建设项目，必须按该管理办法之附件一或附件二的要求编制环境影响报告书或填报环境影响报告表。在可行性研究报告书中，应有环境保护的专门论述，其主要内容如下：

（1）建设地区的环境现状。

（2）主要污染源和主要污染物。

（3）资源开发可能引起的生态变化。

（4）设计采用的环境保护标准。

（5）控制污染和生态变化的初步方案。

（6）环境保护投资估算。

（7）环境影响评价的结论或者环境影响分析。

（8）存在的问题及建议。

4. 初步设计阶段

建设项目的初步设计必须有环境保护篇（章），具体落实环境影响报告书（表）及其应审批意见所确定的各项环境保护措施。环境保护篇（章）包含下列主要内容：

（1）环境保护设计依据。

（2）主要污染源和主要污染物的种类、名称、数量、浓度或强度以及排放方式。

（3）规划采用的环境保护标准。

（4）环境保护工程设施及其简要处理工艺流程、预期效果。

（5）对建设项目引起的生态变化所采取的防范措施。

（6）绿化设计。

（7）环境管理机构及定员。

（8）环境监测机构。

（9）环境保护投资概算。

（10）存在的问题及建议。

5. 施工图设计阶段

建设项目环境保护设施的施工图设计，必须按已经批准的初步设计文件及其环境保护篇（章）所确定的各种措施和要求进行。

（二）选址与总图布置

1. 建设项目的选址或选线

必须全面考虑建设地区的自然环境和社会环境，对选址或选线地区的地理、地形、地质、水文、气象、名胜古迹、城乡规划、土地利用、工农业布局、自然保护区现状及其发展规划等因素进行调查研究，并在收集建设地区的大气、水体、土壤等基本环境要素背景资料的基础上进行综合分析论证，制订最佳的规划设计方案。

2. 凡排放有毒有害废水、废气、废渣（液）、恶臭、噪声、放射性元素等物质或因素的建设项目

严禁在城市规划确定的生活居住区、文教区，水源保护区、名胜古迹、风景游览区、温泉、疗养区和自然保护区等界区内选址。铁路、公路等的选线，应尽量减轻对沿途自然生态的破坏和污染。

3. 排放有毒有害气体的建设项目

应布置在生活居住区污染系数最小方位的上风侧；排放有毒有害废水的建设项目应布置在当地生活饮用水水源的下游；废渣堆置场地应和生活居住区及自然水体保持规定的距离。

4. 环境保护设施用地应与主体工程用地同时选定

产生有毒有害气体、粉尘、烟雾、恶臭、噪声等物质或因素的建设项目与生活居住区之间，应保持必要的卫生防护距离，并且采取绿化措施。

5. 建设项目的总图布置

在满足主体工程需要的前提下，宜将污染危害最大的设施布置在远离非污染设施的地段，然后合理地确定其余设施的相应位置，尽可能地避免互相影响和污染。

6. 新建项目的行政管理和生活设施

应布置在靠近生活居住区的一侧，并作为建设项目的非扩建端。

7. 建设项目的主要烟囱（排气筒）

火炬设施、有毒有害原料、成品的贮存设施，装卸站等，宜布置在厂区常年主导风向的下风侧。

8. 新建项目应有绿化设计

其绿化覆盖率可根据建设项目的种类不同而异。城市内的建设项目应按当地有关绿化规划的要求执行。

（三）污染防治

1. 污染防治原则

（1）工艺设计应积极采用无毒无害或低毒低害的原料，采用不产生或少产生污染的新技术、新工艺、新设备。最大限度地提高资源、能源利用率，尽可能在生产过程中把污染物减少到最低限度。

（2）建设项目的供热、供电及供煤气的规划设计应根据条件尽量采用热电结合、集中供热或联片供热，集中供应民用煤气的建设方案。

（3）环境保护工程设计应因地制宜地采用行之有效的治理和综合利用技术。

（4）应采取各种有效措施，避免或者抑制污染物的无组织排放

①设置专用容器或其他设施，用以回收采样、溢流、事故、检修时排出的物料或废弃物。

②设备、管道等必须采取有效的密封措施，防止物料跑、冒、滴、漏。

③粉状或散装物料的贮存、装卸、筛分、运输等过程应设置抑制粉尘飞扬的设施。

（5）废弃物的输送及排放装置宜设置计量、采样及分析设施。

（6）废弃物在处理或综合利用过程中，如有二次污染物产生，还应采取防止二次污染的措施。

（7）建设项目产生的各种污染或污染因素，必须符合国家或省、自治区、直辖市颁布的排放标准和有关法规后，方可以向外排放。

（8）贮存、运输、使用放射性物质及放射性废弃物的处理，必须符合《放射性防护规定》和《放射性同位素工作卫生防护管理办法》等的要求。

2. 废气、粉尘污染防治

（1）凡在生产过程中产生有毒有害气体、粉尘、酸雾、恶臭、气溶胶等物质，宜设计成密闭的生产工艺和设备，尽可能避免敞开式操作。如需向外排放，还应设置除尘、吸收等净化设施。

（2）各种锅炉、炉窑、冶炼等装置排放的烟气，须设有除尘、净化设施。

（3）含有易挥发物质的液体原料、成品、中间产品等贮存设施，应有防止挥发物质溢出的措施。

（4）开发和利用煤炭的建设项目，其设计应符合《关于防治煤烟型污染技术政策的规定》。

（5）废气中所含的气体、粉尘及余能等，其中有回收利用价值的，应尽可能回收利用；无利用价值的应采取妥善处理措施。

3. 废水污染防治

（1）建设项目的设计必须坚持节约用水的原则，生产装置排出的废水应合理回收重复利用。

（2）废水的输送设计，应按清污分流的原则，根据废水的水质、水量、处理方法等因素，通过综合比较，合理划分废水输送系统。

（3）工业废水和生活污水（含医院污水）的处理设计，应根据废水的水质、水量及其变化幅度、处理后的水质要求及地区特点等，确定最佳处理方法与流程。

（4）拟定废水处理工艺时，应优先考虑利用废水、废气、废渣（液）等进行"以废治废"的综合治理。

（5）废水中所含的各种物质，如固体物质、重金属及其化合物、易挥发性物体、酸或碱类、油类以及余能等，凡有利用价值的应考虑回收或综合利用。

（6）工业废水和生活废水（含医院污水）排入城市排水系统时，其水质应符合有关排入城市下水道的水质标准的要求。

（7）输送有毒有害或有腐蚀性物质的废水沟渠、地下管线检查井等，必须采取防渗漏和防腐蚀措施。

（8）水质处理应选用无毒、低毒、高效或污染较轻的水处理药剂。

（9）对受纳水体造成热污染的排水，应采取防止热污染的措施。

（10）原（燃）料露天堆场，应有防止雨水冲刷，物料流失而造成污染的措施。

（11）经常受有害物质污染的装置、作业场所的墙壁和地面的冲洗水以及受污染的雨水，应排入相应的废水管网。

（12）严禁采用渗井、渗坑、废矿井或用净水稀释等手段排放有毒有害废水。

4. 废渣（液）污染防治

（1）废渣（液）的处理设计应根据废渣液的数量、性质、并结合地区特点等，进行综合比较，确定其处理方法。对有利用价值的，应考虑采取回收或综合利用措施；对没有利用价值的，可采取无害化堆置或焚烧等处理措施。

（2）废渣（液）的临时贮存，应根据排出量、运输方式、利用或处理能力等情况，妥善设置堆场、贮罐等缓冲设施，不可任意堆放。

（3）不同的废渣（液）宜分别单独贮存，以便管理和利用。两种或者两种以上废渣（液）混合贮存时，应符合下列要求：

①不产生有毒有害物质及其他有害化学反应。

②有利于堆贮存或综合处理。

（4）废渣（液）的输送设计，应有防止污染环境的措施

①输送含水量大的废渣和高浓液时，应采取措施避免沿途滴洒。

②有毒有害废渣、易扬尘废渣的装卸和运输，应当采取密闭和增湿等措施，防止发生污染和中毒事故。

（5）生产装置及辅助设施、作业场所，污水处理设施等排出的各种废渣（液）必须收集并进行处理，不得采取任何方式排入自然水体或任意抛弃。

（6）可燃质废渣（液）的焚烧处理，应符合下列要求：

①焚烧所产生的有害气体必须有相应的净化处理措施。

②焚烧后的残渣应有妥善的处理措施。

（7）含有可溶性剧毒废渣禁止直接埋入地下或排入地面水体

设计此类废渣的堆场时，必须设有防水，防渗漏或者防止扬散的措施；还须设置堆场雨水或渗出液的收集处理和采样监测设施。

（8）一般工业废渣、废矿石、尾矿等

可设置堆场或尾矿坝进行堆存。但是应设置防止粉尘飞扬、淋沥水与溢流水、自燃等各种危害的有效措施。

（9）含有贵重金属的废渣宜视具体情况采取回收处理措施。

5. 噪声控制

（1）噪声控制首先控制噪声源，选用低噪声的工艺和设备，必要时还应采取相应控制措施。

（2）管道设计，应合理布置并且采用正确的结构，防止产生振动和噪声。

（3）总体布置应综合考虑声学因素，合理规划，利用地形、建筑物等阻挡噪声传播。并合理分隔吵闹区和安静区，避免或减少高噪声设备对安静区的影响。

（4）建设项目产生的噪声对周围环境的影响应符合有关城市区域环境噪声标准的规定。

（四）管理机构的设置

1. 新建、扩建企业设置环境保护管理机构

环境保护管理机构的基本任务是负责组织、落实、监督本企业的环境保护工作。

2. 环境保护管理机构的主要职责

（1）贯彻执行环境保护法规和标准。

（2）组织制定和修改本单位的环境保护管理规章制度并且监督执行。

（3）制定并组织实施环境保护规划和计划。

（4）领导和组织本单位的环境监测。

（5）检查本单位环境保护设施的运行。

（6）推广应用环境保护先进技术和经验。

（7）组织开展本单位的环境保护专业技术培训，提高人员的素质水平。

（8）组织开展本单位的环境保护科研和学术交流。

（五）监测机构的设置

1. 对环境有影响的新建、扩建项目

应根据建设项目的规模、性质、监测任务、监测范围设置必要的监测机构或相应的监测手段。

2. 环境监测的任务

（1）定期监测建设项目排放的污染物是否符合国家或省、自治区、直辖市所规定的排放标准。

（2）分析所排放污染物的变化规律，为制定污染控制措施提供相关依据。

（3）负责污染事故的监测及报告。

3. 监测采样点要求布置合理

能准确反映污染物排放及附近环境质量情况。监测分析方法，按国家有关规定执行。

（六）环境保护设施及投资

环境保护设施，按下列原则划分：

1. 凡属污染治理和保护环境所需的装置、设备、监测手段和工程设施等均属环境保护设施。

2. 生产需要又为环境保护服务的设施。

3. 外排废弃物的运载设施，回收及综合利用设施，堆存场地的建设和征地费用列入生产投资；但为了保护环境所采取的防粉尘飞扬、防渗漏措施以及绿化设施所需的资金属环境保护投资。

4. 凡有环境保护设施的建设项目均应列出环境保护设施投资概算。

（七）设计管理

1. 各设计单位应有一名领导主管环境保护设计工作

对本单位所承担的建设项目的环境保护设计负全面的领导责任。

2. 各设计单位根据工作需要设置环境保护设计机构或专业人员

负责编制建设项目各阶段综合环境保护设计文件。

3. 设计单位必须严格按国家有关环境保护规定做好以下工作

（1）承担或参与建设项目的环境影响评价。

（2）接受设计任务书以后，必须按环境影响报告书（表）及其审批意见所确定的各种措施开展初步设计，认真编制环境保护篇（章）。

（3）严格执行"三同时"制度，做到防治污染及其他公害的设施和主体工程同时设计。

（4）未经批准环境影响报告书（表）的建设项目，不得进行设计。

4. 向外委托设计项目时，应同时向承担单位提出环境保护要求

对没有污染防治方法或虽有方法但其工艺基础数据不全的建设项目不得开展设计；对有污染而没有防治措施的工程设计不得向外提供；对虽有治理设施，但不能满足国家或省、自治区、直辖市规定的排放标准的生产方法、工艺流程、不得用于设计。

因工程设计需要而开发研制的环境保护科研成果，必须通过技术鉴定，确认取得了工程放大的条件和设计数据时才能用于设计。

三、水利工程建设项目水土保持管理

（一）前期工作

1. 中央补助地方小型水土保持项目

主要包括小流域综合治理、坡耕地水土流失综合治理等，前期工作一般分为规划与项目实施方案两个阶段，实施方案由可行性研究和初步设计合并而成，达到初步设计深度；其中，库容10万立方米以上的淤地坝工程前期工作分为规划、坝系工程可行性研究和单坝工程初步设计三个阶段。地方重大水土保持项目前期工作阶段按现行建设程序有关规定执行。

2. 水利部会同国家发展改革委等部门组织编制全国水土保持规划

明确水土流失类型区划分、水土流失防治目标、任务和措施等内容。各地根据全国水土保持规划确定的总体任务和要求，组织编制省级水土保持规划，重点明确近期建设任务、布局和措施等，并且按规定报水利部和国家发展改革委核备。

根据需要，国家发展改革委、水利部可以组织编制水土保持专项工程建设规划或总体方案。

3. 各地根据经批准的水土保持规划或总体方案

以及《中央预算内投资补助和贴息项目管理办法》（国家发展改革委第31号令）的有关要求，按项目区编制项目实施方案或按坝系编制淤地坝工程可行性研究报告、单坝工程初步设计。项目前期工作文件应由具备相应资质的机构编制。

4. 水土保持工程项目区和淤地坝坝系选择应符合以下原则

水土流失严重，亟待进行治理；水土保持机构健全，技术力量有保证；当地政府重视，群众积极性高，投劳有保障。其中，坡耕地水土流失综合治理应重点安排人地矛盾突出、坡度5°～15°（东北黑土区3°～10°）尚在耕种的缓坡耕地，严禁在退耕还林（草）地块实施坡改梯和陡坡开荒；淤地坝工程建设要合理布局，小流域治理程度低于30%且近期未纳入水土保持重点治理的，原则上不得在沟道安排淤地坝建设，新建大型淤地坝库容应该控制在100万立方米以内并确保下游居民点、学校、工矿、交通等重要设施安全。

5.中央补助地方小型水土保持项目实施方案

经水利部门提出审查意见后由发展改革部门审批，具体审批权限和程序由各地省级发展改革部门会同省级水利部门按照精简、高效的原则进一步明确。其中，对库容10万立方米以上的淤地坝工程，其坝系工程可行性研究报告经省级水利部门提出审查意见后由省级发展改革部门审批；单坝工程初步设计由省级水利部门、省级发展改革部门审批。项目建设涉及占地和需要开展环境影响评价等工作的，由各地按照有关规定办理。地方重大水土保持项目审批按现行建设程序有关规定执行。

6.有关项目申报单位

在向项目审核审批机关报送项目实施方案或可行性研究、初步设计报告时，应按规定附送项目区所在乡（镇）政府出具的群众投劳承诺，以及落实工程建后管护责任的文件。

7.为促进落实水土保持项目前期工作经费

各地可按规定在水土保持工程省级建设投资中提取可超过工程总投资2%的项目管理经费，用于审查论证、技术推广、人员培训、检查评估、竣工验收等前期工作和管理支出，不足部分由各地另行安排。

（二）投资计划和资金管理

1.根据规划确定的建设任务、各项目前期工作情况和年度申报要求

各省级发展改革、水利部门向国家发展改革委和水利部报送地方水土保持项目年度中央补助投资建议计划。

2.各地应积极引入竞争立项、公开评选等方式遴选项目

列入年度中央补助投资建议计划的项目，应完成前期工作，落实各项建设条件。各省级发展改革和水利部门要加强审查，并且对审查结果和申报材料的真实性负责。

3.国家发展改革委会同水利部

对各省（区、市）提出的建议计划进行审核和综合平衡后，分省（区、市）切块下达中央补助地方小型水土保持项目年度投资规模计划。

中央投资规模计划下达后，省级发展改革部门应按要求及时会同省级水利部门分解落实具体项目投资计划，并且将计划下达文件抄报国家发展改革委、水利部及相关流域机构审核备案。省级分解投资计划应明确项目建设内容、建设期限、建设地点、总投资、年度投资、资金来源及工作要求等事项，明确各级地方政府出资及其他资金来源责任，并确保纳入计划的项目已按规定履行完成各项建设管理程序。省级发展改革部门将中央投资分解安排到具体项目的权限原则上不得下放。在中央下达建设总任务和补助投资总规模内，各具体项目的政府投资补助额度由各省级发展改革和水利部门根据实际情况确定。地方重大水土保持项目中央投资计划按项目申报及下达。

4. 中央补助地方水土保持项目投资

为定额补助性质，由地方按规定包干使用、超支不补。

5. 水土保持项目中央补助投资

优先安排地方投资落实、建后管护到位、群众积极性高、由村级集体经济组织自主建设管理的项目，并根据相关检查和考核评价结果实施奖惩。

6. 水土保持工程年度中央投资项目

计划一经下达，原则上不再调整。执行过程中确需调整的，由省级发展改革部门会同省级水利部门做出调整决定并报国家发展改革委、水利部备案，重大调整需要按程序报国家发展改革委、水利部审核同意。

7. 水土保持工程建设资金

要严格按照批准的工程建设内容和规模使用，专款专用，严禁截留、挤占和挪用。推广实行资金使用县级报账制，项目开工建设后，可向承建单位拨付一定比例的预付资金，其余资金根据工程建设进度与质量，经监理工程师审核签认和验收合格后分期拨付。

（三）建设管理

1. 根据水土保持项目特点

水土保持工程可直接组织受益群众或选择专业化的项目建设单位实施。要健全和完善工程建设管理各项制度，创新建设管理机制，实行先建机制、后建工程。

按照《中华人民共和国招标投标法》《工程建设项目施工招标投标办法》《工程建设项目招标范围和规模标准规定》《水利工程建设项目招标投标管理规定》等有关规定，水土保持工程中由受益群众投工投劳实施属于以工代赈性质的部分，经批准可不进行施工招标；拟公开招标的费用与项目的价值相比不值得的，经批准可进行邀请招标。

2. 工程建设应充分尊重群众意愿

推行受益农户全过程参与的工作机制，实行了群众投劳承诺制、群众质量监督员制和工程建设公示制。鼓励采取受益村级集体经济组织自主建设管理模式，投资、任务、责任全部到村，由村民民主产生项目理事会作为项目建设主体组织村民自建，项目建设资金管理实行公示制和报账制。

对受益群众直接实施的项目，县级水利水保部门应当加强技术指导。

3. 水土保持项目实施

应因地制宜采用新技术、新工艺和新材料，着力提高工程建设的科技含量和效益。

4. 各省级水利部门统一组织开展区域水土保持工程实施效益监测

具体监测工作由具有水土保持监测资质单位承担，监测成果应及时报送有关水利、发展改革部门。

5.各级水利部门和有关项目单位要加强水土保持工程档案管理

按规定收集整理和归档保存从项目前期、施工组织、工程监理到竣工验收等建设管理全过程的相关文件资料。

6.水土保持工程竣工验收后,要及时办理移交手续

明晰产权,落实管护主体和责任,确保工程长期发挥效益。

7.淤地坝防汛工作

参照小型水库防汛安全的程序和要求,纳入当地防汛管理体系,实行行政首长负责制,明确各级、各部门责任,确保安全运行。库容10万立方米以上的淤地坝工程要逐坝落实防汛行政和技术责任人,并且在当地媒体上进行公示,接受社会监督。

8.各省级发展改革、水利部门

应于每年7月份和下年1月份两次将本地区上半年和上年度水土保持工程建设情况汇总报国家发展改革委和水利部有关司,并抄送相关流域机构。报送信息的主要内容包括项目基本情况、资金落实和使用情况、工程进度、投资完成、建设管理情况、存在问题与改进建议等。

(四)检查和验收

1.各省级发展改革和水利部门

全面负责对本省水土保持工程的监督检查,检查任务原则上每年安排不少于1次。检查内容包括组织领导、前期工作、投资落实、建设管理、项目进度、工程质量、资金使用、运行管护情况等。

水利部和国家发展改革委对各地水土保持工程实施情况进行指导和监督检查,项目所在地流域机构负责督导、抽查的相关具体工作。检查结果将适时进行通报,并作为中央补助投资安排的重要依据之一。

2.水土保持项目建设完成后

原则上应在3个月内组织竣工验收,验收按照有关规程规范执行,对验收不合格的项目,要限期整改,并进行核验。

中央补助地方小型水土保持项目竣工验收由省级水利部门会同同级发展改革部门组织,并将结果报水利部(水土保持司)备核。其中淤地坝工程竣工验收包括单坝验收和坝系工程整体验收两个环节,坝系工程整体验收应在坝系内所有单坝完成竣工验收后3个月内完成。各地的具体验收管理办法由省级发展改革部门、水利部门进一步制定完善,并报国家发展改革委和水利部备案。地方重大水土保持项目竣工验收按现行建设程序有关规定执行。

3.在各省(区、市)竣工验收的基础上

国家发展改革委和水利部组织随机对验收结果进行抽查和考核评估。

四、水利工程文明施工

（一）土方运输环境管理

1. 车辆情况

（1）车次车貌整洁，制动系统完好。

（2）车辆后栏板的保险装置完好，并且另再增设一副保险装置，做到双保险，预防后板崩板。

（3）车辆应配置灭火器，以防发生火灾时应急。

（4）设备分公司负责对本公司的运输车辆进行定期检修；土方运输承包方自行负责车辆的定期检修，以保持车况的良好。

2. 土方装卸

（1）土方装卸时，场地必须保持清洁，预防车轮黏带。

（2）车轮出门时，必须对车轮进行冲洗。

（3）车轮装载土方不得超高超载，并有覆盖物以防止土方在运输中沿途扬撒。

（4）各项目经理部、专业（分）公司负责对土方运输量进行统计。

3. 土方运输

（1）严格按交通、市容管理部门批准的路线行驶。

（2）配备专用车辆对运输沿线进行巡视，发现问题可以及时处理。

（二）工程渣土整治措施

1. 运输

（1）施工单位持渣土管理部门核发的处置证向运输单位办理建筑垃圾、工程渣土托运手续；运输单位不得承运未经渣土管理部门核准处置建筑垃圾、工程渣土。

（2）运输建筑垃圾、工程渣土时，运输车辆、船舶应随车携带处置证，接受渣土管理部门的检查。处置证不准出借、转让、涂改、伪造。

（3）运输车辆按渣土管理部门会同公安交通管理部门规定的运输路线进行运输。

（4）管理单位签发的回执，交托运单位送渣土管理部门查验。

（5）各类运输车辆进入建筑垃圾、工程渣土储运场地，服从场地管理人员的指挥，按要求倾卸。

2. 其他管理要求

（1）各类建设工程竣工后，施工单位应在一个月之内将工地的建筑垃圾、工程渣土处理干净。

（2）任何单位不得占用道路堆放建筑垃圾、工程渣土。确需临时占用道路堆放的，必须取得有关部门核发的临时占用道路许可证。

（3）建筑垃圾、工程渣土临时储运场地四周应设置 1m 以上且不低于堆土高度的遮挡围栏，并有防尘、灭蝇和防污水外流等防污染措施。

3. 注意事项

如施工所在地政府或环境保护主管部门对施工建筑垃圾、工程渣土有特定要求，将按照其要求执行。

（三）污水管理

1. 施工污水的控制

（1）施工现场（包括临时设施）应有设计合理的排水沟，应根据具体情况设置排水口及沉淀池。

（2）项目施工现场的混凝土搅拌设备装置与最近的地表水接收系统（即排放至现场之外的水体和现场主要排水系统）的距离不能小于50m。全部来自混凝土搅拌站的污水应引入一个临时沉淀池。

（3）基础及管线施工时，所采用井点降水排出的含泥沙及灌注桩施工时排放的泥浆，应在污水出口处设立沉淀池；管道闭水实验用水从最低点集中排放到城市污水管网。

（4）沉积泥土清理：当泥土沉积达到排水沟、沉淀池的1/3高度时，要对泥土进行清理，以保证能正常工作。

（5）采购石料时应考虑控制块石的含泥量，不购买含泥量超过规定要求的块石。

（6）所有临时有毒有害材料、废弃物储存区域都应与地表水接收系统保持50m以上的距离，以防止有毒有害材料污染水体。当把有毒有害材料、废弃物从一个容器移到另一个容器时，为防止泄漏应保持容器口始终向上。

（7）施工机械修理、维护设备须有防污措施，有条件单位可以购买防污设备。施工机械设备、车辆、集料的清洗产生的污水必须有控制措施。

（8）施工期间，施工物料（如沥青、水泥、沙石等）要覆盖、围挡，防止雨季形成污水。

（9）施工期间和完工之后，建筑场地、砂石料场地及时进行清理，以免形成污水。

2. 生活污水的控制

（1）生活污水排放口必须设置过滤网，定期清理排污管道。

（2）在化粪池处设置沉淀池，并进行定期清淤处理。

（3）禁止用水清洗装贮过油类或者有毒污染物的车辆和容器。

3. 所有提供外部施工设备、设施

包括租赁、分包方、供方的，进入工作场所均必须遵守此规定。

4. 在与供方和分包方签订合同前

应将此规定通报供方和分包方。

5. 全体员工

有责任和义务将重大水污染或异常情况向本部门主管反映。

（四）施工扬尘的控制措施

1. 施工中控制扬尘、粉尘的一般规定

（1）施工现场周边要设置硬质围挡，主要道路要硬化并保持清洁。

（2）建筑垃圾、工程渣土要及时清运，不能及时清运的应要采取围挡、覆盖。

（3）工地出口要设置冲洗设施，运输车辆驶出施工现场前要将车轮和槽帮冲洗干净。

（4）建筑工地的水泥、石灰等可能产生扬尘污染的建筑材料，必须在库房内存放或严密遮盖，严禁凌空抛撒。

（5）在施工期间，对施工通道、施工场地洒水处理，使尘土减到最低程度。

（6）在产生大量泥浆施工作业时，应配备相应的泥浆池、沟，做到泥浆不外流，废浆应采用密封式罐车外运。

（7）在生活区等施工临设周围进行硬化，保持营地与施工现场清洁卫生。

2. 施工中产生扬尘、粉尘的工序作业范围及作业控制方法

（1）施工中产生扬尘、粉尘的工序作业范围

①砂、石、水泥、粉煤灰、土等材料的运输。

②水泥、粉煤灰的入罐。

③混凝土、二灰土等的拌制。

④桩头、混凝土表面凿毛及清理。

⑤柱、梁、板等构筑物的表面修饰。

⑥金属结构表面锈的磨光。

（2）作业控制方法

①砂、石、水泥、粉煤灰、土等材料的运输

车辆不能超载，以免抛洒造成过多扬尘；对袋装粉煤灰、水泥、土等材料运输要求表面覆盖，减少扬尘及材料变质；施工范围运输便道应注意洒水，避免扬尘。

②水泥、粉煤灰入罐（散装）要求装水泥罐车的管道有足够的强度

确保水泥入罐时胶管不破，接头牢固，不发生水泥、粉煤灰严重泄露，污染大气；同时，水泥罐内不宜装得太满，以减少水泥、粉煤灰对大气的污染。

③混凝土、二灰土等拌制

对于楼式搅拌站要经常检查，保证水泥、粉煤灰密封系统完好；对于简易式搅拌站（机）入料口应设置挡风板，减少因风扬尘污染大气，伤害人体健康。对人工提供水泥（即使用袋装水泥）的临时搅拌站，应给每位作业员工配备防尘口罩。

④桩头凿除、混凝土表面凿毛及清理

桩头凿除、混凝土表面凿毛及清理，现浇、预制构件尽可能采用拉毛处理表面，如因砼浇注超高要凿掉，则应在凿除时表面浇水，减少粉尘。

⑤柱、梁、板等构筑物表面修饰

在进行柱、梁、板等构筑物施工时尽可能地采用合理的施工方案，采取有效措施，

减少砼表面缺陷，避免修饰；如果砼表面确有缺陷需修饰，应尽快进行，同时避免大风天气，减少扬尘。

⑥金属结构表面锈磨光

应采取防护措施，减少粉尘对人员、附近居民影响，金属结构表面锈磨光之后立即油漆，避免再次磨光。

3.施工烟尘的控制

（1）尽可能优先采用能源利用效率高、污染物排放量少的生产工艺，使用清洁能源的机动车，减少大气污染物的产生。

（2）施工机械按其维护保养规定进行管理，确保其性能满足环保要求。

（3）机动车按相关规定接受机动车排气污染的年度检测。

（4）在机动车不符合污染物排放标准的，不得上路行驶。

（5）经年审后的车辆，司机应经常检查调整部位有无变化。做好车辆的保养工作。

（6）驾驶车辆人员应经常清洗"三芯"即空气滤芯、汽油滤芯、机油滤芯，防止排气超标。

（7）司机应妥善保管环保部门经监测下发的尾气排放合格证，并且应与驾驶证同样携带以备检查。

（8）使用汽油的车辆尽可能使用无铅汽油，柴油车使用的柴油则尽可能添加防止污染的添加剂。

4.生活烟尘的控制

（1）生活食堂的油烟排放，应当设置过滤网，防止油烟对附近居民的居住环境造成污染。

（2）油烟排放过滤网应经常清洗，保持清洁。

（3）在任何场所禁止焚烧沥青、油毡、橡胶、塑料、皮革、垃圾以及其他产生有毒有害烟尘和恶臭气体的物质。

5.项目部及施工现场因发生事故或其他突发性事件

排放泄露有毒有害气体，造成或者可能造成大气污染事故，危害人体健康的必须执行《环境事故应急预案》。

6.坚持文明施工及装卸作业

避免由于野蛮作业而造成的施工扬尘。

7.所的提供外部施工设备、设施的

包括租赁、分包方、供方，只要是进入工作场所的都必须遵守此规定。

8.在与供方和分包方签订合同前

应将有关的规定通报供方和分包方。

9. 全体员工

有责任和义务将重大有毒有害气体污染或异常情况向本部门项目经理反映。

10. 公司安全环保科

根据不同施工工序、施工时段等情况选择产生扬尘、粉尘的监测点，委托当地环保部门进行监测，每半年一次或根据实际情况和相关部门要求增加监测次数，也可由施工单位自行实施，分公司自行进行监测应当报工会办公室备案。

（五）施工噪声及振动的管理

1. 施工申报

（1）除紧急抢险、抢修外，不得在夜间 10 时至次日早晨 6 时内，从事打桩等危害居民健康的噪声建设施工作业。

（2）由于特殊原因须在夜间 11 时至次日早晨 6 时内从事超标准的、危害居民健康的建设施工作业活动的，必须事先向作业活动所在地的区、县环境保护主管部门办理审批手续，并向周围居民进行公告。

2. 施工噪声及振动的控制

（1）施工噪声的控制

①根据施工项目现场环境的实际情况，合理布置机械设备及运输车辆进出口，搅拌机等高噪声设备及车辆进出口应安置在离居民区域相对较远的方位。

②合理安排施工机械作业，高噪声作业活动尽可能地安排在不影响周围居民及社会正常生活的时段下进行。

③对于高噪声设备附近加设可移动的简易隔声屏，尽可能减少设备噪声对周围环境的影响。

④离高噪声设备近距离操作的施工人员应佩戴耳塞，以降低高噪声机械对人耳造成的伤害。

（2）施工振动的控制

①如施工引起的振动可能对周围的房屋造成破坏性影响，须向居民分发"米字格贴"，避免因振动而损坏窗户玻璃。

②为缓解施工引起的振动，而导致地面开裂与建筑基础破坏，可以采取以下措施：设置防震沟和放置应力释放孔。

3. 施工运输车辆噪声

（1）运输车辆驶入城市区域禁鸣区域，驾驶员应在相应时段内遵守禁鸣规定，在非禁鸣路段和时间每次按喇叭不得超过 0.5s，连续按鸣不得超过 3 次。

（2）加强施工区域的交通管理，避免因交通堵塞而增加的车辆鸣号。

（六）文明施工保证措施

1.施工现场醒目位置处

设置文明施工公示标牌，标明工程名称、工程概况、开竣工日期，建设单位、设计单位、施工单位、监理单位名称及项目负责人、施工现场平面布置图和文明施工措施、监督举报电话等内容。

2.施工区域与非施工区域设置分隔设施

根据工程文明施工要求，凡设置全封闭施工设施的，均采用高度不低于1.8m的围挡；凡设置半封闭施工分隔设施的，则采用高度不低于1m的护栏。分隔设施做到连续、稳固、整洁、美观。半封闭交通施工的路段，留有保证通行的车行道与人行道。

3.在过往行人和车辆密集的路口施工时

与当地交警部门协商制定交通示意图，并做好公示与交通疏导，交通疏导距离一般不少于50m。封闭交通施工的路段，留有特种车辆和沿线单位车辆通行的通道和人行通道。

4.因施工造成沿街居民出行不便的

设置安全的便道、便桥，施工中产生的沟、井、槽、坑应设置防护装置和警示标志及夜间警示灯。如遇恶劣天气应设专人值班，确保行人及车辆安全。

5.在进行地下工程挖掘前

向施工班组进行详细交底。施工过程中，与管线产权单位提前联系，要求该单位在施工现场设专人做好施工监护。并采取有效措施，确保地下管线及地下设施安全。

6.如因施工需要停水、停电、停气、中断交通时

采取相应的措施，并提前告之沿线单位及居民，以减少影响和损失。

7.加强对现场施工人员的管理

教育施工人员讲求职业道德，自觉遵守《市民文明守则》及《治安管理条例》，杜绝违法违纪和不文明行为的发生。现场施工人员配备统胸卡标志。

8.施工区域与办公、生活区域分开设置

制定相应的生活、卫生管理制度，办公、生活临建设施采用整洁、环保材料搭建，不设地铺、通铺。特殊天气条件下，采取有效防暑降温、防冻保温措施，夏季有防蚊蝇措施。现场配备急救药箱，能够紧急处置突发性急症和意外人身伤害事故。

（七）工地卫生

1.炊事员必须身体健康

新上岗的炊事员必须经体检合格，在岗炊事员须每年例行体检。体检不合格人员，不得从事炊事岗位工作。

2. 设施设备

（1）食堂一般布置在生活区内，但不得和宿舍混用。

（2）食堂应配备卫生消毒用具，有防"四害"的工具。

（3）具备清洁水源。无自来水的施工现场食堂应配备能加盖上锁的储水池。

（4）应备有垃圾桶，并当天清理。

3. 采购

（1）购进食品应经过验收，验收人员由公司安全环保科、各分支机构、项目部环境负责人指定的人员担任，但不得由采购人员一人同时包办采购和验收。

（2）购进食品应保证数量和质量。有包装的货物应点数，查看有效期。

（3）应在采购当天填写《采购结算单》，留底备查。

4. 炊事制作

（1）洗菜应用水洗三次，做到"一洗、二过、三漂"，净菜应用筐装好上架存放。

（2）切菜应有生、熟食品分开的措施，做到不混用菜刀、砧板，不混装、混放。

（3）烹饪应煮熟煎透，熟食应加盖或加纱罩。

（4）禁止在厨房外炊事作业。

5. 食品卫生与环境卫生

（1）严格把好食堂工作人员健康关

炊事员年度例行体检不合格的，应当立即撤离炊事工作岗位。

（2）严格把好食堂采购关

做到过期食品不采购不验收，冒牌劣质产品不采购不验收，腐败变质食品不采购不验收。

（3）炊事人员应勤洗手

勤剪指甲，勤换衣。配餐时应戴工作帽，食品制作时应穿围裙，套袖套。

（4）原料应分类存放

生熟食应分开处理，工序间临时存放食品应当加盖加罩，送餐应采用环保饭盒，剩余食品应冷藏保管。

（5）严格控制食堂场地和设备卫生

①餐前餐后应清扫餐厅，冲洗厨房制作间和配餐间。每周应进行"大扫除"，并进行药物消毒。

②每次使用食品加工机械和烹饪设备后，应及时清理干净。

③严格控制炊具、餐具卫生，做到不外借给他人使用，不随意调换功能使用。每次使用后，应用清洗剂加洁净水清洗干净，并进行高温消毒。

④严格控制食堂周边的环境卫生，定期灭鼠、灭蝇、灭蟑螂。垃圾应及时处置。

⑤当天用完的原料应留样本，每餐食品应留样本。样本应保留24h，并确定无公共卫生事件发生，方可处置。

⑥用餐人员应将剩饭菜渣和饭盒放进垃圾箱或垃圾桶，以便集中处置。

6. 厨房安全

（1）厨房、仓库的钥匙专人保管，关门上锁要及时，严防因管理出现漏洞，发生盗窃、投毒事件。

（2）有气的燃气瓶与空瓶应有明显标识。

（3）使用中的燃气瓶与炉具之间应保持有足够的安全距离，炊事员离开厨房锁门时，应检查关闭燃气瓶阀门。

（4）禁止自行排渣、瓶对瓶过气、倒置气瓶和自行处理空瓶等一切不安全的行为。

7. 环境卫生检查

（1）公司安全环保科、各分支机构、项目部环境负责人应对食堂进行定期巡视检查，发现问题及时解决。

（2）食堂环境卫生检查，每月一次，由公司安全环保科、各分支机构、项目部环境负责人或者其指定人员召集。

（八）废弃物管理措施

1. 废弃物的分类

（1）可回收废弃物

有利用价值或可再生的，如纸张、旧书刊、旧报纸、一次性口杯、废旧钢材、木材、废水泥、砼、砂浆碎块等。

（2）不可回收物

对人体危害不大，仅对环境产生影响的废弃物，如：生活垃圾、施工废弃物（余泥、淤泥、养护用毛毡、塑料薄膜、办公废毛巾、办公废抹布）等。

（3）有毒有害废弃物

对人体产生危害的废弃物分为两类；

①可回收物

废机油、废汽油、废机油桶、废油漆桶、废油漆刷、废金属制品、废塑料制品、废电线、废电缆线皮、废劳保手套、废工作服、废安全帽、废安全带、废编织袋、废玻璃钢等。

②不可回收物

废炭粉、废橡胶材料、废电瓶、废胶片、废灯管、废启动液、废清洁剂、废电焊条、废医疗品、废电池、废软盘、废硒鼓、废脱模剂等等。

2. 废弃物的处置

（1）项目部对可回收、不可回收废弃物进行分类，并设置箱（桶）进行分类堆入放，或指定堆放场所进行存放。

（2）项目部对有毒有害废弃物要求。

①要对放置可回收和不可回收的有毒有害固体、液体废弃物的容器加盖，有毒有害

的固体废弃物利用场地堆放的，应设置防护栏或加顶棚，有条件的应当利用封闭和房屋、仓库等，防止因雨、风、热等原因而产生的二次污染。

②放置有毒有害废弃物的容器，并设有明显标识，以防止该废弃物的泄露、蒸发和与其他废弃物相混淆。

③化学危险废弃物须按照其特性进行分类放置，特别是性质相反的物质，不能混放，以免发生化学反应。

④项目部与施工队在施工和生活过程中，废弃物应按类别投入指定的箱（桶）或指定的堆放场地，禁止乱投乱放。放置非有毒有害废弃物的堆放场、容器内严禁放置有毒有害废弃物。

⑤有毒有害废弃物定期交分公司，分公司办公室（环保科）交有资质的部门（环保部门或有相关部门）进行处置。

⑥施工产生的淤泥、余泥，运至环卫部门指定的场所，养护用的毛毡一般可回收，进行二次利用。

⑦项目部环保人员要对施工现场以及生活区域内废弃物进行有效监管，通过日常巡查和定期检查，及时发现废弃物管理中存在的问题进行跟踪整改。

3. 废弃物的运输

（1）废弃物的运输应按规定要求选择具有相应资质的单位负责运输。

（2）特别是有毒有害废弃物的运输，还应对其是否具有该废弃物运营资质、运输设备、处理能力等要求进行调查确认，认可后应与其签订正式运输协议，明确职责和责任。

（3）项目部与施工队自行运输废弃物的应经市环境卫生管理机构和有关部门批准，按环境保护标准进行废弃物的运输。

4. 项目部收集后的废弃物和有毒有害物

由项目部定期交回分公司，统一处理。

（九）资源节约作业指导书

1. 分公司和项目部设立专（兼）职能源管理人员，对于节约能源进行管理监督。

2. 在设备的选购和建造过程中，禁止选购使用国家明令淘汰的用能设备。

3. 停止使用国家明令淘汰的用能设备，并不得将淘汰的设备转让给他人使用。

4. 推广节能新技术、新工艺、新设备和新材料，限制或者淘汰的老旧技术、工艺、设备和材料，逐步实现电动机、风机、泵类设备和系统的经济运行。

5. 分公司和项目部采取多种形式对节约能源进行宣传教育，普及节能科学知识，增强全民的节能意识，在适当的地方张贴标语和宣传画，并设立节能标识。

6. 节约生产用水

（1）生产现场要合理用水，应当采取循环用水、一水多用，在保证用水质量前提下，提高水的重复利用率。

（2）各种水源的品质都必须符合适用对象的要求。

（3）施工现场用水设施的出口采用节水型阀门或者水龙头控制，水管衔接要拧紧、绑牢，防止滴漏；用水要随用随开，随时关闭。

（4）有条件的施工现场设置沉淀池，以实现废水回收利用；清洗机械设备要注意节约用水，有条件地方的要使用节水枪。

（5）施工现场水池要防止被污染，同时，生产用水时，要防止污染环境。

7. 节约生产用电

（1）施工现场要合理使用电能，并进行计量。

（2）施工现场的发电、输电及用电设施或设备要注意防护，定期检查，确保用电安全、无故障运行。

（3）施工现场的用电机具和设备根据施工需要随用随开，人离机停，禁止长时间空载运行。

（4）施工现场要合理配备照明灯具的数量与功率，根据需要开关。

8. 节约生产用油

（1）生产用油包括各种燃油、润滑油、液压油。

（2）分公司、项目部根据施工生产情况，采购合格的油品，使用省油的设施；

（3）分公司、项目部建立油品采购、发放、领用、库存记录，逐一进行登记造册，按时计量。

（4）施工设备随开随用，禁止长时间空载运转，设备操作人员严格按安全技术规程使用设备，记录油料添加情况。

（5）及时检验施工设备使用油品的质量，出现不合格时，查找原因，维修保养，并及时更换，施工设备出现跑、冒、滴、漏等现象，及时处理；更换或添加油品时，换下的油品可根据情况发挥其应有的作用，废油料的处理必须符合环境保护以及其他有关法律法规等规定，严禁随意倾倒。

（6）根据设备运行时间和能耗，定期进行能源成本核算，找出原因并且整改。

9. 降低型材、水泥、砂石料等主材损耗

（1）型材的采购应适时适量，堆放应整齐平展，防止出现库存性损耗和增大加工工作量的情形。

（2）型材的下料提倡使用新技术的对接方式，防止出现端头废料浪费严重的情况，对暂用不上的余料应统一堆放或在工地之间协调使用。

（3）优化混凝土的配合比，提倡使用散装水泥。

（4）砂石料的堆放要避免雨水冲蚀与泥石流污染。

（5）严禁砂石料和成品混凝土运输中的乱撒现象。

（6）适时进行对混凝土搅拌设备和设备上计量器具的检查，防止机械故障造成的原料损失。

（7）进行模板设计，应使用钢模的部位绝对不使用木模；配木模时禁止长料短用，

大材小用现象发生。

10. 办公用材降耗

（1）尽量要使用电子文件。

（2）在打印前文件须模拟显示，调整好格式之后再行打印。

（3）使用双面打印和双面复印。

（4）使用过期文件或者失效文件的反面打印临时性的草稿。

（5）所有提供外部施工设备、设施的（包括租赁、分包方、供方的），进入工作场所均必须遵守此规定。

第八章　水利工程施工应急管理

第一节　应急管理概念与实施措施

一、应急管理基本概念与任务

（一）基本概念

"应急管理"是指政府、企业以及其他公共组织，为保护公众生命财产安全，维护公共安全、环境安全和社会秩序，在突发事件事前、事发、事中、事后所进行的预防、响应、处置、恢复等活动的总称。

近几十年来，在突发事件应对实践中，世界各国逐渐形成了现代应急管理基本理念，主要包括如下十大理念。

①生命至上，保护生命安全成为首要目标。

②主体延伸，社会力量成为核心依托。

③重心下沉，基层一线成了重要基石。

④关口前移，预防准备重于应急处置。

⑤专业处置，岗位权力大于级别权力。

⑥综合协调，打造跨域合作的拳头合力。

⑦依法应对，将应急管理纳入法制化轨道。

⑧加强沟通，第一时间让社会各界知情。

⑨注重学习，发现问题比总结经验更重要。

⑩依靠科技，从"人海战术"到科学应对。

这些理念代表了目前应急管理的发展方向，对水利工程的应急管理有着重要的启发作用。

（二）基本任务

1. 预防准备

应急管理的首要任务是预防突发事件的发生，要通过应急管理预防行动和准备行动，建立突发事件源头防控机制，建立健全应急管理体制、制度，有效控制突发事件的发生，做好突发事件的应对准备工作。

2. 预测预警

及时预测突发事件的发生并向社会预警是减少突发事件损失的最有效措施，也是应急管理的主要工作。采取传统与科技手段相结合的办法进行预测，将突发事件消除在萌芽状态。一旦发现不可消除的突发事件，及时向社会预警。

3. 响应控制

突发事件发生后，能够及时启动应急预案，实施有效的应急救援行动，防止事件的进一步扩大和发展，是应急管理的重中之重。特别是发生在人口稠密区域的突发事件，应快速组织相关应急职能部门联合行动，控制事件继续扩展。

4. 资源协调

应急资源是实施应急救援和事后恢复的基础，应急管理机构应在合理布局应急资源的前提下，建立科学的资源共享和调配机制，有效利用可用的资源，防止在应急过程中出现资源短缺的情况。

5. 抢险救援

确保在应急救援行动中，及时、有序、科学地实施现场抢救，安全转送人员，以降低伤亡率、减少突发事件损失，这是应急管理的重要任务。尤其是突发事件具有突然性，发生后的迅速扩散以及波及范围广、危害性特点，要求应急救援人员及时指挥和组织群众采取各种措施进行自身防护，并迅速撤离危险区域或可能发生危险的区域，同时在撤离过程中积极开展公众自救与互救工作。

6. 信息管理

突发事件信息的管理既是应急响应和应急处置的源头工作，也是避免引起公众恐慌的重要手段。应急管理机构应当以现代信息技术为支撑，例如综合信息应急平台，保持信息的畅通，以协调各部门、各单位的工作。

7. 善后恢复

善后虽然在应急管理中占有的比重不大，但是非常重要，应急处置后，应急管理的重点应该放在安抚受害人员及其家属、清理受灾现场、尽快使工程及时恢复或者部分恢复上，并及时调查突发事件的发生原因和性质，评估危害范围与危险程度。

二、应急救援体系

（一）基本概况

我国现有的应急救援指挥机构基本是由政府领导牵头、各有关部门负责人组成的临时性机构，但在应急救援中仍然具有很高的权威性和效率性。应急救援指挥机构不同于应急委员会和应急专项指挥机构，其具有现场处置的最高权力，各类救援人员必须服从应急救援指挥机构命令，以便统一步调，高效救援。

应急救援执行体系包括武装力量、综合应急救援队伍、专业应急救援队伍和社会应急救援队伍，而在水利工程施工过程中，专业应急救援队伍和综合应急救援队伍是必不可少的，必要时还可以向社会求助，组建由各种社会组织、企业以及各类由政府或有关部门招募建立的由成年志愿者组成的社会应急救援队伍。在突发事件多样性、复杂性形势下，仅靠单一救援力量开展应急救援已不适应形势需要。大量应急救援实践表明，改革应急救援管理模式、组建一支以应急救援骨干力量为依托、多种救援力量参与的综合应急救援队伍势在必行。

突发事件的应对是一个系统工程，仅仅依靠应急管理机构的力量是远远不够的。需要动员和吸纳各种社会力量，整合和调动各种社会资源共同应对突发事件，形成社会整体应对网络，这个网络即应急管理组织体系。

水利水电工程建设项目应将项目法人、监理单位、施工企业纳入到应急组织体系中，实现统一指挥、统一调度、资源共享、共同应急。

各参建单位中，以项目法人为龙头，总揽全局，以施工单位为核心，监理单位等其他单位为主体，积极采取有效方式形成有力的应急管理组织体系，提升施工现场应急能力。

同时需要积极加强同周围联系，充分利用社会力量，全面提高应急管理水平。

（二）应急管理体系建设的原则

应急管理体系建设的原则，见表8-1。

表 8-1　应急管理体系建设的原则

原则	主要内容
条块结合，属地为主	项目法人及施工企业应按照属地为主原则，结合实际情况建立完善安全生产事故灾难应急救援体系，满足应急救援工作需要。救援体系建立以就近为原则，建立专业应急救援体系，发挥专业优势，有效应对特别重大事故的应急救援
统筹规划，资源共享	根据工程特点、危险源分布、事故灾难类型和有关交通地理条件，对应急指挥机构、救援队伍以及应急救援的培训演练、物资储备等保障系统的布局、规模和功能等进行统筹规划。有关企业按规定标准建立企业应急救援队伍，参建各方应根据各自的特点建立储备物资仓库，同时在运用上统筹考虑，实现资源共享。对于工程中建设成本较高，专业性较强的内容，可以依托政府、骨干专业救援队伍、其他企业加以补充和完善
整体设计，分步实施	水利工程建设中可以结合地方行业规划和布局对各工程应急救援体系的应急机构、区域应急救援基地和骨干专业救援队伍、主要保障系统进行总体设计，并根据轻重缓急分期建设。具体建设项目，要严格按照国家有关要求进行，注重实效
统一领导，分级管理	对于政府层面的应急管理体系应从上到下在各自的职责范围内建立对应的组织机构，对于工程建设来说，应按照项目法人责任制的原则，以项目法人为龙头，统一领导应急救援工作，并按照相应的工作职责分工，各参建单位承担各自的职责。施工企业可以根据自身特点合理安排项目应急管理内容

（三）应急救援体系的框架

水利水电工程建设应急救援体系主要由组织体系、运作机制、保障体系、法规制度等等部分组成。

1. 应急组织体系

项目法人作为龙头积极组织各参建单位，明确各参建单位职责，明确相关人员职责，共同应对事故，形成强有力的水利水电工程建设应急组织体系，提升施工现场应急能力。同时，水利水电工程建设项目应成立防汛组织机构，以保证汛期抗洪抢险、救灾工作有序进行，安全度汛。

2. 应急运行机制

应急运行机制是应急救援体系的重要保障，目标即实现统一领导、分级管理、分级响应、统一指挥、资源共享、统筹安排，积极动员全员参与，加强应急救援体系内部的应急管理，明确和规范响应程序，保证应急救援体系运转高效、应急反应灵敏，取得良好的抢救效果。

应急救援活动分为预防、准备、响应和恢复这 4 个阶段，应急机制与这 4 个阶段的应急活动密切相关。涉及事故应急救援的运行机制众多，但是最关键、最主要的是统一指挥、分级响应、属地为主和全员参与等机制。

统一指挥是事故应急活动的最基本原则。应急指挥一般可分为集中指挥与现场指挥，或者场外指挥与场内指挥，不管采用哪一种指挥系统，都必须在应急指挥机构的统一组织协调下行动，有令则行，有禁则止，统一号令，步调一致。

分级响应要求水利水电工程建设项目的各级管理层充分利用自己管辖范围内的应急资源，尽最大努力实施事故应急救援。

属地为主是强调"第一反应"的思想和以现场应急指挥为主的原则，应急反应就近原则。

全员参与机制是水利水电工程建设应急运作机制的基础，也是整个水利水电工程建设应急救援体系的基础，是指在应急救援体系的建立及应急救援过程中要充分考虑并依靠参建各方人员的力量，使所有人员都参与到救援过程中来，人人都成为救援体系的一部分。在条件允许的情况、在充分发挥参建各方的力量外，还可以考虑让利益相关方各类人员积极参与其中。

3. 应急保障体系

应急保障体系是体系运转必备的物质条件和手段，是应急救援行动全面展开和顺利进行的强有力的保证。应急保障一般包括通信信息保障、应急人员保障、应急物资装备保障、应急资金保障、技术储备保障以及其他保障。

（1）通信信息保障

应急通信信息保障是安全生产管理体系的组成部分，是应急救援体系基础建设之一。事故发生时，要保证所有预警、报警、警报、报告、指挥等行动的快速、顺畅、准确，同时要保证信息共享。通信信息是保证应急工作高效、顺利进行的基础。信息保障系统要及时检查，确保通信设备24h正常畅通。

应急通信工具有：电话（包括手机、可视电话、座机电话等）、无线电、电台、传真机、移动通信、卫星通信设备等。水利水电工程建设各参建单位应急指挥机构及人员通信方式应在应急预案中明确体现，应当报项目法人应急指挥机构备案。

（2）应急人员保障

建立由水利水电工程建设各参建单位人员组成工程设施抢险队伍，负责事故现场的工程设施抢险和安全保障工作。

人员组成可以由参建单位组成的勘察、设计、施工、监理等单位工作人员，也可以聘请其他有关专业技术人员组成了专家咨询队伍，研究应急方案，提出相应的应急对策和意见。

（3）应急物资设备保障

根据可能突发的重大质量与安全事故性质、特征、后果及其应急预案要求，项目法人应当组织工程有关施工企业配备充足的应急机械、设备、器材等物资设备，以保障应急救援调用。发生事故时，应当首先充分利用工程现场既有的应急机械、设备、器材。同时在地方应急指挥机构的调度下，动用工程所在地公安、消防、卫生等等专业应急队伍和其他社会资源。

（4）应急资金保障

水利水电工程建设项目应明确应急专项经费的来源、数量、使用范围和监督管理措施，制定明确的使用流程，切实保障应急状态的时候应急经费能及时到位。

（5）技术储备保障

加强对水利水电工程事故的预防、预测、预警、预报和应急处置技术研究，提高应急监测、预防、处置及信息处理的技术水平，增强技术储备。水利水电工程事故预防、预测、预警、预报和处置技术研究和咨询依托有关专业机构进行。

（6）其他保障

水利水电工程建设项目应根据事故应急工作的需要，确定其他与事故应急救援相关的保障措施，如交通运输保障、治安保障、医疗保障和后勤保障等其他社会保障。

三、应急救援具体措施

（一）事故应急救援的任务

事故应急救援基本任务：①立即组织营救受害人员；②迅速控制事态发展；③消除危害后果，做好现场恢复；④查清事故原因，评估危害程度。

事故应急救援以"对紧急事件做出的；控制紧急事件发生与扩大；开展有效救援，减少损失和迅速组织恢复正常状态"为工作目标。救援对象主要是突发性和后果与影响严重的公共安全事故、灾害与事件。这些事故、灾害或事件主要来源于重大水利水电工程等突发事件。立即组织营救受害人员，组织撤离或采取其他措施保护危险危害区域的其他人员；迅速控制事态，并对事故造成的危险、危害进行监测、检测，测定事故的危害区域、危害性质以及维护程度；消除危害后果，做好现场恢复；查明事故原因，评估危害程度。

（二）现场急救的基本步骤

现场急救的基本步骤，见表8-2所示。

表 8-2　现场急救的基本步骤

步骤	主要内容
脱离险区	首先要使伤病员脱离险区，移至安全地带，如将因滑坡、塌方砸伤的伤员搬运至安全地带；对急性中毒的病人应尽快使其离开中毒现场，转移至空气流通的地方；对触电的患者，要立即脱离电源等
检查病情	现场救护人员要沉着冷静，切忌惊慌失措。应尽快对受伤或中毒的伤病员进行认真仔细的检查，确定病情。检查内容包括：意识、呼吸、脉搏、血压、瞳孔是否正常，有无出血、休克、外伤、烧伤，是否伴有其他损伤等。检查时不要给伤病员增加无谓的痛苦，如检查伤员的伤口，切勿一见病人就脱其衣服，若伤口部位在四肢或躯干上，可沿着衣裤线剪开或撕开，暴露其伤口部位即可
对症救治	根据迅速检查出的伤病情，立即进行初步对症救治。对于外伤出血病人，应立即进行止血和包扎；对于骨折或疑似骨折的病人，要及时固定和包扎，如果现场没有现成的救护包扎用品，可以在现场找适宜的替代品使用；对那些心跳、呼吸骤停的伤病员，要分秒必争地实施胸外心脏按压和人工呼吸；对于急性中毒的病人要有针对性地采取解毒措施。在救治时，要注意纠正伤病员的体位，有时伤病员自己采用的所谓舒适体位，可能促使病情加重或恶化，甚至造成不幸死亡，如被毒蛇咬伤下肢时，要使患肢放低，绝不能抬高，以减缓毒液的扩延；上肢出血要抬高患肢，防止增加出血量等。救治伤病员较多时，一定要分清轻重缓急，优先救治伤重垂危者
安全转移	对伤病员，要根据不同的伤情，采用适宜的担架和正确的搬运方法。在运送伤病员的途中，要密切注视伤病情的变化，并且不能中止救治措施，将伤病员迅速地而平安地运送到后方医院做后续抢救

（三）紧急伤害的现场急救

1. 高空坠落急救

高空坠落是水利水电工程建设施工现场常见的一种伤害，多见于土建工程施工和闸门安装等高空作业。如不慎发生高空坠落伤害，则应注意以下方面：

（1）去除伤员身上的用具和衣袋中的硬物。

（2）在搬运和转送伤者过程中，颈部和躯干不能前屈或者扭转，而应使脊柱伸直，禁止一个人抬肩另一个人抬腿的搬法，以免发生或加重截瘫。

（3）应注意摔伤及骨折部位的保护，避免因不正确的抬送，使骨折错位造成二次伤害。

（4）创伤局部妥善包扎，但是对疑似颅底骨折和脑脊液渗漏患者切忌作填塞，以免导致颅内感染。

（5）复合伤要求平仰卧位，保持呼吸道畅通，解开衣领扣；快速平稳地送医院救治。

2. 物体打击急救

物体打击是指失控的物体在惯性力或者重力等其他外力的作用下产生运动，打击人体而造成的人身伤亡事故。发生物体打击应注意如下方面：

（1）对严重出血的伤者，可使用压迫带止血法现场止血。这种方法适用于头、颈、四肢动脉大血管出血的临时止血。即用手或手掌用力压住比伤口靠近心脏更近部位的动脉跳动处（止血点）。四肢大血管出血时，应采用止血带（如橡皮管、纱巾、布带、绳子等）止血。

（2）发现伤者有严重骨折时，一定要采取正确骨折固定方法。固定骨折的材料可以用木棍、木板、硬纸板等，固定材料的长短要以能固定住骨折处上下两个关节或不使断骨错动为准；对于脊柱或颈部骨折，不能搬动伤者，应快速联系医生，等待携带医疗器材的医护人员来搬动。

（3）抬运伤者，要多人同时缓缓用力平托，运送时，必须用木板或硬材料，不能用布担架，不能用枕头。怀疑颈椎骨折的，伤者的头要放正，两旁用沙袋夹住，不让头部晃动。

3. 机械伤害急救

机械伤害主要指机械设备运动（静止）部件、工具、加工件直接与人体接触引起的夹击、碰撞、剪切、卷入、绞、碾、割、刺等形式的伤害。各类转动机械的外露传动部分（如齿轮、轴、履带等）和往复运动部分都有可能对人体造成机械伤害。若不慎发生机械伤害，则应注意以下方面：

（1）发生机械伤害事故之后，现场人员不要害怕和慌乱，要保持冷静，迅速对受伤人员进行检查。急救检查应先查看神志、呼吸，接着摸脉搏、听心跳，再查看瞳孔，有条件者测血压。检查局部有无创伤、出血、骨折、畸形等变化，根据伤者的情况，有针对性地采取人工呼吸、心脏按压、止血、包扎、固定等临时应急措施。

（2）遵循"先救命、后救肢"的原则，优先地处理颅脑伤、胸伤、肝、脾破裂等危及生命的内脏伤，然后处理肢体出血、骨折等伤害。

（3）让患者平卧并保持安静，如有呕吐同时无颈部骨折时，应将其头部侧向一边以防止噎塞。不要给昏迷或半昏迷者喝水，以防液体进入呼吸道而导致窒息，也不要用拍击或摇动的方式试图唤醒昏迷者。

（4）如果伤者出血，进行必要的止血及包扎。大多数伤员可以按常规方式抬送至医院，但对于颈部、背部严重受损者要慎重，以防止其进一步受伤。

（5）动作轻缓地检查患者，必要时剪开其衣服，避免突然挪动增加患者痛苦。

（6）事故中伤者发生断肢（指）的，在急救的同时，要保存好断肢（指），具体方法是：将断肢（指）用清洁纱布包好，不要用水冲洗，也不要用其他溶液浸泡，若有条件，可将包好的断肢（指）置于冰块中，冰块不能直接接触断肢（指），将断肢（指）随同伤者一同送往医院进行修复。

4.塌方伤急救

塌方伤是指包括塌方、工矿意外事故或房屋倒塌后伤员被掩埋或被落下的物体压迫之后的外伤，除易发生多发伤和骨折外，尤其要注意挤压综合征问题，即一些部位长期受压，组织血供受损，缺血缺氧，易引起坏死。故在抢救塌方多发伤同时，要防止急性肾功能衰竭的发生。

急救方法：将受伤者从塌方中救出，必须紧急送医院抢救，及时采取防治肾功能衰竭的措施。

5.触电伤害急救

在水利水电工程建设施工现场，常常会因员工违章操作而导致被触电。触电伤害急救方法如下：

（1）先迅速切断电源，此前不能触摸受伤者，否则会造成更多的人触电。若一时不能切断电源，救助者应穿上胶鞋或站在干的木板凳上，双手戴上厚的塑胶手套，用干木棍或其他绝缘物把电源拨开，尽快将受伤者与电源隔离。

（2）脱离电源后迅速检查病人，如呼吸心跳停止应当立即进行人工呼吸和胸外心脏按压。

（3）在心跳停止前禁用强心剂，应用呼吸中枢兴奋药，用手掐人中穴。

（4）雷击时，如果作业人员孤立地处于空旷暴露区并感到头发竖起，应立即双腿下蹲，向前屈身，双手抱膝自行救护。

处理电击伤伤口时应先用碘酒纱布覆盖包扎，然后按烧伤处理。电击伤的特点是伤口小、深度大，所以要防止继发性大出血。

6.淹溺急救

淹溺又称溺水，是人淹没于水或其他液体介质当中并受到伤害的状况。水充满呼吸道和肺泡引起缺氧窒息；吸收到血液循环的水引起血液渗透压改变、电解质紊乱和组织损害；最后造成呼吸停止和心脏停搏而死亡。淹溺急救方法如下：

（1）发现溺水者后应尽快将其救出水面，但施救者不了解现场水情，不可轻易下水，可充分利用现场器材，如绳、竿、救生圈等救人。

（2）将溺水者平放在地面，迅速撬开其口腔，清除其口腔和鼻腔异物，如淤泥、杂草等，使其呼吸道保持通畅。

（3）倒出腹腔内吸入物，但要注意不可一味倒水而延误抢救时间。倒水方法：将溺水者置于抢救者屈膝的大腿上，头部朝下，按压其背部迫使呼吸道和胃里的吸入物排出。

当溺水者呼吸停止或极为微弱时，应立即实施人工呼吸法，必要时施行胸外心脏按压法。

7.烧伤或烫伤急救

烧伤是一种意外事故。一旦被火烧伤，要迅速的离开致伤现场。衣服着火，应立即倒在地上翻滚或翻入附近的水沟中或潮湿地上。这样可以迅速压灭或冲灭火苗，切勿喊叫、奔跑，以免风助火威，造成呼吸道烧伤。最好的方法是用自来水冲洗或浸泡伤患，可避免受伤面扩大。

肢体被沸水或蒸汽烫伤时，应立即剪开已被沸水湿透的衣服和鞋袜，将受伤的肢体浸于冷水中，可起到止痛和消肿的作用。如贴身衣服与伤口粘在一起时，切勿强行撕脱，以免使伤口加重，可用剪刀先剪开，然后慢慢将衣服脱去。

不管是烧伤或烫伤，创面严禁用红汞、碘酒和其他未经医生同意的药物涂抹，而应用消毒纱布覆盖在伤口上，并迅速将伤员送往医院救治。

8. 中暑急救

迅速将病人移到阴凉通风的地方，解开衣扣、平卧休息；用冷水毛巾敷头部，或用30%酒精擦身降温，喝一些淡盐水或清凉饮料，清醒者也可以服人丹、十滴水、藿香正气水等。昏迷者用手掐人中或立即送医院。

（四）主要灾害紧急避险

1. 台风灾害紧急避险

浙江地处沿海，经常遭遇台风，台风由于风速大，会带来强降雨等恶劣天气，再加上强风和低气压等因素，容易使海水、河水等强力堆积，潮位水位猛涨，风暴潮与天文大潮相遇，将可能导致水位漫顶，冲毁各类设施。具体防范措施如下：

（1）密切关注台风预报，及时了解台风路径及预测登陆地点，储备必需物资，做好各项防范措施。

（2）根据台风响应级别，及时启动应急预案。及时安排船只等回港避风、固锚；及时将人员、设备等转移到安全地带。

（3）严禁在台风天气继续作业，同时人员撤离前及时加固各类无法撤离的机械设备。台风警报解除前，禁止私自进入施工区域，警报解除后应先在现场进行特别检查，确保安全后方可恢复生产。

2. 山洪灾害

水利水电工程较多处于山区，因为暴雨或者拦洪设施泄洪等原因，在山区河流及溪沟形成暴涨暴落洪水及伴随发生的各类灾害。山洪灾害来势凶猛，破坏性强，容易引发山体滑坡、泥石流等现象。在水利水电工程建设期间，对工程及参建各方均有较大影响，应采取以下

方式进行紧急避险：

（1）在遭遇强降雨或连续降雨时，需特别关注水雨情信息，准备好逃生物品。

（2）遭遇山洪时，一定保持冷静，迅速判断周边环境，尽快向山上或较高地方转移。

（3）山洪暴发，溪河洪水迅速上涨时，不要沿着行洪道逃生，而要向行洪道的两侧快速躲避；不要轻易涉水过河。被困山中，及时与110或当地防汛部门取得联系。

3. 山体滑坡紧急避险

当遭遇山体滑坡时，首先要沉着冷静，不要慌乱。然后采取必要的措施迅速撤离到安全地点。

（1）迅速撤离到安全的避难场地。避难场地应选择在易滑坡两侧边界外围。遇到山体崩滑时要朝垂直于滚石前进的方向跑。切记不要在逃离时朝着滑坡方向跑。更不要不知所措，随滑坡滚动。千万不要将避难场地选择在滑坡的上坡或下坡，也不要未经全面考察，从一个危险区跑到另一个危险区。同时，要听从统一安排，不要自择路线。

（2）跑不出去时应躲在坚实的障碍物下。遇到山体崩滑且无法继续逃离时，应迅速抱住身边的树木等固定物体。可躲避在结实的障碍物下，或者蹲在地坎、地沟里。应注意保护好头部，可利用身边的衣物裹住头部。立刻将灾害发生的情况报告单位或相关政府部门，及时报告对减轻灾害损失非常重要。

4. 火灾事故应急逃生

在水利水电工程建设中，有许多容易引起火灾的客观因素，如现场施工中的动火作业以及易燃化学品、木材等可燃物，而对于水利水电工程建设现场人员的临时住宅区域和临时厂房，由于消防设施缺乏，都极易酿成火灾。发生火灾时，应采取以下措施：

（1）当火灾发生时，如果发现火势并不大，可采取措施立即扑灭，千万不要惊慌失措地乱叫乱窜，置小火于不顾而酿成大火灾。

（2）突遇火灾且无法扑灭时，应沉着镇静，及时报警，并迅速判断危险地与安全地，注意各种安全通道与安全标志，谨慎选择逃生方式。

（3）逃生时经过充满烟雾的通道时，要防止烟雾中毒和窒息。由于浓烟常在离地面约30cm处四散，可向头部、身上浇凉水或用湿毛巾、湿棉被、湿毯子等将头、身裹好，低姿势逃生，最好爬出浓烟区。

（4）逃生要走楼道，千万不可乘坐电梯逃生。如果发现身上已着火，切勿奔跑或用手拍打，因为奔跑或拍打时会形成风势，加速氧气的补充，促旺火势。此时，应赶紧设法脱掉着火的衣服，或就地打滚压灭火苗；若有可能跳进水中或让人向身上浇水，喷灭火剂效果更好。

5. 有毒有害物质泄漏场所紧急避险

发生有毒有害物质泄漏事故后，假如现场人员无法控制泄漏，则应迅速报警并选择安全逃生。

（1）现场人员不可恐慌，应按照平时应急预案的演练步骤，各司其职，有序地撤离。

（2）逃生时要根据泄漏物质的特性，佩戴相应个体防护用品。假如现场没有防护用品，也可应急使用湿毛巾或湿衣物捂住口鼻进行逃生。

（3）逃生时要沉着冷静确定风向，根据有毒有害物质泄漏位置，向上风向或侧风向转移撤离，即逆风逃生。

（4）假如泄漏物质（气态）的密度比空气大，则选择往高处逃生，相反，则选择往低处逃生，但切忌在低洼处滞留。有毒气泄漏可能的区域，应该在最高处安装风向标。

发生泄漏事故后，风向标可以正确指导逃生方向。还应当在每个作业场所至少设置 2 个紧急出口，出口与通道应畅通无阻并有明显标志。

第二节 水利工程应急预案与演练

一、水利工程应急预案

（一）应急预案的基本要求

单位主要负责人负责组织编制和实施本单位的应急预案，并对应急预案的真实性和实用性负责；各分管负责人应当按照职责分工落实应急预案规定的职责。生产经营单位组织应急预案编制过程中，应根据法律法规、规章的规定或者实际需要，征求相关应急救援队伍、公民、法人或其他组织的意见。

（二）应急预案的内容

根据《生产安全事故应急预案管理办法》（安监总局令第 88 号），应急预案可分为综合应急预案、专项应急预案和现场处置方案三个层次。

1. 综合应急预案是指生产经营单位为应对各种生产安全事故而制订的综合性工作方案，是本单位应对生产安全事故的总体工作程序、措施和应急预案体系的总纲。综合应急预案包括应急组织机构及职责、应急预案体系、事故风险描述、预警及信息报告、应急响应、保障措施、应急预案管理等内容。

2. 专项应急预案是指生产经营单位为应对某一种或者多种类型的生产安全事故，或者针对重要生产设施、重大危险源、重大活动防止生产安全事故而制订的专项性工作方案。专项应急预案主要包括事故风险分析、应急指挥机构及职责、处置程序和措施等内容。

3. 现场处置方案是指生产经营单位根据不同生产安全事故类型，针对具体场所、装置或者设施所制定的应急处置措施。其主要包括事故风险分析、应急工作职责、应急处置和注意事项等内容。

项目法人应当综合分析现场风险，应急行动、措施和保障等基本要求和程序，组织参建单位制定本建设项目的生产安全事故应急救援的综合应急预案，项目法人领导审批，向监理单位、施工企业发布。

监理单位与项目法人分析工程现场的风险类型（比如人身伤亡），起草编写专项应急预案，相关领导审核，向各施工企业发布。

施工企业应编制水利水电工程建设项目现场处置方案，并由监理单位审核，项目法人备案。

（三）应急预案的工作流程

1.成立预案编制工作组

根据工程实际情况成立由本单位主要负责人任组长，工程相关人员作为成员，尤其是需要吸收有现场处置经验的人员积极参与其中，增加可操作性，也可以吸收与应急预案有关的水行政主管等职能部门和单位的人员参加，同时可根据实际情况邀请本单位欠缺的医疗、安全等方面专家参与其中。工作组应及时制订工作计划，做好工作分工，明确编制任务，积极开展编制工作。

2.风险评估

水利工程风险评估就是要对工程施工现场的各类危险因素分析、进行危险源辨识，确定工程建设项目的危险源、可能发生的事故后果，进行事故风险分析，并同时指出事故可能产生的次生、衍生事故及后果形成分析报告，同时要针对目前存在的问题提出具体的防范措施。

3.应急能力评估

应急能力评估主要包括应急资源调查等内容。应急资源调查，即指全面调查本地区、本单位第一时间可以调用的应急资源状况和合作区域内可以请求援助的应急资源状况，并结合事故风险评估结论制定应急措施的过程。应急资源调查应从"人、财、物"三个方面进行调查，通过对应急资源的调查，分析应急资源基本情况，同时对于急需但工程周围不具备的，应积极采取有效措施予以弥补。

应急资源一般包括：应急人力资源（各级指挥员、应急队伍、应急专家等）、应急通信与信息能力、人员防护设备（呼吸器、防毒面具、防酸服、便携式一氧化碳报警器等）、消灭或控制事故发展的设备（消防器材等）、防止污染的设备、材料（中和剂等）、检测、监测设备、医疗救护机构与救护设备、应急运输与治安能力、其他应急资源。

4.应急预案编制

依据生产经营单位风险评估以及应急能力评估结果，组织编制应急预案。应急预案编制应注重系统性和可操作性，做到和相关部门和单位应急预案相衔接。应急预案的编制格式和要求应按照如下进行：

（1）封面

应急预案封面主要包括应急预案编号、应急预案版本号、生产经营单位名称、应急预案名称、编制单位名称、颁布日期等内容。

（2）批准页

应急预案应经生产经营单位主要负责人（或者分管负责人）批准方可发布。

（3）目次

应急预案应设置目次，目次中所列的内容及次序如下：

——批准页。

——章的编号、标题。

—— 带有标题的条的编号、标题（需要时列出）。

附件，用序号表明其顺序。

（4）印刷与装订

应急预案推荐采用 A4 版面印刷，活页装订。

针对工作场所、岗位的特点，编制简明、实用、有效应急处置卡。

应急处置卡应当规定重点岗位、人员的应急处置程序和措施，以及相关联络人员和联系方式，便于从业人员携带。

5. 应急预案评审

（1）评审方法

应急预案评审分为形式评审和要素评审，评审可采取符合、基本符合、不符合 3 种方式简单判定。对于基本符合和不符合的项目，应提出指导性意见或建议。

①形式评审。依据有关规定和要求，对应急预案的层次结构、内容格式、语言文字和制定过程等内容进行审查。形式评审的重点是应急预案的规范性和可读性。

②要素评审。依据有关规定和标准，从符合性、适用性、针对性、完整性、科学性、规范性和衔接性等方面对应急预案进行评审。要素评审包括关键要素与一般要素。为细化评审，可采用列表方式分别对应急预案的要素进行评审。评审应急预案时，将应急预案的要素内容与表中的评审内容及要求进行对应分析，判断是否符合表中要求，发现存在的问题及不足。

（2）评审程序

应急预案编制完成后，应在广泛征求意见的基础上，采取会议评审的方式进行审查，会议审查规模和参加人员根据应急预案涉及范围和重要程度确定。

①评审准备。应急预案评审应做好下列准备工作：成立应急预案评审组，明确参加评审的单位或人员。通知参加评审的单位或人员具体的评审时间。将被评审的应急预案在评审前送达参加评审的单位或人员。

②会议评审。会议评审可按照下列程序进行：介绍应急预案评审人员构成，推选会议评审组组长。应急预案编制单位或者部门向评审人员介绍应急预案编制或修订情况。评审人员对应急预案进行讨论，提出修改和建设性意见。应急预案评审组根据会议讨论情况，提出会议评审意见。讨论通过会议评审意见，参加会议评审人员签字。

③意见处理。评审组组长负责对各评审人员的意见进行协调和归纳，综合提出预案评审的结论性意见。按照评审意见，对应急预案存在的问题以及不合格项进行分析研究，并对应急预案进行修订或完善。反馈意见要求重新审查的，应按照要求重新组织审查。

6. 应急预案管理

（1）应急预案备案

依照《生产安全事故应急预案管理办法》（国家安监总局令第 88 号），对已报批准的应急预案备案。

中央管理的总公司（总厂、集团公司、上市公司）综合应急预案和专项应急预案，报国务院国有资产监督管理部门、国务院安全生产监督管理部门和国务院有关主管部门备案；其所属单位的应急预案分别抄送所在地的省、自治区、直辖市或者设区的市人民政府安全生产监督管理部门和有关主管部门备案。其他单位按照相应的管理权限备案。

水利水电工程建设项目参建各方申请应急预案备案，应当提交下列材料：应急预案备案申报表；应急预案评审或者论证意见；应急预案文本及电子文档；风险评估结果和应急资源调查清单。

受理备案登记的安全生产监督管理部门及有关主管部门应当对应急预案进行形式审查，经审查符合要求的，予以备案并且出具应急预案备案登记表；不符合要求的，不予备案并说明理由。

（2）应急预案宣传与培训

水利工程建设参建各方应采取不同方式开展安全生产应急管理知识和应急预案的宣传和培训工作。对本单位负责应急管理工作的人员以及专职或兼职应急救援人员进行相应知识和专业技能培训，同时，加强对安全生产关键责任岗位员工的应急培训，使其掌握生产安全事故的紧急处置方法，增强自救互救和第一时间处置事故的能力。在此基础上，确保所有从业人员具备基本的应急技能，熟悉本单位的应急预案，掌握本岗位事故防范与处置措施和应急处置程序，提高应急水平。

（3）应急预案演练

应急预案演练是应急准备的一个重要环节。通过演练，可检验应急预案的可行性和应急反应的准备情况；通过演练，可以发现应急预案存在的问题，完善应急工作机制，提高应急反应能力；通过演练，可锻炼队伍，提高应急队伍的作战能力，熟悉操作技能；通过演练，可以教育参建人员，增强其危机意识，提高安全生产工作的自觉性。为此，预案管理和相关规章中都应有对应急预案演练的要求。

（4）应急预案修订与更新

应急预案必须与工程规模、机构设置、人员安排、危险等级、管理效率及应急资源等状况相一致。随着时间的推移，应急预案中包含的信息可能会发生变化。因此，为了不断完善和改进应急预案并保持预案的时效性，水利水电工程建设参建各方应根据本单位实际情况，及时更新和修订应急预案。

应就下列情况对应急预案进行定期和不定期的修改或修订：

日常应急管理中发现预案的缺陷；训练或演练过程中发现预案的缺陷；实际应急过程中发现预案的缺陷；组织机构发生变化；原材料、生产工艺的危险性发生变化；施工区域范围的变化；布局、消防设施等发生变化；人员以及通信方式发生变化；有关法律法规标准发生变化；其他情况。

应急预案修订前，应组织对应急预案进行评估，以确定是否需要进行修订以及哪些内容需要修订。通过对应急预案的更新与修订，可以保证应急预案的持续适应性。同时，更新的应急预案内容应通过有关负责人认可，并及时通告相关单位、部门和人员；修订的预案版本应经过相应的审批程序，并及时发布和备案。

（5）应急预案的响应

依据突发事故的类别、危害的程度、事故现场的位置及事故现场情况分析结果设定预案的启动条件。接警后，根据事故发生的位置及危害程序，决定启动相应的应急预案，在总指挥的统一指挥下，发布突发事故应急救援令，启动预案，各应急小组依据预案的分工、机构设置赶赴现场，采取相应的措施。并且报告当地水利等有关部门。

（四）应急预案的编制提纲

1. 综合应急预案

（1）总则。总则包括编制目的、编制依据、适用范围、应急预案体系、应急预案工作原则等。

（2）事故风险描述。

（3）应急组织机构以及职责。

（4）预警及信息报告。

（5）应急响应。应急响应包括响应分级、响应程序、处置措施、应急结束等。

（6）信息公开。

（7）后期处置。

（8）保障措施。保障措施包括通信和信息保障、应急队伍保障、物资装备保障、其他保障等。

（9）应急预案管理。应急预案管理包括应急预案培训、应急预案演练、应急预案修订、应急预案备案、应急预案实施等。

2. 专项应急预案

专项应急预案的具体内容见表8-3。

表8-3　专项应急预案的内容

项目	内容
事故风险分析	针对可能发生的事故风险，分析事故发生的可能性以及严重程度、影响范围等
应急指挥机构及职责	根据事故类型，明确应急指挥机构总指挥、副总指挥以及各成员单位或人员的具体职责。应急指挥机构可设置相应的应急救援工作小组，明确各小组的工作任务及主要负责人职责
处置程序	明确事故及事故险情信息报告程序和内容、报告方式和责任人等内容。根据事故响应级别，具体描述事故接警报告和记录、应急指挥机构启动、应急指挥、资源调配、应急救援、扩大应急等应急响应程序
处置措施	针对可能发生的事故风险、事故危害程度和影响范围，制定相应的应急处置措施，明确处置原则和具体要求

3. 现场处置方案

（1）事故风险分析。事故风险分析主要包括：事故类型；事故发生的区域、地点或装置的名称；事故发生的可能时间、事故的危害严重程度及其影响范围；事故前可能出现的征兆；事故可能引发的次生、衍生事故。

（2）应急工作职责。根据现场工作岗位、组织形式以及人员构成，明确各岗位人员的应急工作分工和职责。

（3）应急处置。应急处置主要包括以下内容：

①事故应急处置程序。根据可能发生的事故及现场情况，明确事故报警、各项应急措施启动、应急救护人员的引导、事故扩大及同生产经营单位应急预案衔接的程序。

②现场应急处置措施。针对可能发生的火灾、爆炸、危险化学品泄漏、坍塌、水患、机动车辆伤害等，从人员救护、工艺操作、事故控制，消防、现场恢复等方面制定明确的应急处置措施。

③明确报警负责人以及报警电话及上级管理部门、相关应急救援单位联络方式和联系人员，事故报告基本要求与内容。

（4）注意事项。注意事项主要包括以下内容：

佩戴个人防护器具方面的注意事项；使用抢险救援器材方面的注意事项；采取救援对策或措施方面的注意事项；现场自救和互救注意事项；现场应急处置能力确认和人员安全防护等事项；应急救援结束之后的注意事项；其他需要特别警示的事项。

（5）附件。附件中列出应急工作中需要联系的部门、机构或人员的多种联系方式，当发生变化时及时进行更新。应急物资装备的名录或清单：列出应急预案涉及的主要物资和装备名称、型号、性能、数量、存放地点、运输和使用条件、管理责任人和联系电话等。规范化格式文本、应急信息接报、处理、上报等规范化格式文本。关键的路线、标识和图纸主要包括以下内容：

警报系统分布及覆盖范围；重要防护目标、危险源一览表、分布图；应急指挥部位置及救援队伍行动路线；疏散路线、警戒范围、重要地点等的标识；相关平面布置图纸、救援力量的分布图纸等。

（6）有关协议或备忘录。列出和相关应急救援部门签订的应急救援协议或备忘录。

二、水利工程建设应急培训与演练

（一）应急培训

生产经营单位应当组织开展本单位的应急预案、应急知识、自救互救和避险逃生技能的培训活动，使有关人员了解应急预案内容，熟悉应急职责、应急处置程序和措施。应急培训的时间、地点、内容、师资、参加人员和考核结果等情况应当如实记入本单位的安全生产教育和培训档案。

1.应急培训方式

培训应当以自主培训为主；也可以委托具有相应资质的安全培训机构（具备安全培训条件的机构），对从业人员进行安全培训。不具备安全培训条件的生产经营单位，应当委托具有相应资质的安全培训机构（具备安全培训条件的机构），对从业人员进行安全培训。

应急培训可以纳入到安全教育培训，具体按照培训流程进行。

2.应急培训实施过程

按照制订的培训计划，合理利用时间，充分利用各类不同的方式积极开展安全生产应急培训工作，让所有的人员能够了解应急基本知识，了解潜在危害和危险源，掌握自救及救人知识，了解逃生方式方法。

3.应急培训目的

应急培训的最主要目的在于能够具有实用性，其效果反馈除了可以通过一般的考试、实际操作的考核方式外，还可以通过应急演练的方式来进行，针对应急演练中发现的问题，及时进行查漏补缺，增强重点内容，不断增加培训的效果。应急培训完成后，应尽可能进行考核，真正达到应急培训目的。

4.应急培训的基本内容

应急培训包括对参与应急行动所有相关人员进行的最低程度的应急培训与教育，要求应急人员了解和掌握如何识别危险、如何采取必要的应急措施、如何启动紧急情况警报系统、如何安全疏散人群等基本操作。不同水平应急者所需接受培训的共同内容如下所述。

（1）报警

使应急人员了解并掌握如何利用身边的工具最快最有效地报警，比如用手机电话、寻呼、无线电、网络或其他方式报警。使应急人员熟悉发布紧急情况通告的方法，如使用警笛、警钟、电话或广播等。当事故发生后，为及时疏散事故现场的所有人员，应急人员应掌握如何在现场贴发警报标志。

生产安全事故受伤人员除了本单位紧急抢救外，应迅速拨打"120"电话请求急救中心急救。发生火灾爆炸事故时，立即拨打"119"电话，应讲清起火单位名称、详细地点及着火物质、火情大小、报警人电话及姓名。发生道路交通事故拨打"122"，讲清事故发生地点、时间及主要情况，如有人员伤亡，及时拨打"120"。遇到各类刑事、治安案件及各类突发事件，及时拨打"110"报警。

（2）疏散

为避免事故中不必要的人员伤亡，对应急人员在紧急情况下安全、有序地疏散被困人员或周围人员进行培训与教育。对人员疏散的培训可以在应急演练中进行，通过演练还可以测试应急人员的疏散能力。

（3）火灾应急培训与教育

由于火灾的易发性和多发性，对火灾应急的培训和教育显得尤为重要，要求应急人员必须掌握必要的灭火技术以便在起火初期迅速灭火，降低或减小发展为灾难性事故的危险，掌握灭火装置的识别、使用、保养、维修等基本技术。由于灭火主要是消防队员的职责，因此，火灾应急培训与教育主要也是针对消防队员开展的。

（4）防汛防台应急措施

实施防汛防台工作责任制，落实应急防汛责任人。参建各方按照规定储备足够的防汛物资，组织落实抗灾抢险队。应急人员在汛期前加强检查工地防汛设施和工程施工对邻近建筑物的影响。指挥部成员在汛期值班期间保持通信24h畅通，加强值班制度、检测检查和排险工作。汛情严重或出现暴雨时，由指挥部总指挥组织全面防汛防风及抢险救灾工作，做好上传下达，分析雨情、水情、风情，科学调度，随时做好调集人力、物力、财力的准备。视安全情况，发出预警信号，应急人员及时安排受灾群众和财产转移到安全地带，将损失减小到最低程度。

（二）应急演练

应急演练是对应急能力的综合考验，开展应急演练，有助于提高应急能力，改进应急预案，及时发现工作当中存在的问题，及时完善。

1.演练的目的和要求

（1）演练目的

应急演练的目的包括：检验预案，通过开展应急演练，进而提高应急预案的可操作性；完善准备，检查应对突发事件所需应急队伍、物资、装备、技术等方面的情况；同时锻炼队伍，提高人员应急处置能力；完善应急机制，进一步明确相关单位和人员的分工；宣传教育，能够对相关人员有一个比较好普及作用。

（2）演练原则

演练原则的具体内容，见表8-4。

表8-4 演练原则

原则	内容
契合工程实际	应按照当前工作实际情况，按照可能发生的事故以及现有的资源条件开展演练
符合相关规定	按照国家有关法律法规、规章来开展演练
确保安全有序	精心策划演练内容，科学设计演练方案，周密组织演练活动，严格遵守有关安全措施，确保演练参与人员安全
注重能力提高	以提高指挥协调能力，应急处置能力为主要出发点开展演练

2.演练的类型

根据演练组织方式、内容等可以将演练类型进行分类，按照演练方式可分为桌面演练和现场演练，按照演练内容可分为单项演练与综合演练。

（1）桌面演练

桌面演练是指由应急组织的代表或关键岗位人员参加的，按照应急预案及其标准运作程序讨论紧急情况时应采取的演练活动。桌面演练的主要特点是对演练情景进行口头演练，一般是在会议室内举行非正式的活动。其主要目的是锻炼演练人员解决问题的能力，以及解决应急组织相互协作和职责划分的问题。桌面演练只需要展示有限的应急响应和内部协调活动，事后一般采取口头评论形式收集演练人员的建议，并提交一份简短的书面报告，总结演练活动，并提出有关改进应急响应工作的建议。

（2）现场演练

现场演练是利用实际设备、设施或场所，设定事故情景，依据应急预案进行演练，现场演练是以现场操作的形式开展的演练活动。参演人员在贴近实际情况和高度紧张的环境下进行演练，根据演练情景要求，通过实际操作完成应急响应任务，以检验和提高应急人员的反应能力，加强组织指挥、应急处置和后勤保障等应急能力。

（3）单项演练

单项演练是涉及应急预案中特定应急响应功能或现场处置方案中一系列应急响应功能的演练活动。注重针对一个或者少数几个参与单位的特定环节和功能进行检验。其主要目的是针对应急响应功能，检验应急响应人员以及应急组织体系的策划和响应能力。例如指挥和控制功能的演练，其目的是检测、评价应急指挥机构在一定压力情况下的应急运行和及时响应能力，演练地点主要集中在若干个应急指挥中心或现场指挥所举行，并开展有限的现场活动，调用有限的外部资源。

（4）综合演练

综合演练针对应急预案中全部或大部分应急响应功能，检验、评价应急组织应急运行能力的演练活动。综合演练一般要求持续几个小时，采取交互方式进行，演练过程要求尽量真实，调用更多的应急响应人员和资源，并开展人员、设备以及其他资源的实战性演练，以展示相互协调的应急响应能力。

3. 演练的组织实施

（1）演练计划

演练计划应包括演练目的、类型（形式）、时间、地点，演练主要内容、参加单位和经费预算等。

（2）演练准备

①成立演练组织机构。综合演练通常应成立演练领导小组，下设策划组、执行组、保障组、评估组等专业工作组。根据演练规模大小，其组织机构可以进行调整。

②编制演练文件

编制演练文件的内容，见表8-5。

表 8-5　编制演练文件的内容

项目	主要内容
演练工作方案	演练工作方案内容主要包括：应急演练的目的及要求；应急演练事故情景设计；应急演练规模及时间；参演单位和人员主要任务及职责；应急演练筹备工作内容；应急演练主要步骤；应急演练技术支撑及保障条件；应急演练评估与总结
演练脚本	根据需要，可编制演练脚本。演练脚本是应急演练工作方案具体操作实施的文件，帮助参演人员全面掌握演练进程和内容。演练脚本一般采用表格形式，主要内容包括：演练模拟事故情景；处置行动与执行人员；指令与对白、步骤及时间安排；视频背景与字幕；演练解说词等
演练评估方案	演练评估方案通常包括：演练信息，主要指应急演练的目的和目标、情景描述，应急行动与应对措施简介等；评估内容，主要指应急演练准备、应急演练组织与实施、应急演练效果等；评估标准，主要指应急演练各环节应达到的目标评判标准；评估程序，主要指演练评估工作主要步骤及任务分工；附件，主要指演练评估所需要用到的相关表格等
演练保障方案	针对应急演练活动可能发生的意外情况制订演练保障方案或应急预案并进行演练，做到相关人员应知应会，熟练掌握。演练保障方案应包括应急演练可能发生的意外情况、应急处置措施及责任部门，应急演练意外情况中止条件与程序等
演练观摩手册	根据演练规模和观摩需要，可编制演练观摩手册。演练观摩手册通常包括应急演练时间、地点、情景描述、主要环节及演练内容、安全注意事项等

③演练工作保障

人员保障。按照演练方案与有关要求，策划、执行、保障、评估、参演等人员参加演练活动，必要时考虑替补人员。

经费保障。根据演练工作需要，明确演练工作经费以及承担单位。

物资和器材保障。根据演练工作需要，明确各参演单位所需准备的演练物资和器材等。

场地保障。根据演练方式和内容，选择合适的演练场地。演练场地应满足演练活动需要，避免影响企业和公众正常生产、生活。

安全保障。根据演练工作需要，采取必要的安全防护措施，确保参演、观摩等人员及生产运行系统安全。

通信保障。根据演练工作需要，采用多种公用或者专用通信系统，保证演练通信信息通畅。

其他保障。根据演练工作需要，提供其他保障措施。

（3）演练实施

①熟悉演练任务和角色。组织各参演单位和参演人员熟悉各自参演任务和角色，并按照演练方案要求组织开展相应演练准备工作。

②组织预演。在综合应急演练前，演练组织单位或策划人员可按照演练方案或脚本组织桌面演练或合成预演，熟悉演练实施过程的各个环节。

③安全检查。确认演练所需的工具、设备、设施、技术资料，参演人员到位。对应急演练安全保障方案以及设备、设施进行检查确认，确保安全保障方案可行，所有设备、设施完好。

④应急演练。应急演练总指挥下达演练开始指令后，参演单位和人员按照设定的事故情景，实施相应的应急响应行动，直至完成全部演练工作。演练实施过程中出现特殊或意外情况，演练总指挥可以决定中止演练。

⑤演练记录。演练实施过程中，安排专门人员采用文字、照片和音像等手段记录演练过程。

⑥评估准备。演练评估人员根据演练事故情景设计以及具体分工，在演练现场实施过程中展开演练评估工作，记录演练中发现的问题或不足，收集演练评估需要的各种信息和资料。

⑦演练结束。演练总指挥宣布演练结束，参演人员按照预定方案集中进行现场讲评或者进行有序疏散。

4. 应急演练总结及改进

应急演练结束后，在演练现场，评估人员或评估组负责人对演练中发现的问题、不足及取得成效进行口头点评。

评估人员针对演练中观察、记录以及收集的各种信息资料，依据评估标准对应急演练活动全过程进行科学分析和客观评价，并撰写书面评估报告。评估报告重点对演练活动的组织和实施、演练目标的实现、参演人员的表现以及演练中暴露的问题进行评估。

演练总结报告的内容主要包括：演练基本概要；演练发现的问题，取得的经验和教训；应急管理工作建议。

应急演练活动结束后，将应急演练工作方案以及应急演练评估、总结报告等文字资料，以及记录演练实施过程的相关图片、视频、音频等资料归档保存。根据演练评估报告中对应急预案的改进建议，由应急预案编制部门按程序对预案进行修订完善，并持续改进。

参考文献

[1] 李海涛 . 水利工程建设与管理 [M]. 西安：西北工业大学出版社，2023.

[2] 李锋，唐龙，兰林 . 现代水利工程建设与管理 [M]. 北京：现代出版社，2023.

[3] 华杰，何卫安，焦志伟 . 水利灌溉工程建设与管理 [M]. 武汉：华中科技大学出版社，
2023.

[4] 谷祥先，凌风干，陈高臣 . 水利工程施工建设与管理 [M]. 长春：吉林科学技术出版社，
2023.

[5] 宋金喜，曲荣良，郑太林 . 水文水资源与水利工程施工建设 [M]. 长春：吉林科学技
术出版社，2023.

[6] 孙兰兰，赵嘉诚，寇宝峰 . 水文工程建设与水利技术应用 [M]. 长春：吉林科学技术
出版社，2023.

[7] 姜靖，于峰，吴振海 . 现代水利水电工程建设与管理 [M]. 北京：现代出版社，2023.

[8] 朱夔飞，文守义，李军波 . 农田水利建设与技术应用 [M]. 武汉：华中科技大学出版社，
2023.

[9] 丁亮，谢琳琳，卢超 . 水利工程建设与施工技术 [M]. 长春：吉林科学技术出版社，
2022.

[10] 潘晓坤，宋辉，于鹏坤 . 水利工程管理与水资源建设 [M]. 长春：吉林人民出版社，
2022.

[11] 朱卫东，刘晓芳，孙塘根 . 工程建设理论与实践丛书水利工程施工与管理 [M]. 武汉：
华中科技大学出版社，2022.

[12] 崔永，于峰，张韶辉 . 水利水电工程建设施工安全生产管理研究 [M]. 长春：吉林科
学技术出版社，2022.

[13] 高艳.水利工程信息化建设与设备自动化研究 [M].郑州：黄河水利出版社，2022.

[14] 于萍，孟令树，王建刚.水利工程项目建设各阶段工作要点研究 [M].长春：吉林科学技术出版社，2022.

[15] 王建设，吴艳民，鲁军.水利工程建设管理研究 [M].长春：吉林科学技术出版社，2022.

[16] 向德林，李鹏，张帅.水利工程建设与管理研究 [M].沈阳：辽宁科学技术出版社，2022.

[17] 李龙，高洪荣，李国伟.水利工程建设与水利工程管理 [M].长春：吉林科学技术出版社，2022.

[18] 杨绍忠，曹丛，高柯.水利工程建设与运行管理的关系探讨 [M].长春：吉林科学技术出版社，2022.

[19] 刘丽丽，靳爱平，魏福生.水利工程建设技术创新与应用 [M].长春：吉林科学技术出版社，2022.

[20] 朱伟燕，孙波涛，孙光宝.水利工程建设与水文水资源研究 [M].哈尔滨：哈尔滨地图出版社，2022.

[21] 余自业，唐文哲.数字经济下水利工程建设管理创新与实践 [M].北京：清华大学出版社，2022.

[22] 邓艳华.水利水电工程建设与管理 [M].沈阳：辽宁科学技术出版社，2022.

[23] 张全胜，张国好，宋亚威.水利工程规划建设与管理研究 [M].长春：吉林科学技术出版社，2022.

[24] 刘江波，臧孟军，张莉莉.水资源水利工程建设 [M].长春：吉林科学技术出版社，2021.

[25] 廖昌果.水利工程建设与施工优化 [M].长春：吉林科学技术出版社，2021.

[26] 张长忠，邓会杰，李强.水利工程建设与水利工程管理研究 [M].长春：吉林科学技术出版社，2021.

[27] 贺志贞，黄建明.水利工程建设与项目管理新探 [M].长春：吉林科学技术出版社，2021.

[28] 贺芳丁，从容，孙晓明.水利工程设计与建设 [M].长春：吉林科学技术出版社，2021.

[29] 宋秋英，李永敏，胡玉海.水文与水利工程规划建设及运行管理研究 [M].长春：吉林科学技术出版社，2021.

[30] 杜辉，张玉宾作.水利工程建设项目管理 [M].延吉：延边大学出版社，2021.

[31] 宋美芝，张灵军，张蕾.水利工程建设与水利工程管理 [M].长春：吉林科学技术出版社，2021.

[32] 陈凌云，董伟华，刘国明.水利工程规划建设与施工技术 [M].长春：吉林科学技术出版社，2021.

[33] 贾志胜，姚洪林.水利工程建设项目管理 [M].长春：吉林科学技术出版社，2020.

[34] 刘景才，赵晓光，李璇.水资源开发与水利工程建设 [M].长春：吉林科学技术出版社，2020.

[35] 赵庆锋，耿继胜，杨志刚.水利工程建设管理 [M].长春：吉林科学技术出版社，2020.

[36] 张义.水利工程建设与施工管理 [M].长春：吉林科学技术出版社，2020.

[37] 初建.水利工程建设施工与管理技术研究 [M].北京：现代出版社，2020.

[38] 王立权.水利工程建设项目施工监理概论 [M].北京：中国三峡出版社，2020.